都市計画総論

磯部友彦／松山明／服部敦／岡本肇　鹿島出版会

まえがき

「都市は人類最高の発明である」と、エドワード・グレイザー（アメリカの経済学者）は言っている。その真偽には諸説あるが、動物の一種であるヒトが、自らのために自らの手で都市をつくり、それを活用し、子孫に残していることは、動物界にとって特異なことであろう。自然の仕組みに適応させるだけでなく、自らの生命を保持し繁栄させるために適した環境を自らの多様な能力でつくり上げていくことが人類の最大の特徴である。

また、人類は社会を形成する。その社会性を発揮できる格好の場が都市である。人と人の交わりにより物資や知識の交換がなされ、各々の個体の能力を補完しあい、強靱な生命体としての人類の存続を支えている。都市とは人類を覆い包む外殻構造といえよう。

さて、その都市のつくり方に対しては、人類の進化の各時代において悩み、失敗体験にもめげず、多くの工夫を加えながら、改良を重ねている途中であるといえよう。まだ「最高の完成品」には到達していない。その中で、都市をいかにしてつくるかという人類知を体系化したものが「都市計画」であるといえる。

日本の都市計画は、近代的な制度として出発した当時においては、中央集権的な要素の強いものであった。国により定められた法制度に基づき都市計画が策定され、各種の都市整備が進められた。それらは日本の経済成長を確実に支えてきた。近年、地方分権の流れのなかで、都市計画の主体が中央政府から住民に身近な市町村へと大きく変わりつつある。その目指すものは生活環境の充実、災害防止などに重きが置かれ、住民の安全・安心な暮らしを保障することである。

本書は、都市計画を担う職種を目指し、大学等で土木工学や建築学等を学ぶ人を主な読者としてまとめられている。また、現代社会では、専門的な人々が関わる「都市計画」だけでなく、広範な人々が関わる「まちづくり」の進め方にも、都市の命運が懸けられている。それらの専門実務家、市民活動家、一般住民の方々にも都市計画制度の概要を学習するのに適した内容構成となっている。

本書は、佐藤圭二氏と杉野尚夫氏の両氏を著者とする『土木教程選書 都市計画総論』（1988年に出版）、その改訂版（1994年に出版）、『新・都市計画総論』（2003年に出版、第24回日本都市学会奥井記念賞受賞）の一連の書籍を継承するものとして企画された。前書が中部大学工学部の土木工学科（当時）と建築学科における都市計画の講義テキストとして発案されたという経緯を踏まえ、本書は、現在、中部大学で都市計画の研究と教育を担当している者が著者として参加した。著者の顔ぶれは前書から一新し

ているが、土木工学と建築学の両方の要素を含むことと、研究と実務の両方の観点に基づくことという前書の大きな特徴を継承できる陣容となっている。本書の著者の経歴は、磯部友彦が土木工学出身の研究者、松山明が建築学出身で地方公務員を経験した研究者、服部敦が都市工学出身で国家公務員を経験した研究者、岡本肇が建築学出身の研究者であり、それぞれの持ち味を活かして執筆を分担した。

なお、執筆分担箇所は次のとおりである(一部共同執筆箇所を含む)。

磯部友彦　第4章、第7章(7.1)
松山明　　第1章、第2章(2.3)、第3章(3.1〜3.3)、第5章(5.4)、第7章(7.4)
服部敦　　第2章(2.1〜2.2)、第5章(5.1〜5.3、5.5〜5.6)、第6章(6.3〜6.4)、
　　　　　第7章(7.2〜7.3)
岡本肇　　第2章(2.3〜2.4)、第3章(3.4)、第6章(6.1〜6.2)

本書の執筆にあたっては、佐藤圭二氏と杉野尚夫氏による前書の記載を活かしつつ、最新の内容を盛り込んでいる。ここに、佐藤、杉野両氏に敬意を表す。また、図版や写真提供で多くの方々のご協力とご支援をいただいた。心からお礼申し上げる。

また、先輩諸氏の多数の著書や官公庁等の資料等を参考にさせていただいた。各章末に文献名を記してあるが、ここで謝意を表しておきたい。
最後に、ともすれば遅れがちな執筆に対して、あたたかく励ましていただいた鹿島出版会の久保田昭子さんの協力に謝意をささげたい。

2014年8月
著者

Contents

i　まえがき

第1章　都市の歴史と都市計画

001　**1.1｜都市と都市計画の歴史（古代、中世、近世）**
- 1.1.1　古代都市
- 1.1.2　中世都市
- 1.1.3　近世都市

006　**1.2｜近代都市計画の源流**
- 1.2.1　近代都市の成立とスラム、労働者と資本家
- 1.2.2　ロバート・オーウェンの工業村
- 1.2.3　工業村
- 1.2.4　田園都市論
- 1.2.5　イギリスの郊外住宅地のデザイン
- 1.2.6　近隣住区論
- 1.2.7　近代および現代都市計画の人々

第2章　日本の都市計画制度の概要

019　**2.1｜都市計画制度の沿革**
- 2.1.1　明治維新と都市づくり
- 2.1.2　東京市区改正条例
- 2.1.3　東京市区改正条例の他都市への準用
- 2.1.4　都市計画法の制定
- 2.1.5　震災復興都市計画
- 2.1.6　戦災復興都市計画
- 2.1.7　都市計画関連法制度の整備
- 2.1.8　新たな都市計画法の制定
- 2.1.9　都市計画における地方分権

025　**2.2｜都市計画制度を取り巻く法体系**
- 2.2.1　都市計画の上位計画に関係する法律
- 2.2.2　全国総合開発計画から国土形成計画へ
- 2.2.3　都市計画の実現に関連する法律

029　**2.3｜都市計画の内容**
- 2.3.1　都市計画の内容
- 2.3.2　マスタープラン
- 2.3.3　都市計画制限と都市計画事業
- 2.3.4　都市計画制限
- 2.3.5　都市計画事業

035　**2.4｜都市計画の手続き**
- 2.4.1　都市計画決定の手続き
- 2.4.2　都市計画事業の施行者
- 2.4.3　都市計画の財源

第3章　土地利用の計画

041　**3.1｜土地利用の計画の目的と方法**
- 3.1.1　計画の目標と手段
- 3.1.2　広域的土地利用と地区の土地利用計画
- 3.1.3　土地利用計画の段階構成

042 **3.2 都市計画区域**
  3.2.1 都市計画区域の設定
  3.2.2 都市計画区域の実例（愛知県の場合）

043 **3.3 市街化区域と市街化調整区域の区分**
  3.3.1 区域区分の目的
  3.3.2 市街化区域と市街化調整区域の「区域区分」
  3.3.3 「区域区分」に関わる土地利用の調整
  3.3.4 農地の保全と市街地開発とを調整する技法

049 **3.4 市街化区域の土地利用の計画**
  3.4.1 用途地域制度（市街化区域内における土地利用計画の実現手段）
  3.4.2 用途地域以外の地域地区
  3.4.3 立地適正化計画
  3.4.4 地区レベルの詳細なまちづくり制度

第4章　都市施設の計画

063 **4.1 都市施設**
  4.1.1 都市施設の種類
  4.1.2 都市施設の都市計画決定
  4.1.3 都市計画決定の意義
  4.1.4 都市計画事業

066 **4.2 都市交通施設の計画**
  4.2.1 都市交通施設
  4.2.2 交通施設の計画
  4.2.3 パーソントリップ調査

071 **4.3 公共交通施設の計画**
  4.3.1 公共交通施設計画の考え方
  4.3.2 都市高速鉄道の計画
  4.3.3 新しい都市交通システム

075 **4.4 道路の計画**
  4.4.1 道路の役割と種類
  4.4.2 道路網の計画
  4.4.3 道路網の構成と地区交通
  4.4.4 地区内街路の構成パターン
  4.4.5 交通分離
  4.4.6 歩者共存と交通静穏化

078 **4.5 都市結節点の計画**
  4.5.1 駅前広場の計画
  4.5.2 自動車ターミナル
  4.5.3 自動車駐車場

081 **4.6 公園緑地の計画**
  4.6.1 公園緑地の意義と効果
  4.6.2 都市緑地法と緑の基本計画
  4.6.3 都市公園法と都市公園制度
  4.6.4 都市緑地保全・緑化推進制度

088 **4.7 供給処理施設**
  4.7.1 上水道
  4.7.2 下水道

4.7.3　廃棄物処理施設
　　　4.7.4　と畜場
　　　4.7.5　火葬場

094　**4.8｜その他の施設**
　　　4.8.1　卸売市場
　　　4.8.2　流通業務団地
　　　4.8.3　面的な開発・復興事業における都市施設

第5章　市街地整備の計画

097　**5.1｜市街地整備事業の系譜**
　　　5.1.1　震災復興
　　　5.1.2　戦後復興期（概ね1945年から1955年）
　　　5.1.3　高度成長期（概ね1955年から1973年）
　　　5.1.4　安定成長期（概ね1973年から1986年）
　　　5.1.5　バブル期（概ね1986年から1991年）
　　　5.1.6　バブル崩壊から現在（概ね1991年から）

100　**5.2｜土地区画整理事業**
　　　5.2.1　事業の特徴
　　　5.2.2　土地区画整理の事業計画と設計
　　　5.2.3　土地区画整理の換地計画と減歩
　　　5.2.4　事業の主体と手続き
　　　5.2.5　土地区画整理事業の成立過程
　　　5.2.6　土地区画整理事業の評価

105　**5.3｜市街地再開発事業**
　　　5.3.1　事業の概要
　　　5.3.2　権利の変換の概要
　　　5.3.3　市街地再開発の事業事例

108　**5.4｜密集市街地の整備**
　　　5.4.1　密集市街地の整備の系譜
　　　5.4.2　密集住宅市街地の改善事例

111　**5.5｜市街地整備手法の多様化**
　　　5.5.1　柔らかい区画整理
　　　5.5.2　身の丈にあった再開発
　　　5.5.3　都市のスポンジ化対策

113　**5.6｜中心市街地の活性化と郊外住宅地の再生**
　　　5.6.1　中心市街地の衰退の状況
　　　5.6.2　コンパクトシティの概念の普及
　　　5.6.3　中心市街地活性化の取組み
　　　5.6.4　コンパクト＋ネットワークに向けた取組み
　　　5.6.5　郊外住宅団地の再生に向けた取組み
　　　5.6.6　都市のスポンジ化対策の取組み

第6章　地方・住民・民間による都市計画
都市計画の担い手の多様化

119　**6.1｜都市計画の地方分権**
　　　6.1.1　なぜ地方分権か
　　　6.1.2　都市計画の分権化の流れ

- 122 **6.2 住民参加の仕組みの導入**
  - 6.2.1 住民参加の必要性
  - 6.2.2 制度として位置づけられている主な住民参加の仕組み
  - 6.2.3 市町村独自の条例よる住民参加の仕組み
  - 6.2.4 さまざまな住民参加の場面・段階と手法
  - 6.2.5 住民参加・住民主体のまちづくりを支える担い手と協働のための体制
  - 6.2.6 住民参加の成果と課題

- 127 **6.3 民間都市開発の推進**
  - 6.3.1 民間活力導入施策の流れ
  - 6.3.2 不動産による資金調達の仕組み
  - 6.3.3 官民連携の推進
  - 6.3.4 民間都市開発の推進

- 132 **6.4 都市再生と地域活性化施策の多様化**
  - 6.4.1 都市再生法の成立経緯
  - 6.4.2 都市再生の枠組み
  - 6.4.3 都市再生法の変遷
  - 6.4.4 まちづくり交付金
  - 6.4.5 地域活性化施策の多様化

第7章　持続可能なまちづくりの計画
都市計画の課題の多様化

- 137 **7.1 超高齢社会のまちづくり**
  - 7.1.1 高齢者・障害者の社会生活
  - 7.1.2 福祉のまちづくり
  - 7.1.3 バリアフリー法
  - 7.1.4 バリアフリー整備基準
  - 7.1.5 超高齢社会における地域公共交通システム

- 145 **7.2 低炭素・環境共生のまちづくり**
  - 7.2.1 都市における環境対策の変遷
  - 7.2.2 都市の低炭素化の取組み
  - 7.2.3 環境アセスメント
  - 7.2.4 公害対策と都市計画

- 154 **7.3 景観・地域資源を活かしたまちづくり**
  - 7.3.1 景観によるまちづくり
  - 7.3.2 歴史を活かしたまちづくり
  - 7.3.3 観光まちづくりと地域資源の多様化

- 164 **7.4 災害に強いまちづくり**
  - 7.4.1 災害と都市計画
  - 7.4.2 震災に対する防災都市づくり
  - 7.4.3 浸水対策の都市計画

- 173　索引
- 182　著者略歴

1
都市の歴史と都市計画

この章では、都市計画の学習にあたって以下のような課題を設定している。
① 近代都市計画への影響が大きい西欧都市の歴史について、その役割と空間的な特徴
② 特に近代都市計画の草分けとなったイギリス近代都市運動と近代都市計画の概要
③ 都市の計画は持続していくものであり、これまでの都市の歴史を、どのように評価し、それを継承し、いかに発展させるか、が現在の都市計画の課題であること

1.1 都市と都市計画の歴史（古代、中世、近世）

1.1.1 古代都市

古代は農業を主要な産業とする社会であり、それを奴隷制度によって維持する社会体制をもっていた。古代都市は奴隷を支配する人間集団が居住する場であった。

　古代都市には大きく分けて二つの形態がある。一つはオリエント的な専制国家の都市で、専制的な君主が司祭の権力をもって、地主層（貴族・軍人）と奴隷からなる集団を支配する都市であり、もう一つはギリシャ・ローマ的な地主層兼軍人（騎士）が宗教（司祭）の支配を排除して、自ら支配する自由市民の都市である。

1｜オリエントの専制都市
a. オリエントの専制都市の成立要因
・広大な平地とその灌漑の必要性：強力な農業集団指導力をもつ専制君主と多数の奴隷の必要性があった
・絶え間ない侵略者（遊牧民）の侵入への防衛：防衛力の高い機能をもった都市、高い戦闘能力をもつ指導者の必要性が専制君主を生んだ
・宗教的な支配力の付加（君主が祭司を兼ねるようになる）による絶対的な権力保有があった

b. オリエント都市の典型（バビロン）[図1-1]
① 都市居住者
・最高期の支配者・新バビロニア国王ネブカドネザール（紀元前605〜562）。その宮殿がある[図1-2]
・居住者：支配者層（貴族、頂点に君主）、奴隷、次第に第三勢力として平民層（中間層）が増加
② 都市空間の特徴
・外敵の防衛のための外周の濠と要壁・要塞、および運河がある[図1-3]
・中央の広場：軍事、商業、宗教的目的が強い

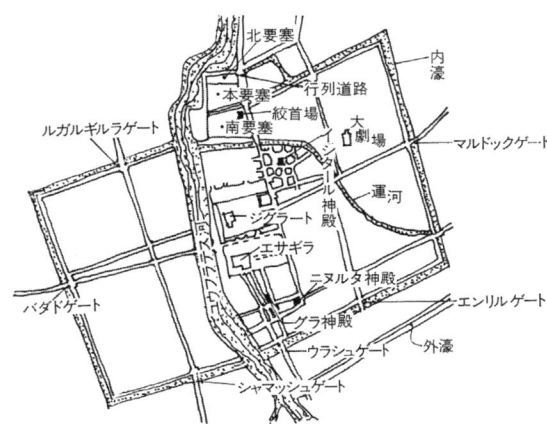

図1-1 オリエントの古代都市（バビロン）1)

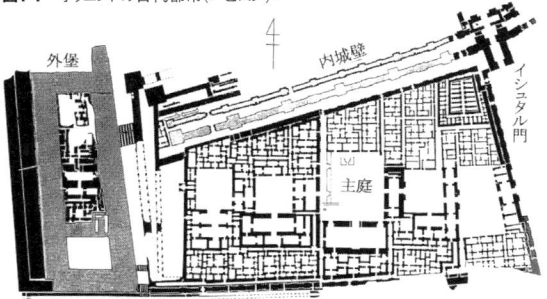

図1-2 ネブカドネザール時代の宮殿 2)

- 巨大宮殿、穀物庫、宝物庫、武器庫が目立つ
- マルドック神殿(宗教の最高神としての神殿)、全体として約1,120の神殿があった
- 神への門(聖域エ・サギラへの入口の門)
- ジグラード(やや小規模なピラミッド)、上部に小さな神殿がある[**写真1-1**]
- 空中庭園(王妃アミュケイスのため:政略結婚)があった
- 全体は不完全なグリッド状の道路と密集した住居であった

2 | ギリシャ・ローマの都市

a. ギリシャ・ローマの都市の市民と奴隷

ギリシャ・ローマの都市居住者は、地主層兼軍人(騎士)と奴隷である。この地主層兼軍人は宗教的には司祭の支配を受けないことから、自由市民としての地位を確保できている。奴隷の数はオリエントよりも多いとされており、「自由市民は労働しない」といわれる。地の利と手工業的蓄積を生かした商業交易による利益を上げている。商人がいることも特徴である。ギリシャは地形状から孤立し、都市国家となり、ローマは巨大化し、世界を支配するが、どの都市・地域とも一方的な関係であり、すべての道はローマに通ずるといわれた。支配地域に多くの植民都市をつくった。

b. ギリシャ・ローマの都市空間の特徴

ギリシャ・ローマの市民は地主階級であり、宗教は自由奔放な多神教である。これを反映して成立する自由な市民の集いと商業の場として広場があり、その周りにはさまざまな神殿がつくられる。アテネやローマ等の古い大きな都市は自然発生的で不整形であるが、新しい都市や植民地の都市では計画的につくられるために、外周の要壁、グリッドプラン(格子状の街区構成)、大通り、広場、その周辺の神殿と公共施設群、といったギリシャ・ローマ都市の特徴をよく表現している。以下に事例を見る。

① ブリュネ(ギリシャ都市)[**図1-4〜6**]
- 要壁と要塞で囲まれる。丘の上にはアクロポリス(神の存在、神殿)があり、一方で都市民が住む市街地がある。住宅は中庭をもつ高密度空間である
- 市街地はグリッド状の道路と街区の構成になっている。道路は東西道路と南北道路があり、その交差する部分に広場(アゴラ)がある。アゴラの役割は市民の集会、交流と商業交易の場である
- アゴラの周りには、神殿、政庁舎、体育館、劇場等の公共施設がある

② チムガード(ローマ植民都市)[**図1-7**]
- 方形の形態、外周を豪、城壁と城砦で囲まれる

図1-3 要塞とイシュタル門[2]

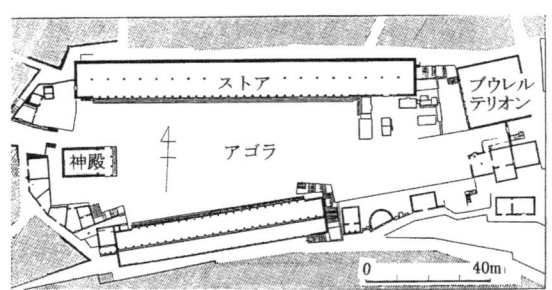

写真1-1 ジグラード[3]

図1-4 アゴラの復元図(アッソストルコ、紀元前2世紀)[2]

- グリッド状の街路と街区構成、南北街路と東西街路、その交差する中央部に広場（フォラム）：市民広場と交易の場がある
- フォラムの周りに、公会堂、神殿、浴場、闘技場等がある

3｜ローマの都市空間とその変化

ローマは巨大化し、巨大な組織を運営するには民主制は限界があったためか帝政となる。帝政時代のローマは、外部と内部に二重の城壁があり、外城壁は一部はテレヴェ川と合流している。中央部の復元図［図1-8］を見ると、中央にフォラム［図1-9］と神殿が多重に、次々に建設されている。自分の神殿により権威を保つために、各皇帝が争って神殿をつくっていることがわかる。

さらに、上層貴族と下層市民の対立を回避するために、円形闘技場、公衆浴場等の市民の娯楽施設が次第に加わっていく。

ローマ帝国による支配の長期化と平和が続くと、奴隷の供給がなくなる。農業生産を中心に、産業の担い手は奴隷だけでは済まなくなり、農業生産技術の発展を背景として、奴隷の小作人化が進む。かくして貴族と奴隷の社会構成は、地主と小作人という中世的な時代へと移行していく。また、ギリシャ・ローマの世俗的神の時代から、キリスト教の支配する時代となる。

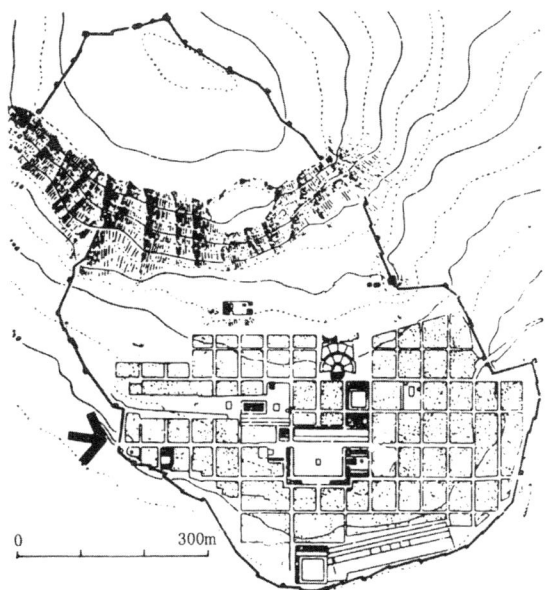

図1-5 古代ギリシャ都市：プリュネ（トルコ紀元前350年）[2]

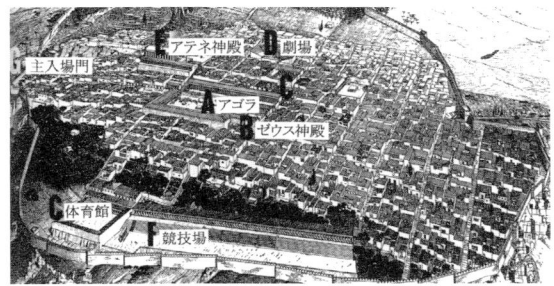

図1-6 プリュネの復元図[4]

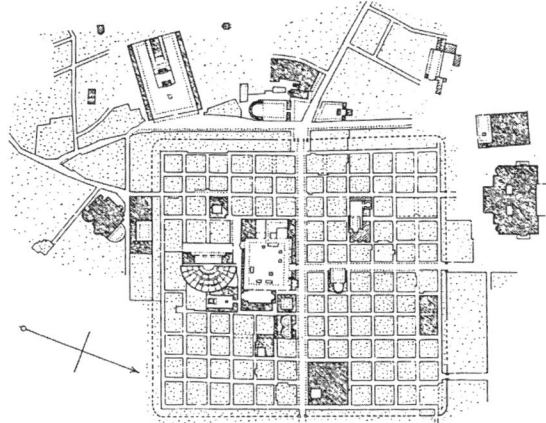

図1-7 チムガード[4]

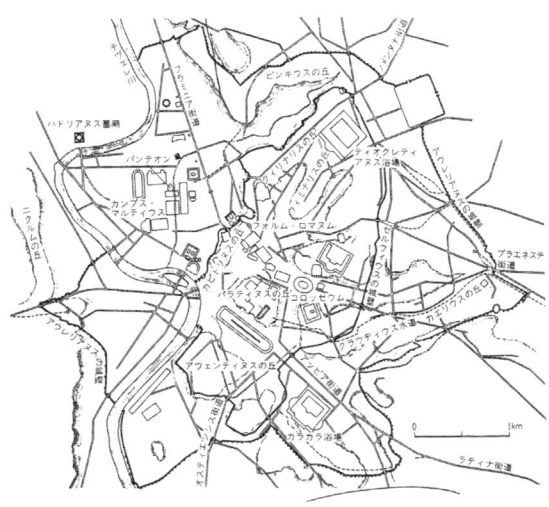

図1-8 帝政時代のローマ復元図[2]

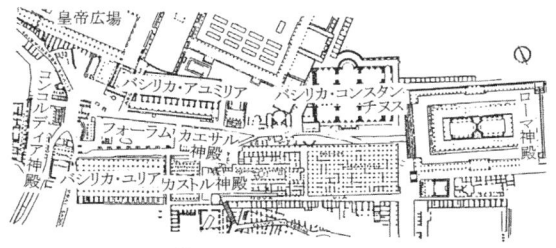

図1-9 ローマのフォラム[5]

1.1.2 中世都市

1│中世都市の性格と種類

中世は封建制度を経済社会制度とする時代である。領主と、土地を使用することで絶対的な服従を要請される農民層(農奴)との関係を中心とした社会である。したがって、都市はこの両者が消費のために利用する対象であるにすぎない。しかし、都市はこの両者以外の階層を主役として成立する。

中世都市は、商人と職人を中心に成立する都市である。封建領主の支配を受けないこの新しい市民層は、手工業の発達と商業の発達によって台頭する。彼らは自立性と資金力を背景に、領主に独自の居住地を形成することを認めるように要求し、認可させていく。そしてこの市民によってつくられたのが中世都市の一つの形態である。

日本の城下町のように、封建領主がその権力に任せて商人と職人を集め、都市をつくり上げた封建領主の城下町も中世都市の典型である。また、ヨーロッパのローマ教会の修道僧が各地に赴き、修道院を建てて貧困層や追放された放浪者たちを集め、次第に集落を形成していった教会街も存在する。日本では寺町がある。このように多様な形成過程をもっている中世の都市であるが、ここでは市民が形成した自治都市を中心に扱う。

2│中世自治都市の空間的特徴(リュベック)

中世は他民族の侵入や盗賊等により、住民は常に脅かされてきた。自治都市はまず安全でなければならなかった。外部は川を利用した濠と土塁、堅固な門でかため、その中を次第に開発整備していった。中央に市場をつくり、商業の中心地とするとともに、市民交流のための場とした。これは中世都市のシンボルである。この市場を囲むように、自治を象徴する市庁舎、教会、ギルド会館がつくられた。教会は各地域にもつくられ、あわせて修道院や施療院等も建てられていた[図1-10]。

1.1.3 近世都市

1│近世都市の特徴

近世の都市は遠方貿易によって富を得た都市であり、その富を蓄積していく都市である。この中には、封建領主が絶対的な権力をもつようになった絶対王政の都市、商人が権力をもった商業都市がある。いずれも都市の巨大化、装飾化が特徴として目立ち、古代から中世にかけて蓄積してきた広場、教会に加えて、大路、宮殿等が都市を構成する主要な要素となっていった。この事例としてフィレンツェとパリを見る。

a. フィレンツェ[図1-11]

ローマ的グリッドプランから始まったこの都市は、都市の拡大に伴って要壁と要塞を二重三重につくり、それに対応した。しかし都市の拡大はさらに進み、次第に要塞は都市活動と矛盾するようになる。

・グリッドプランは都市の拡大に伴い、次第に放射状の道路網に転換する。不整形な道路パターンを生み出していく
・広場と教会が一つの地区の中心施設となり、各地域にこのパターンができてくる。これが街の単位を形成する[写真1-2]
・ルネサンス運動への反動として、教会の建築文化

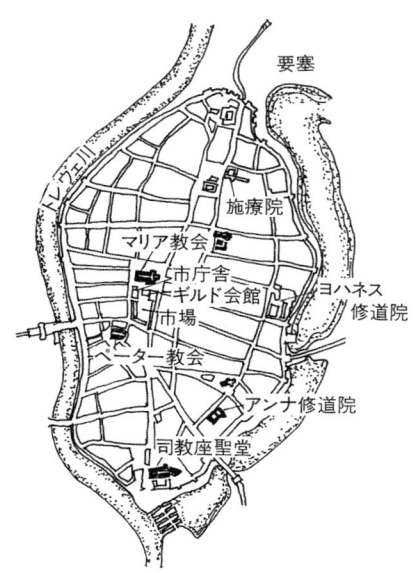

図1-10 中世都市リュベック[1]

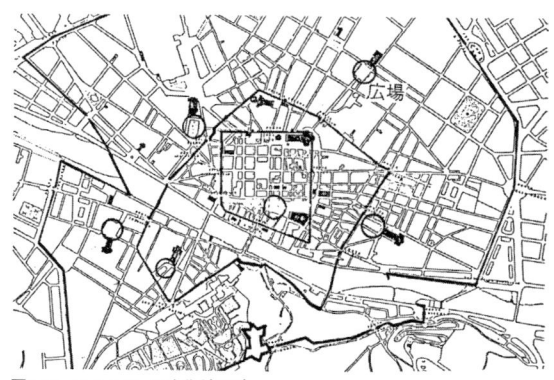

図1-11 フィレンツェの市街地図[1]

が一つの様式として都市を形成する要素となってくる

b. パリ

17世紀のパリは人口が集中し、衛生設備もない密集した市街地だった。ヘンリー4世がまず改造に着手し、ルイ16世の改造を経て、その後、リシュリー、マリー・ド・メディチ等によって市街地と散歩道が完成していく[**図1-12**]。そしてナポレオン3世の期にオスマン市長によって大改造(1853〜70年)が行われる。

・放射状の道路とそれが多数集中する交差点の広場（ロータリー）で構成される道路網、幹線道路は並木道である
・広場と建築：教会と広場、宮殿と広場、ロータリーとそれを囲む建築等、建築物に囲まれて広場が成立する。これらが、華やかな都市の光景をつくり出している[**写真1-3、4**]

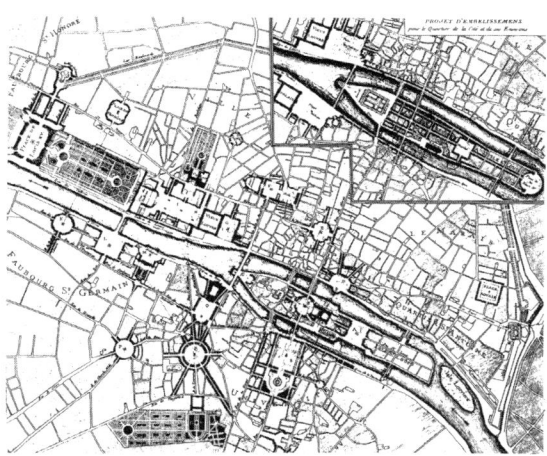

図1-12 パリの市街地街路 4)

写真1-2 教会の広場 4)

写真1-3 ルーブル宮殿広場

写真1-4 シャンゼリゼ大通り

1.2　近代都市計画の源流

近世に蓄積された資本と産業技術革命のもとで、イギリスを発端として産業革命が起こる。都市は工業化の時代に入る。ここでは、イギリスにおけるこの資本主義の都市、工業化する都市の問題とその解決のために行われてきた都市計画について知見を得ることを目指す。現代の都市は、近代の工業都市から商業流通都市を経て、新しい時代に入っているように見えるが、基本的には近代都市の延長上にあり、都市計画もまた同様である。日本の都市計画は西洋の都市計画から多くを学んできたが、その根本を学ぶことは現在ますます重要になっている。

1.2.1　近代都市の成立とスラム、労働者と資本家

イギリスは18世紀から19世紀にかけて、工業生産力が飛躍的に増大した。19世紀には農村のエンクロージャー（囲い込み）によって、多くの農民が土地を失い、都市へ流入せざるを得なくなった。失業状態のまま都市に集中した人々は、安い賃金で働かされた。あふれる労働予備軍の中から、資本家たちは子供と女性から先に雇用し、男たちは職に就けなかった。このような失業状態で安く働かされる労働者たちも集団を組み、ストライキや訴訟で資本家に対抗した。資本家は労働者を軽蔑し、低賃金で雇用することだけを考えていたし、多くの労働者は資本家を憎んでいた。

大都市の地主や投機的建売り業者たちは、この労働者の群れに極めて粗悪な住居を提供した。バック・トゥ・バックと呼ばれる棟割長屋建ての住宅（棟割住宅、[図1-13]）であり、台所や便所、浴室が中庭で共用される非衛生的なものだった。地下室も屋根裏部屋も仕切られて個別の家族に高値で貸し出された。戸外は糞尿と塵埃であふれ、大気は家庭のガスと工場ばい煙で汚れていた。この貧しい都市民の居住地はスラムと呼ばれた。近代都市の特徴は工場とスラムの存在であった。

粗悪なスラムで流行病がたびたび発生した。特に19世紀の初期にはコレラが多くの命を奪った。コレラはスラムで発生するが、それは多くの労働者を巻き込み労働力を奪う。そして次第に資本家の居住地まで襲っていく。

こうした初期資本主義の矛盾の中で、新しい都市計画が生まれる。一つは、資本家たちの理想郷（ユートピア）づくりから成長する工業村と田園都市であり、もう一つはスラムをつくらせないための、まちづくりの条例や都市計画法による、住宅と街並み規制制度の発展である。この二つは無関係のように見えて、密接につながり、イギリス独特の住宅地の形成を実現する。

以下、この二つの動きを見ていく。

1.2.2　ロバート・オーウェンの工業村

1｜ロバート・オーウェンと工業村

ロバート・オーウェン（1771〜1858）は、フーリエ、サン・シモンとともに、空想的社会主義者の一人とされている。オーウェンは資本家としての労働者に対する考え方を教育論と経営論の観点から独自の論文を書いているが、これを資本家として最初に実践した。

オーウェンは北ウェールズに生まれ、10歳でロンドンで働き始め、18歳で工場経営を始める。10年後にニューラナーク（グラスゴー郊外）の紡績工場主の娘アンと結婚、義父から工場を買い取ったオーウェンはそこでユートピアづくりに取りかかる（1800年）。このユートピアを資本家たちは工業村（インダストリアル・ヴィレッジ）と呼ぶ［写真1-5］。工業村は都市を離れて農村に美しい工場とそこに働く人々の理想郷をつくることがその目的であるが、仕事がないために農民が都市へ離れていき、荒廃していた農村を再生することと、都市のスラムに対する健康な住宅地をつくることに、資本家たちは意義を見出していた。

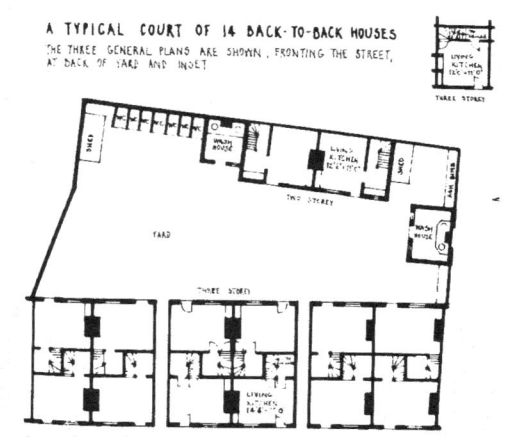

図1-13　スラムとバック・トゥ・バック住宅 6)

写真1-5 ニューラナークの工業村[7]

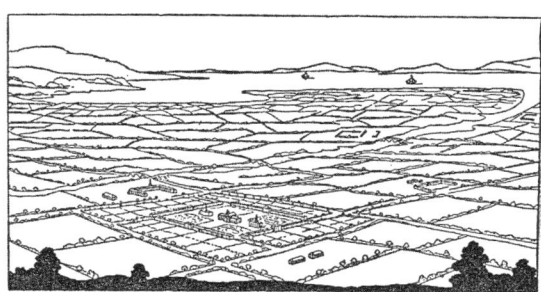

図1-14 オーウェンの理想村[8]

その後アメリカへ渡り、支持者とともに新しいユートピアとして「ニューハーモニー」（イリノイ州）を建設する。しかし思想上の対立からここを離れる。アメリカでの活動は必ずしも成功したとはいえなかったが、オーウェンの思想と実践は、イギリスとアメリカの理想郷を目指す人々に大きな影響を与えた。特にイギリスでは、バーミンガムのボーン・ビル、リバプール郊外のポート・サンライト・ガーデンズのような工業村に引き継がれ、田園都市論の誕生へと発展することになる。

1.2.3 工業村

ニューラナークの実験は他の良心的な経営者を刺激し、各地に工業村が建設された。

1｜ボーン・ビル

バーミンガム市の郊外に工場（チョコレート）を移転することを決めたキャドバリーは、この機会に工場の労働者の宿舎や住宅、共同施設を建設する。そしてそれだけでなく、一般市民向けに分譲住宅を建設する。

この住宅は2戸から8戸の連続住宅であり、広い通りに前庭をもってゆったりと並んでいた。裏庭は奥行きが深く、裏の路地につながっている。公園があ

2｜ニューラナーク

オーウェンは、労働者を教育し、しっかり働く労働者を正当に評価した賃金を払うことで、資本家と労働者の関係を正常なものにしようとした。そのために、工場の機械の性能を高めるとともに、宿舎、学校、図書館、教会、体育館、食堂、店舗、等々の共同施設を整備した。

この中で、オーウェンは労働者に対して厳しい規律を要求し、労働時間の厳守、秩序ある生活、教育学習の義務等を求めた。その代わりに成績を上げた者は賃金を上げる等優遇した。その結果、工場の生産品質は向上し、会社は利益を上げることができた。このように、労働者の生活を改善することは、経営者の利益を上げることと矛盾しないことを実証し、彼の名声は上がっていく。著書『ラナーク州への報告』には、彼の自立した理想村［図1-14］のイメージが描かれている。

人口300〜2,000人（理想的には800〜1,200人）、1人当たり0.5〜1.5エーカーの耕作地に囲まれている。コミュニケーションのための大広場、学校、集会所、大食堂等の公共施設、そして共同住宅（1〜4層）が配置され、工場はその外側に置かれている。

写真1-6 ボーン・ビルの住宅の街並み

り、小川が流れ、散歩道がある。スラムとは縁遠い理想の住宅と思われた[写真1-6]。

2｜ポート・サンライト・ガーデンズ

レディ・レーバーは美術を愛好する商人であった。石鹸を小さく切ってこぎれいな紙で包んで化粧石鹸として売り出すと、飛ぶように売れたため、そこでレーバーは自ら石鹸工場を経営することにし、工場とその労働者のための住宅地を建設した。その住宅地は石鹸の商品名をとって、ポート・サンライト・ガーデンズと名づけられた[図1-15]。

1888年に鍬入れがあり、89年には工場が完成、

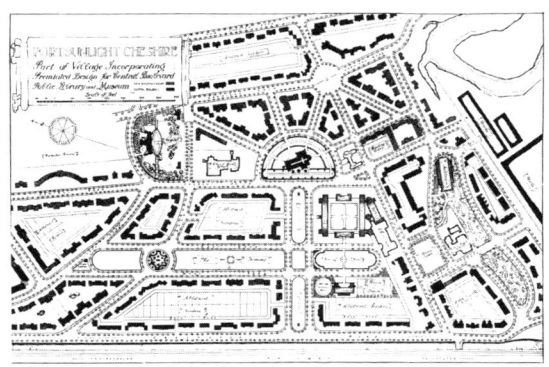

図1-15　ポート・サンライト・ガーデンズの配置図(1910年)[9]

写真1-7　スクエアと邸宅のようなテラスハウス(ポート・サンライト・ガーデンズ)

写真1-8　大通り公園(ポート・サンライト・ガーデンズ)

1890年に最初の宿舎が完成、その後には菜園つきの宿舎がつくられ、共同店舗、ホール、学校、テニスコート等共同施設ができていった[写真1-7]。沼地を埋め立てながら建設していったが、1910年には、団地の中央部に十字形の大通り公園が計画され、そのノード(交差点)に記念塔、西端にレーバー美術館が完成した。この100m幅員の大通りは、田園都市の設計に影響を与えた[写真1-8]。

1.2.4　田園都市論

エベネザー・ハワードは、1898年『明日—真の改革にいたる平和な道(To-morrow; A Peaceful Path to Real Reform)』を発表し、田園都市運動を始めた。1902年にはその改訂版となる『明日の田園都市(Garden City of To-morrow)』[10]を発表し、田園都市を「働きかつ住むところの自足的な工業都市であること、および農村地帯によって限定づけられていること」と定義し、その主旨と経営方式を具体的に示した。レーバーやキャドバリーは熱心にこの運動を支持した。

1｜田園都市論の骨子

a. 計画理念[図1-16〜18]

① 農村の中への都市機能の移出と融合

都市はスラム化しているが、それは農村地域が崩壊しており、人々が農村から都市へと過剰に流入したことが原因である。この人々を農村にいかにして呼び戻すかが重要であり、そのためには、農村に魅力を取り戻すことが根本的解決策である。ハワードはこの理念のもとで、農村に魅力を与えるために、農村の役割を明確に示すとともに、農村の中に都市を建設し、都市の魅力と農村の魅力を共有した田園都市群の創出を提案した。

② 大都市の救済：再開発

この田園都市群が創出されれば、人口はスラム化した都市からここへ転出し、都市に隙間ができる。それをもとに都市の再開発が可能になり、スラムの解消が可能になる。

b. 空間計画論：農村との関係と都市空間

① 田園都市(5.3万人)は母都市と適当な距離(30〜50km)を保ち、鉄道や運河で結ばれる。必要に応じて第二、第三の田園都市(3.2万人)をつくって都市群を構成し、これによって母都市の人口を限定させる

② 田園都市は農村に囲まれ、食料の供給を受けるが、その一方で都市の利便性を農村へ提供する。両者は共存し融合しつつ都市と農村の魅力をつくる
③ 田園都市は質のよい住宅（敷地が広く、隣棟間隔が長い）の供給と雇用の確保のための工場誘致を行い、母都市の膨張を抑制する
④ 田園都市の構成は、中央に広場、その周辺に数々の公共公益施設を配置し、その外側に住宅地域を配置する。その住宅地域の中央に大通り（公園）が配置される。工場は周辺に配置され、鉄道と結合する

c. 経営計画論：住民自治を目指して
① 田園都市を建設する費用は5%の金利で募集する
② 土地は開発会社が建設完了まで所有し、ある時期に住民の代表機関（自治体議会）に譲渡する。都市全体の土地は公有で、利用は借地とする
③ 開発の利益、開発会社の譲渡したときの利益はすべて自治体（議会）に公共施設整備等によって還元され、会社は解散する
④ 以降は住民自治の徹底した都市運営がなされる

2 田園都市の建設：レッチワースとウェリン

① レッチワース［**図1-19**、**図1-20** および **写真1-9**］
1899年に田園都市協会が設立され、1903年には田園都市株式会社が創設された。そしてロンドンの北54kmの郊外に最初の田園都市レッチワースの建設が始まる。5%の金利では資金が集まらず、法的な保障と政府の援助もない状態の中で、やっと購入した土地には開発業者がなかなか参入しなかった。幾多の困難の後、土地開発は田園都市会社自身の手で、住宅建設は田園都市会社、公営住宅と住宅公社が行った。工場の立地は遅れたが、曲がりなりにも田園都市は実現した。

② ウェリン田園都市［**図1-21**］
第二の田園都市ウェリンはロンドン郊外36kmのところに建設された（1920年）。この間に都市住宅建設法が制定され、政府の補助も出るようになり、また田園都市への理解も進み、建設はレッチワースより順調に行われた。
　ウェリンのプランを見ると、中央に鉄道駅、駅前に大通り公園とその周辺の公共公益施設や事務所等がある。その外周に住宅群があるが、やや高級なテラス・ハウスとセミ・デタッチド・ハウス（二戸建て住宅）*1

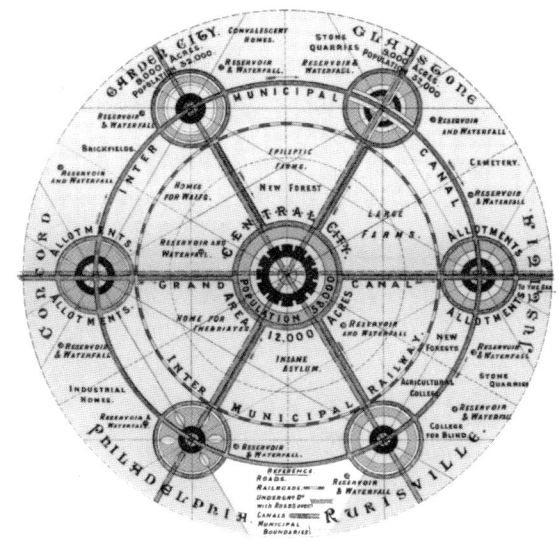

図1-16　田園都市群のモデル図 11)

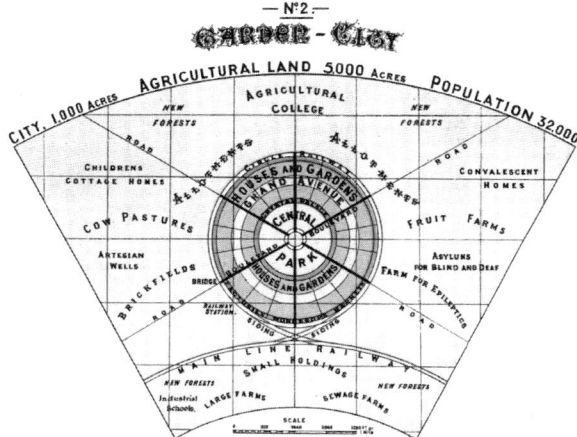

図1-17　田園都市の都市と農村との関係 11)

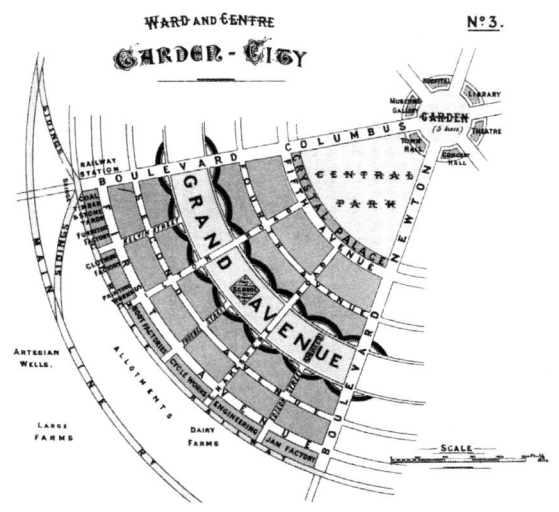

図1-18　田園都市のモデルプラン 11)

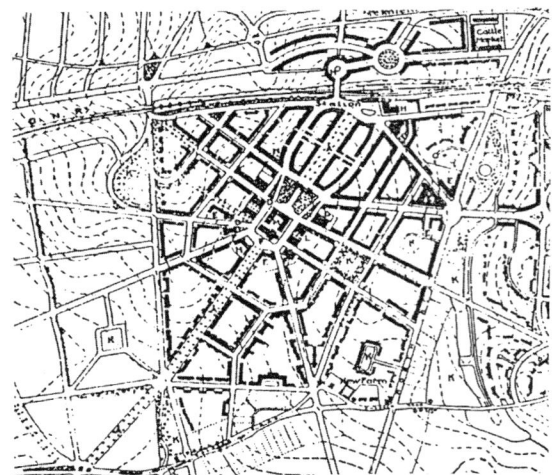

図1-19 レッチワースの配置プラン [12]

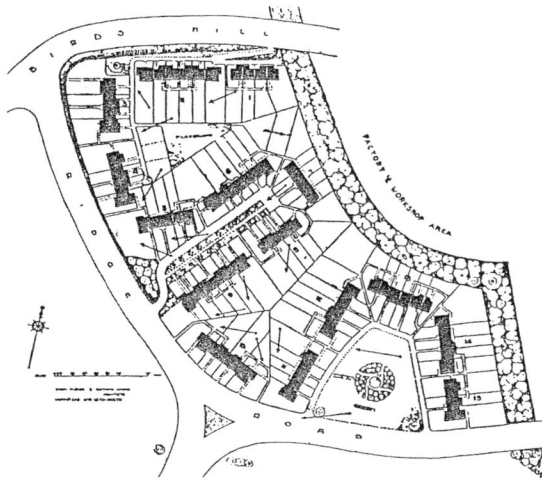

図1-20 レッチワースの住区配置プラン [12]

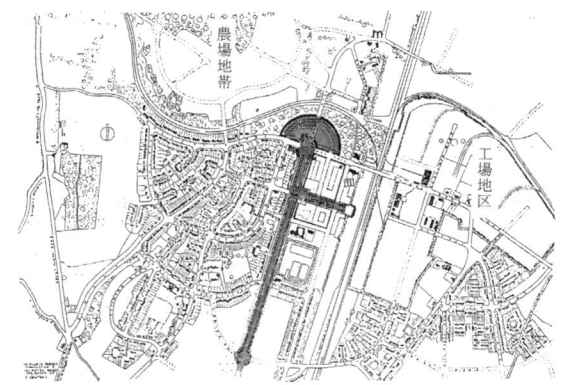

図1-21 ウェリン田園都市の配置プラン [13]

写真1-9 レッチワースの光景

がある。工場は鉄道を挟んでその反対側に集中させ、その周辺には労働者向けの住宅(テラス・ハウス)が取り巻いている。

この二つの田園都市の実験が、田園都市の大きな目標であるニュータウン建設という形で実現するのは第二次世界大戦の後である。しかし、工業村が理想とした住宅地のモデルとしての田園性(ゆったりとした敷地と配置)は、その後のイギリスの郊外住宅地の典型[*2]として、一般化していく。

1.2.5 イギリスの郊外住宅地のデザイン

1 | 条例による住宅地設計基準

19世紀のイギリスの都市はスラムで覆われていた。その具体的な姿は、狭い道路と中庭で囲まれた背中合わせの連続建て住宅(バック・トゥ・バック住宅)であった。19世紀初頭のコレラの流行によって多くの市民が死亡した。政府は1848年の公衆衛生法の制定に基づき、対策に乗り出した。

まず、下水と上水道の改良が先行的に行われた[*3]。住宅の改良は、1868年トレンズ法[*4]、1875年クロス法[*5]と相次いで労働者住宅の改善法が制定されるが、このような既存住宅の改善の効果は少なかった。これに対して、新しい住宅供給に対するスラム化防止の対策は、1870年以降に制定された地方政府の建築条例によって改善が進んだ。

その建築条例における主な規制内容は次のとおりである。

[*1] 二戸建て住宅は持ち家、それ以上の連続建て住宅は借家として供給される
[*2] レイモンド・アンウィンによるハムステッド・ガーデン・サバーブの設計はその典型である
[*3] 論争の末、ロンドンでは下水の改良を先行させたが、放流先のテームズ川下流で上水を取水していたために流行病はかえって激化した。浄水の取水先の変更によって、効果が現れたといわれている
[*4] 劣悪な労働者住宅を無償で自治体が取り上げ改善することを規定した
[*5] 上記の「無償」を「有償」とした

① 建物間の距離の規制（道路の幅員の規制、建物と建物の距離の規制）
② 中庭の大きさ（幅と入口の幅）の規制
③ 便所やごみ置き場、下水管の規制
④ 地下室居住室の規定（窓や換気）
⑤ バック・トゥ・バック住宅の規制（4戸以下の連続で計8戸以下）

しかし、これらの規制に対しては供給者の抵抗があり、改善には19世紀末までかかった。特にバック・トゥ・バック住宅の禁止は20世紀までかかった[図1-10]。

2｜新しい住宅地のデザイン・ガイドライン

条例住宅は一定の前進であったが、直線道路と長いテラス・ハウスの単調な街並みを形成してしまった。これを変えたのが、新しい法律と理想を求めた都市のデザインの挑戦であった。1909年の都市計画法は地方政府の都市計画で、住宅地の開発を規制できるようになった。また、住宅地の設計ガイドラインが中央政府から示され、新しい住宅地の設計が生まれた。1919年以降の各都市の住宅地は、広い道路（曲線が多い）、ゆったりとした密度、開放的な前庭のついた8戸以下の連続住宅（2階建てテラス・ハウス）、住棟間隔の長い後ろ庭つき、等が特徴である[写真1-11]。現在の住宅地の開発許可はこうしたデザインのガイドラインに従わなければ原則として許可されないようになった。また、個別の住宅設計は、周辺の住環境に調和しなければ許可されないから、住宅地の街並みは調和のとれたものとなっている。

長い間の努力が実を結び、イギリスの郊外住宅は、高い水準と調和のとれた街並みを形成する住宅地として、安定したデザインを確保している。

1.2.6 近隣住区論

クラレンス・アーサー・ペリーの「近隣住区論」は、自動車時代に入ったアメリカにおいて、田園都市の建設運動を背景として生まれてきたものである。イギリスにおける理想都市論とその実践はロバート・オーウェンをはじめとして、アメリカに大きな影響を与えたが、その一つの成果が「近隣住区論」として実った。

1｜アメリカの田園都市運動

イギリスの田園都市運動は、アメリカに波及して影響を与え、アメリカ的な田園都市を建設する運動を起こさせた。

アメリカの中間階級（ミドル・クラス）は、所得や社会的地位では上級の階級を構成している。この階級は自分たちで独占する上級の居住地を形成することを望んでいた。それは都市の雑踏から逃れ、下層階級の進入を受けない居住地であった。この理念は都市から離れて、住宅地のみが独立した独立住宅地を目指すものであった。

また一方では、当時の社会学の主流であった「都市の中で人間関係は阻害される」という主張に対する挑戦、すなわち「都市のコミュニティの形成」を目指すものであった。

この運動は、R.マンフォードやスタイン・ライト等、建築家を中心としたグループであるアメリカ地域計画協会による住宅団地「サニーサイド・ガーデンズ」の開発、ラッセル・セージ財団による地域調査グループがつくったニューヨーク地域計画協会による住宅団地「フォレスト・ヒルズ・ガーデンズ」を開発した。

サニーサイド・ガーデンズは、①ブロックの中心に共同庭をとり、これを住戸で囲む、②ゆとりある敷地と大公園と共同スペース、③住民による管理、を特徴としている。フォレスト・ヒルズ・ガーデンズも同様のプランであり、住民の自治活動が目ざましかっ

写真1-10 バイローによる住宅と街並み

写真1-11 一般的住宅地のデザイン・ガイドライン（バーミンガム市）

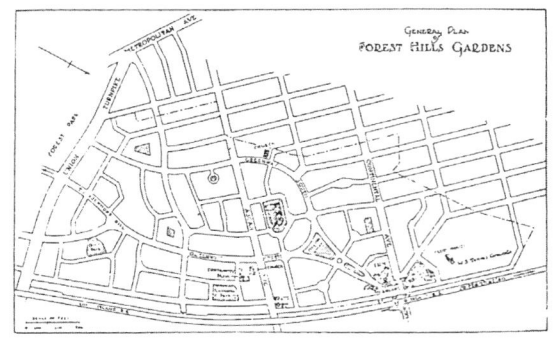

図1-22 フォレスト・ヒルズ・ガーデンズ[13]。アメリカで最も有名な田園都市とされる。面積200エーカー(約80ha)のブルジョア的郊外住宅地

た[**図1-22**]。

ペリーは1909年にラッセル・セージ財団の研究員となり、1912年にフォレスト・ヒルズ・ガーデンズに居住し、コミュニティ活動を体験する。この経験とマンフォード等建築家グループとの交流やイギリスの都市デザインのリーダーであったR.アンウィンの影響を受け、こうした経験から近隣住区の理論は1924年に発表された。

2 | 近隣住区論の骨子

a. アメリカ居住地区の欠陥の分析
ペリーはアメリカの居住地区の欠陥から住宅地の計画課題を提起する。
① 住宅地が業務地と接近しすぎており、用途が混合していること(居住地区の適切な位置、規模、単位が重要である)
② 子供の生活が自動車交通によって妨害されていること(遊び場の規模、配置と自宅からの距離が重要。その他の共同施設も同様である)
③ 家族の生活がその地域内で求めている必要な機能を満足させること(コミュニティの形成への寄与)

b. 近隣住区の原則[**図1-23**]
① 規模:近隣住区の開発規模は通常小学校が1校必要な人口に対応する
② 境界:住区は通過交通の迂回を促すのに十分な幅員をもつ幹線道路で、周囲を取り囲む
③ オープンスペース:近隣生活を満たすのに十分な小公園と、レクリエーション・スペースの体系をもつ
④ 公共施設用地:住区の範囲に応じたサービス領域をもつ公共施設用地を住区中央から公共広場の周りにまとめて確保する

⑤ 地域の店舗:サービスする人口に応じた商店街を1カ所以上、住区の周辺の交通拠点またはそれに近いところに確保する
⑥ 住区内道路の体系:住区内の街路の体系として、循環交通促進、通過交通防止を図る
⑦ コミュニティの形成:コミュニティ・センターとしての学校の活用、教会のあり方、他の施設の利用の提案

3 | 近隣住区論の展開

① ラドバーン計画[**図1-24**、**図1-25**]
近隣住区論が応用され、新しい自動車交通に対応した住区計画理論が生まれた。ニュージャージー州のラドバーン計画である。

このプランには、スーパーブロック、歩車道の分離、クルドサック(行き止まり道路、袋小路)、広いオープンスペース等が織り込まれている。田園都市としての要素はグリーン・ベルトと工場以外はすべて整えられていた。

② イギリスのニュータウン計画への適用
近隣住区の計画とラドバーン計画は、イギリスへ再輸入され、第二次世界大戦後のニュータウン計画で適用された。ハーロウ・ニュータウンやスティブネジ・ニュータウンの計画は近隣住区を忠実に積み上げ、小学校区、中学校区という段階構成による住区施設の配置計画がなされた。日本では、大阪府千里ニュータウンが典型的な近隣住区論に基づいて設計されている[**図1-26**]。

③ 近隣住区理論の批判とワン・センター・システム
近隣住区の段階構成による設計は、共同施設の構成において欠点があると批判された。店舗やその他の競合する施設が分散して配置されるために、利用者が選択できないこと、店や飲食店等が集中した魅力的な界隈ができないこと、等が批判の理由であった。

イギリスのフック・ニュータウン計画[**図1-27**]では、この点が克服され、近隣住区を縦に2列ずつ並べた住区の構成をとり、二つの住区の交差する地点にこれらの競合施設を集めて一つのタウンセンターを形成するという計画である。この計画をワン・センター・システムと呼んだ。

ワン・センター・システムは日本では最初に愛知県春日井市の高蔵寺ニュータウンで実施された。中央にタウン・センター、それに向かって各近隣住区から歩行者専用のフットパスが丘陵地の尾根伝いにつく

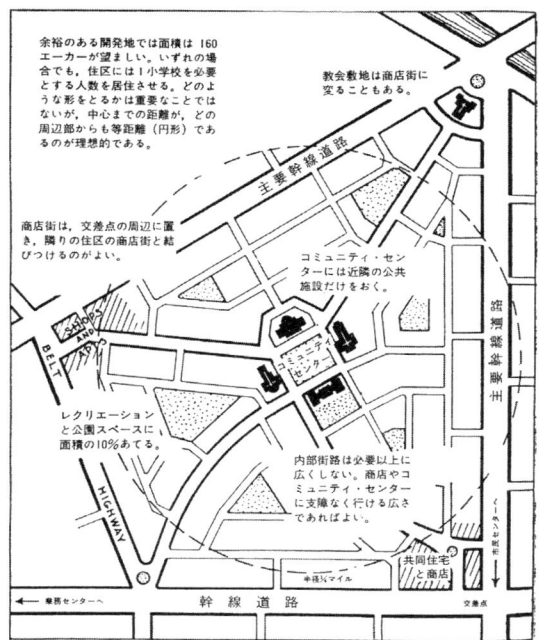

図1-23 近隣住区のモデルプラン[2]

図1-24 ラドバーンの計画[14]

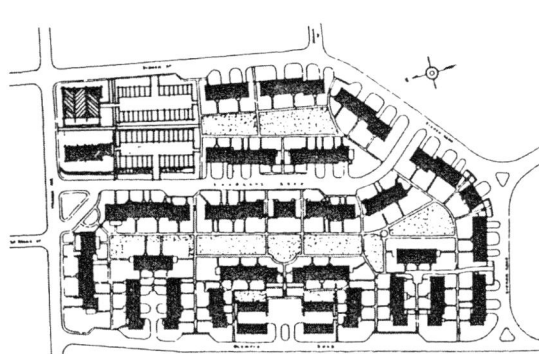

図1-25 ラドバーンの詳細[12]

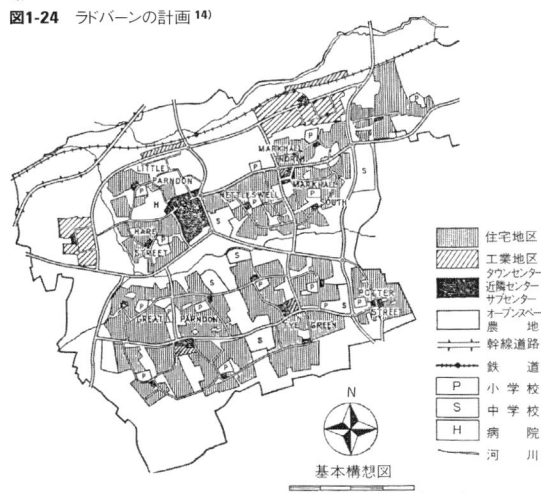

図1-26 ハーロウ・ニュータウン計画[15]

図1-27 フック・ニュータウン計画[16]

図1-28 高蔵寺ニュータウン計画[17]

られている。その歩行者路にそって小中学校や公園、近隣センター（小店舗、集会所、医療診療所、郵便局等がある）が配置されている。

E.ハワードの田園都市論は、アメリカの田園都市運動を経てイギリスのニュータウン計画の理論的な完成をみた。その応用された姿が、日本のいくつかのニュータウンに現れたといえよう [図1-27]。

1.2.7　近代および現代都市計画の人々

1│パトリック・ゲデス

パトリック・ゲデスは近代都市計画の父といわれる。エジンバラ大学で植物学を学んだ彼は、地域社会の発展を進化論的に捉え、「地域調査」によって都市の歴史的資料と環境を結びつけようと試みた。

科学的調査と考察による科学的都市計画を推進し、コーナーベイション・シティ（連担都市）の概念を提起し、地域間・都市と農村の関係を考慮した都市計画と行政のあり方に言及した。都市と都市計画展（インド）の開催による評価を得て、インドで活躍した後、本国に帰り多方面に活躍した。その包括的理論は、その後多くの都市計画技術者に大きな影響を与えた[18) 19)]。

2│レイモンド・アンウィン

レッチワース田園都市の計画を義弟のベリー・パーカーとともに行った。それに前後して住宅配置のあり方について、斬新な提案をしている。前庭を囲む住宅配置（ヴィレッジ・グリーン）の提案（1899年）、「過密から何も生まれない」という名言とともに平行配置プランの批判と中庭をもつゆったりとしたプランの提案（1912年）、ラドバーン原理の先例となったクルドサックをもつハムステッド・ガーデン・サバーブの計画等がそれである。また大ロンドン開発計画の提案（1929年）はグリーン・ベルトと田園都市を骨子とするものであり、アーバー・クロンビーの大ロンドン計画の先鞭であった[18)]。

アメリカの田園都市運動にも影響をもち、第2次大戦前まで長期にわたってイギリスの住宅・都市計画行政に貢献した[15)]。

3│ル・コルビュジエ

フランスの建築家。人口が過密し、環境悪化が進む近代都市を批判し、「300万人の現代都市」（1922年）、『輝く都市』（1930年）等、都市計画の提案を行った。そこでは、広々としたオープンスペースと、巨大な高層建築による都市であり、都心には60〜70階建てのオフィスビル、その周辺は中層の住宅群が取り巻いている。都心からその周辺までが公園の中にあるように建ぺい率は低い。地下鉄道が都心に入るが、高速道路も導入されている。

現代社会の技術と近代的デザインを力強く表現したコルビュジエの提案は、CIAM（近代建築国際会議）の結成につながり、多くの都市計画家に影響を与えた。

4│A. コミー

アメリカの都市計画家。田園都市の効果が都市問題を解決するにいたらないことを批判し、都市の成長を肯定的に捉え、それを効果的に誘導することを都市計画の役割であるとした。モデルとして中心商業・業務地域を核として放射状に鉄道・道路を配置し、その沿線に工業を配置するというものである。工業地と交通を重視した提案を行った。

5│C. A. ドキシアディス

ギリシャの建築家。学者でかつ実務経験をもつ都市計画家である。エキスティックス＝人間居住社会学を主張した。

人間居住社会の空間単位を15段階に分け、その最終の段階エキュメノポリス（世界都市）へいたる道程を人類の必然であるとした。その対応のために「問題解決を可能とする空間の研究、新しい定住社会のための交通とコミュニケーション手段、あらゆる生活の問題を内包する全体的計画の策定、広域空間における定住社会のプラン策定」等を主眼とした研究と計画の必要性を強調した。国際連合の「人間居住会議」（HABITAT）は、彼の主張を受けとめた世界組織である[20)]。

6│ケヴィン・リンチ

都市を住民共通のイメージ（パブリックイメージ）で見ようとし、イメージを与える強さ（イメージアビリティ）によって都市を捉えようとする試みは、都市デザインを科学的に行うことに大きな手がかりを与えた。

イメージアビリティの要素としては、アイデンティティ（Identity）とストラクチャー（Structure）があり、それはミーニング（Meaning 意味、名称、および連想を含む）によって支えられているとする。そして、パブ

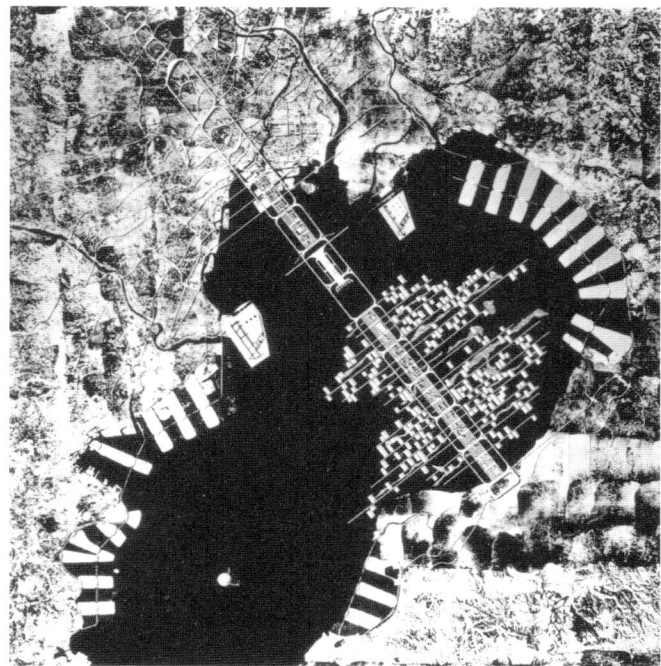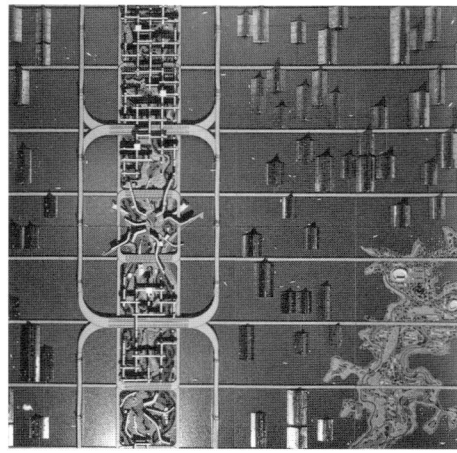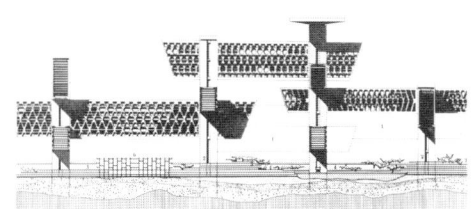

図1-29　丹下健三「東京計画1960」(写真：堀内広治(新写真工房))、右：シビック・アクシス断面

リック・イメージは物理的には、パス(道路)、エッジ(縁)、ディストリクト(地区)、ノード(接合点)、ランドマーク(目印)に分類できるとした[21]。都市景観等、都市計画の新しい側面の技術発展に大きな足跡となっている[7.3.1参照]。

7｜丹下健三

都市計画・建築家。1949年の広島平和記念公園コンペにおいて広島の都市構造として対象敷地外につながる南北と東西の都市軸を示し、1等入選した。CIAMでも活躍し、1961年に発表した「東京計画1960」[図1-29]では、近世の江戸から引き継いだ東京の求心型・放射状型都市構造の矛盾と限界を指摘し、都市・交通・建築が有機的に統一された線型並行射状の開かれた都市構造を提案した。

8｜ジェイン・ジェイコブズ

アメリカのジャーナリスト・市民運動家。1961年に自動車中心・機能優先で単一化された近代都市計画を批判する『アメリカ大都市の死と生』[22]を発表、多様な人々の高密度な居住。用途・新旧建物の混在・複合を提起した。20世紀後半から21世紀の現代都市計画の潮流の源の一つになっている。

9｜クリストファー・アレグザンダー

アメリカの建築・都市計画家。1965年に発表した「都市はツリーではない」[23]で、都市はさまざまな要素が絡み合って形成される複雑なセミラチス構造であると説明した。そして、1977年の『パタン・ランゲージ』[24]では、単語が集まり文章や言語になるのと同様に、建築や都市も、人々が「心地よい」と感じる空間を253のパタン[図1-30]に分解し、それを組み合わせることでいきいきとした美しい街や建築をつくる方法論を提唱した。

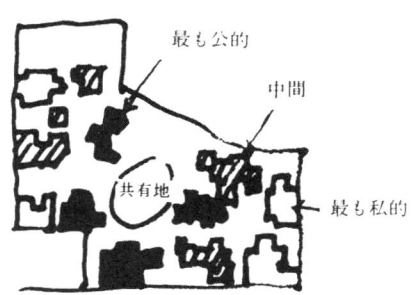

図1-30　クリストファー・アレグザンダーによるパタンの一例「公共度の変化」[24]

10｜ニューアーバニズムの旗手

アンドレス・デュアニーとエリザベス・プレイター・ザイバークのDPZ事務所やピーター・カルソープ事務所は、アメリカの建築設計事務所・都市デザイン事務所・MP計画コンサルタントである。徒歩の範囲内に日常生活圏があったヒューマンスケールな米国の伝統的なまちづくりであるTND（Traditional Neighborhood Development、伝統的近隣住区開発）［図1-31］や、公共交通利用を促進し、かつ街をコンパクトにしていこうとする、鉄道と徒歩中心のまちづくりTOD（Transit Oriented Development、公共交通指向型開発）をコンセプトにした住宅地開発が成功を収め、全米各地に同様な開発が広がっている。

以上の人々のほかにも多くの人々が近代都市計画・現代都市計画に新しいイメージを与え、発展に貢献してきたことはいうまでもない。

カミロ・ジッテはヨーロッパの伝統を生かした都市理論を主張した。建築家としては、フランク・ロイド・ライトやホセ・ルイ・セルト等が優れた都市像の提案をしている。ルチオ・コスタ（ブラジリアの設計）やキャンデリス（トゥールーズ・ニュータウンの設計）等の注目されるデザインの作者がいる。

田園都市論のほかに、工業都市の提案を行ったトニー・ガルニエ（フランス）、線状都市の提案のソリア・イ・マタイ（旧ソビエト）も特筆される。コミーと同様にテーラーは交通条件を重視し、衛星都市の提案を行っている。

米国のダンツィグとサアティにより提唱されたコンパクトシティの考え方は、サステナブル（持続可能）な都市空間形態を表すものとして用いられるようになり、英国のマイク・ジェンクスによりまとめられた。米国のニューアーバニズムは英国ではアーバンヴィレッジとしてチャールズ皇太子が先導している。その他、スペインのバルセロナで展開されたオリオル・ボイガスによる稠密な市街地に小公園をインフィルし、多孔質化することで再生する試みも高く評価されている。

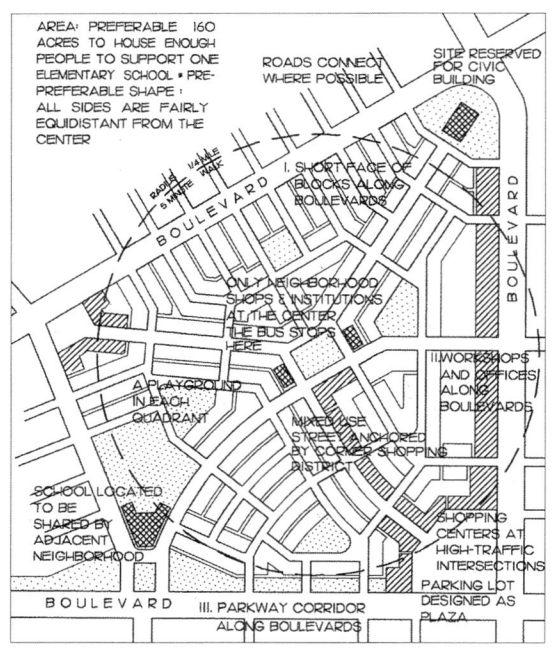

図1-31 DPZ事務所「近隣住区モデルプラン」[25]

第1章　出典・参考文献
注）26番以降の文献は参考のみ

1) 佐藤圭二、杉野尚夫『都市計画総論』（土木教程選書）、鹿島出版会、1988年
2) 都市史資料集編集委員会編『都市史図集』彰国社、1999年
3) 岸本通夫『古代オリエント』（世界の歴史2）、河出書房、1968年
4) A.E.J. Morris, *History of Urban Form*, A.W. Longman Ltd., 1994
5) Parl Zucker, *Town and Square*, Colombia University Press N.Y., 1959
6) 『バーミンガム都市計画の100年』Birmingham City Council, 1989
7) *The story of New Lanark*, New Lanark Conservation Trust
8) Leonardo Benevolo, *Town Origins of Modern Town Planning*, M.I.T. Press, 1967
9) *Port Sunlight Gardens*, Liverpool University Press
10) エベネザー・ハワード著、長素連訳『明日の田園都市』鹿島出版会、1968年
11) Ebenezer Howard, *To-morrow; A Peaceful Path to Real Reform, original edition with commentary by Peter Hall et. al*, Routledge, 2003
12) Anthony Sutcliffic *British Town Planning: the formative years*, St. Martin Press, 1981
13) 『建築行政』（高等建築学25）常盤書房、1933年
14) Daniel Schaffer *Garden Cities for America-The Radburn Experience*, Temple University Press, 1982
15) F.J. オズボーン、A. ホィティック、扇谷弘一、川手昭二訳『ニュータウン——計画と理念』鹿島出版会、1972年
16) 佐々波秀彦、長峯晴夫訳『新都市の計画』鹿島出版会、1967年
17) 高山英華『高蔵寺ニュータウン』鹿島出版会、1965年
18) G. E. チェリー著、大久保昌一訳『英国都市計画の先駆者たち』学芸出版社、1983年
19) パトリック・ゲデス、西村一郎訳『進化する都市』鹿島出版会、1982年
    増田四郎『都市』筑摩書房、1974年
20) C.A ドキシアディス著、磯村英一訳『新しい都市の未来像』鹿島出版会、1966年
21) ケヴィン・リンチ著、丹下健三、富田玲子訳『都市のイメージ』岩波書店、1967年
22) ジェイン・ジェイコブズ著、山形浩生訳『[新版]アメリカ大都市の死と生』鹿島出版会、2010年
23) クリストファー・アレグザンダー著、稲葉武司、押野見邦英訳『形の合成に関するノート／都市はツリーではない』鹿島出版会、2013年
24) クリストファー・アレグザンダー著、平田翰那訳『パタン・ランゲージ——環境設計の手引』鹿島出版会、1984年
25) Congress for the New Urbanism, *Charter of the New Urbanism*, McGraw-Hill, 1999
26) ルイス・マンフォード著、生田勉訳『歴史の都市・明日の都市』新潮社、1969年
27) アーサー・コーン、星野芳久訳『都市形成の歴史』鹿島出版会、1968年
28) 中村賢二郎編『都市の社会史』ミネルヴァ書房、1983年
29) 月尾嘉男、北原理雄『実現されたユートピア』鹿島出版会、1980年
30) L. ベネヴォロ、横山正訳『近代都市計画の起源』鹿島出版会、1976年
31) F. エンゲルス、全集刊行委員会訳『イギリスにおける労働者階級の状態』（国民文庫）大月書店、1971年
32) C.A. ペリー著、倉田和四生訳『近隣住区論』鹿島出版会、1975年
33) 西山康雄『アンウィンの住宅地を読む』彰国社、1992年
34) 渡辺俊一『都市計画の誕生』柏書房、1993年
35) Giorgio Ciucci et al. *The American City-From the Civil War to the New-deal*, The M.I.T.Press, 1973

2
日本の都市計画制度の概要

2.1 都市計画制度の沿革

日本の都市計画制度は、都市整備に関するさまざまな経験とそれぞれの時代の要請に応えながら、長い年月を経て今日の形に確立されてきた。中でも、災害や戦災の復興の経験が、都市計画の制度や手法に大きな影響を与えてきた。明治以降の日本の都市計画制度の変遷を概観すると、二つの大きな流れを見てとることができる。

一つは、都市計画の主体が国から自治体に変わってきた流れである。当初、都市計画は国の事務として開始されたが、1968年の新都市計画法の成立によって、都市計画の策定主体は原則として自治体となり、さらに1999年の地方分権一括法により、都市計画に関する事務は自治事務とされ、原則として住民に最も身近な自治体である市町村が権限と責任をもつことになった。こうした流れの中で、計画策定への住民参加の仕組みも制度化されてきた。

もう一つの流れは、都市計画の内容の変化である。国主導の時代の都市計画は、公共事業、施設整備を中心とする都市整備型の都市計画であったが、幾度かの都市計画制度の改正とともに、土地利用計画の比重が大きくなってきた。一方で、道路等の大規模な都市施設の整備が中心の都市計画から、環境対策や災害防止に目を向けた、より身近な都市施設の整備へと変化してきた。

こうした都市計画制度の変遷の中で、ポイントとなった制度の変更を**図2-1**に示した。

国主導の都市計画 → 自治体主導の都市計画	
1872年 銀座煉瓦街計画	局部的都市改造の動き
1886年 日比谷官庁集中計画	
1888年 東京市区改正条例(日本初の都市計画の制度化)	
1918年 市区改正条例の六大都市への準用	
1919年 都市計画法の制定(国主導による都市施設整備が中心)	
1923年 震災復興特別都市計画法(土地区画整理制度の強化)	
1950〜60年代 都市計画関連法制の整備(都市施設、都市開発事業の根拠法等)	1946年 戦災復興特別都市計画法(1958年まで戦災復興事業を実施)
1968年 新たな都市計画法の制定(自治体主導による土地利用規制が中心:区域区分の導入等)	
数次の都市計画法の改正(地区計画の導入、マスタープランの充実、住民参加の促進等)	
1999年 地方分権一括法による改正(都市計画が自治事務に)	
2002年 都市再生特別措置法の制定(都市計画提案制度の導入等)	

図2-1 日本の都市計画制度の変遷

2.1.1 明治維新と都市づくり

日本の近代都市計画は明治維新以後に開始された。富国強兵・殖産興業により近代化を推し進める明治新政府にとっては、首都・東京の近代都市への改造が大きな課題であった。東京の改造が制度として確立するのは、1888年の東京市区改正条例の制定からであるが、それまでにもいくつかの局部的都市改造の動きが見られた。

1872年、銀座から築地にかけて約100haが焼失した。これを契機に当時の最高官庁である太政官は東京府下全域を煉瓦造建物により不燃化する方針を明らかにし、当面、焼失跡地の道路拡幅と全建築の煉瓦造化を決定し事業に入った。しかし、資金難と住民の抵抗により当初の目標を達成しないまま1877年には事業は打ち切られた。この銀座煉瓦街建設は、事業としては失敗に終わったものの、防火対策およびまちづくりにおける新しい文化・技術の導入という面で、大きな意義があったといえる[写真2-1]。

もう一つの動きは、計画のみに終わってしまったが、日比谷官庁集中計画である。これは1886年、政府の臨時建築局の依頼で来日したドイツ人建築家ウィルヘルム・ベックマン(Wilhelm Böckmann)が作成した計画で、現在の日比谷公園付近を中心に諸官庁を集中させるものであった。この計画は、中央駅、国会議事堂、皇城、浜離宮等の重要施設に加えて、ブールバール、広場、公園、記念碑的な大規模公共建築物等、近世ヨーロッパ風都市設計の諸要素を備えた壮大な計画であった。この計画は、おりからの市区改正条例の制定への動きの中で、実現することはなかったが、もし実現していたら、今日とは大きく違った東京都心が形成されていたことになる[図2-2]。

写真2-1 銀座煉瓦街[1]

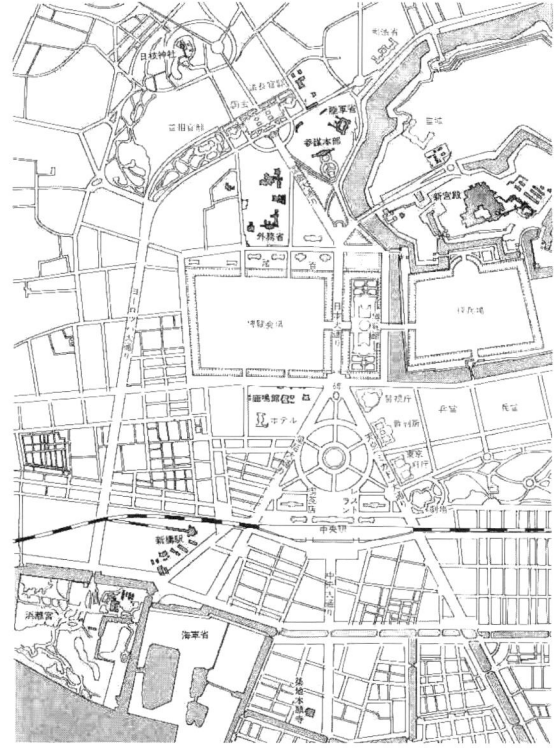

図2-2 官庁集中計画ベックマン案(1886年)[2]

2.1.2 東京市区改正条例

明治時代には、いまの「都市計画」に該当する言葉として「市区改正」が使われていた。市区改正の始まりは、1880年、東京府知事松田道之の「東京中央市区画定ノ問題」の発表であるとされている。この後、東京府知事芳川顕正が「東京市区改正意見書」を提示した。意見書には、「意(オモ)フニ道路橋梁及河川ハ本ナリ水道家屋下水ハ末ナリ」との主張が示されていた。民衆に必要な家屋や上下水道よりも、産業振興に必要な基盤整備を優先すべきであるという当時の都市計画の思想がよく表れている。

この意見書を受けて、市区改正審査会が設置され、複雑な経過を経て1888年、東京市区改正条例が勅令として公布された。続いて翌年には東京市区改正土地建物処分規則が定められた。これにより、日本で最初の都市計画が制度化されたのである[図2-3]。

この条例の主な内容は次のとおりである。
① 内務大臣の監督の下に、東京市区改正委員会を設置する。委員会は、市区改正の設計および毎年度執行すべき事業等を議定する。委員会で議定した案件は、内務大臣が審査した後に内閣の認可を経て東京市長が公告する
② 市区改正事業は、東京市長が執行するものとし、

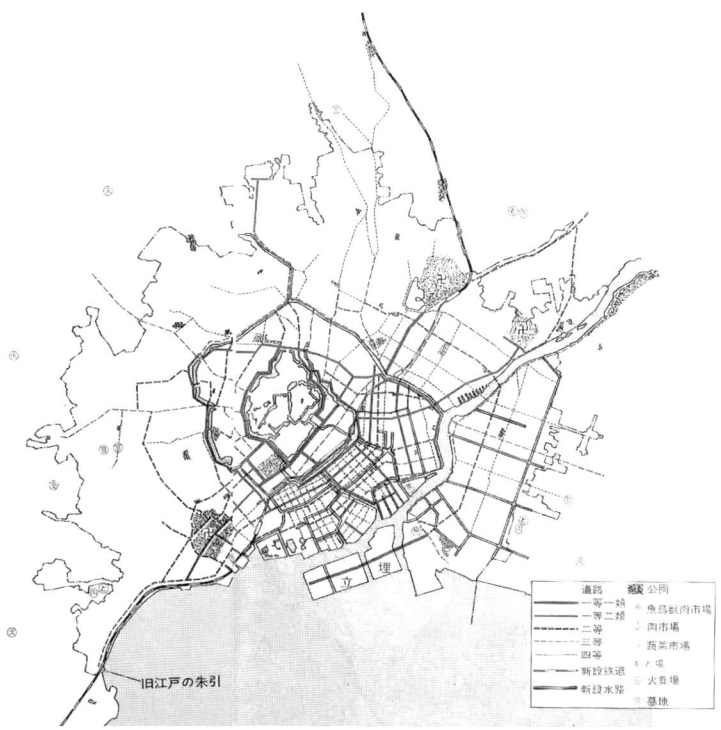

図2-3 東京市区改正計画（市区改正委員会案、1889年）3)

その費用に充てるため、地租割、営業税および雑種税、家屋税その他の特別税を賦課することができる。そのほかに、事業の費用とするため、官用に供せられていない東京市内の官有河岸地のすべてを東京市に下付し、この河岸地より生じる収入は、市区改正事業が終わるまで他の事業に支出できないとした

③ 一時に巨額の支出を必要とするときは、期限50年以内の公債を発行することができる

さらに、翌年制定された東京市区改正土地建物処分規則では、東京市区改正事業のための用地の買収と補償、建築制限について規定した。

この新しい制度により、道路、河川、橋梁、鉄道、公園、水道、下水道、市場、火葬場、墓地等について市区改正設計が定められ、事業が進められた。事業は財源難のため必ずしも順調には進行しなかったが、日本で最初の本格的な都市計画事業として大きな成果をあげた。

2.1.3 東京市区改正条例の他都市への準用

東京市区改正条例は原則として東京市域のみを対象区域とした。計画内容も既成市街地の改造にとどまり、新市街地の開発、規制にまでは及ばなかった。

東京市区改正条例の制定より約30年の間、日本の工業化は著しく進み、東京への人口流入をはじめ、全国の大都市において都市化が進行していった。このため、都市計画および計画的な事業の実施の必要性が増していった。

名古屋市についてこの間の状況を見てみよう［図2-4］。名古屋市では、1886年に東海道線が開通し、西部郊外に名古屋駅が設置されたが、これに至る幹線道路がなかった。このため、市民の寄付によって事業費を調達し、1889年に幅員24mの広小路通の拡幅事業が完成した。次いで1894年、全市に及ぶ幹線道路整備の計画を策定し、順次に道路整備を行った。運河についても1905年から新堀川の整備に着手し、1910年に完成している。また、上下水道については1908年から整備に着手した。このように、各都市施設について個別に計画を策定し事業化してきたものの、総合的な都市計画の必要性が認識されてきた。このため、1917年、名古屋市では都市改良調査会を設け、市区改正の準備に着手した。

1918年には、東京市区改正条例が改正され、市区改正の設計および事業は、東京市の市域外にも適用されることになった。さらに同年「京都市大阪市其ノ

図2-4 名古屋市の都市整備の変遷 [4]

他ノ市区改正ニ関スル件」により、東京市区改正条例および東京市区改正土地建物規則が東京以外の都市にも適されることになった。名古屋市は、横浜・神戸の両市と連携して指定取得の運動を展開し、同年、横浜・神戸市とともに準用都市に指定された。こうして、東京を含めた六大都市で、制度化された都市計画を実施するようになった。

2.1.4 都市計画法の制定

第1次世界大戦後、産業の発展と都市への急激な人口集中により、各都市で住宅不足や衛生状態の悪化が大きな都市問題となってきた。さらに、都市の拡大により無秩序な市街化が進行し、総合的な都市計画および計画的な事業が早急に必要とされた。このためには、既成市街地の改造を対象とする東京市区改正条例では不十分であったことから、新たな法制度の整備が強く要請されるようになった。

このため、政府は都市計画調査会を設置し、その審議を経て、1919年、都市計画法および市街地建築物法を制定した。この都市計画法は1968年に全面改正されるまで、約50年間にわたって日本の都市計画制度の中心となった（1968年の新法と区別して、以降、「旧都市計画法」という）。

さて、この旧都市計画法は、東京市区改正条例の精神をほぼ引き継ぐものであり、国が中心となった公共事業・施設整備を中心とする都市整備型の都市計画制度であったが、次の点が新たに追加された。
① 適用範囲を主務大臣の指定する市に拡大
② 都市計画区域を設定
③ 用途地域をはじめ地域地区を創設
④ 都市計画と都市計画事業を分離し、都市計画そのものに法的規制力（都市計画制限）付与
⑤ 土地区画整理を制度化
⑥ 工作物収用、超過収用をも可能とする土地収用法の適用
⑦ 受益者負担制度を創設

旧都市計画法は当初6大都市にのみ適用されたが、1923年に札幌等25都市がその対象となる等、順次対象範囲が拡大し、1933年の改正により全部の市が適用都市になるとともに、町村についても一定の要件を備えるものについて、内務大臣の指定により法適用が可能となった。

2.1.5 震災復興都市計画

1923年9月1日の関東大震災は、東京・横浜に大きな被害をもたらした。震災からの復興のため、同年特別都市計画法が制定された。この法律は、震災復興を土地区画整理事業により実施するために、旧都市計画法による土地区画整理制度を補強することをねらいとした。主な点は次のとおりである。

① 行政庁または公共団体が強制的に土地区画整理事業を施行できる
② 事業費の一部を関係公共団体に負担させることができる
③ 建物のある宅地を強制的に施行地区に編入することができる
④ 換地予定地を指定して施行地区内の建物、工作物の移転を命じることができる
⑤ 生み出された公共用地は、施行費用を負担する国または公共団体に編入する
⑥ 施行地区内の宅地の総面積を10%以上減歩する場合に、補償金を交付する

この法律に基づいて、東京・横浜市長と内務大臣を事業施行者として、東京で約3,000ha、横浜で約250haという大規模な土地区画整理事業が実施された。既成市街地の区画整理としては過去に例をみない規模であり、8億円余の費用をかけて、1930年に完了した。これを契機として、土地区画整理事業に対する認知が高まり、日本の都市計画事業の主要な手法として定着していった。

また、この特別都市計画法の内容は、第二次世界大戦後の特別都市計画法にほぼそのまま引き継がれ、さらに1954年に制定された現行の土地区画整理法に継承された[図2-5]。

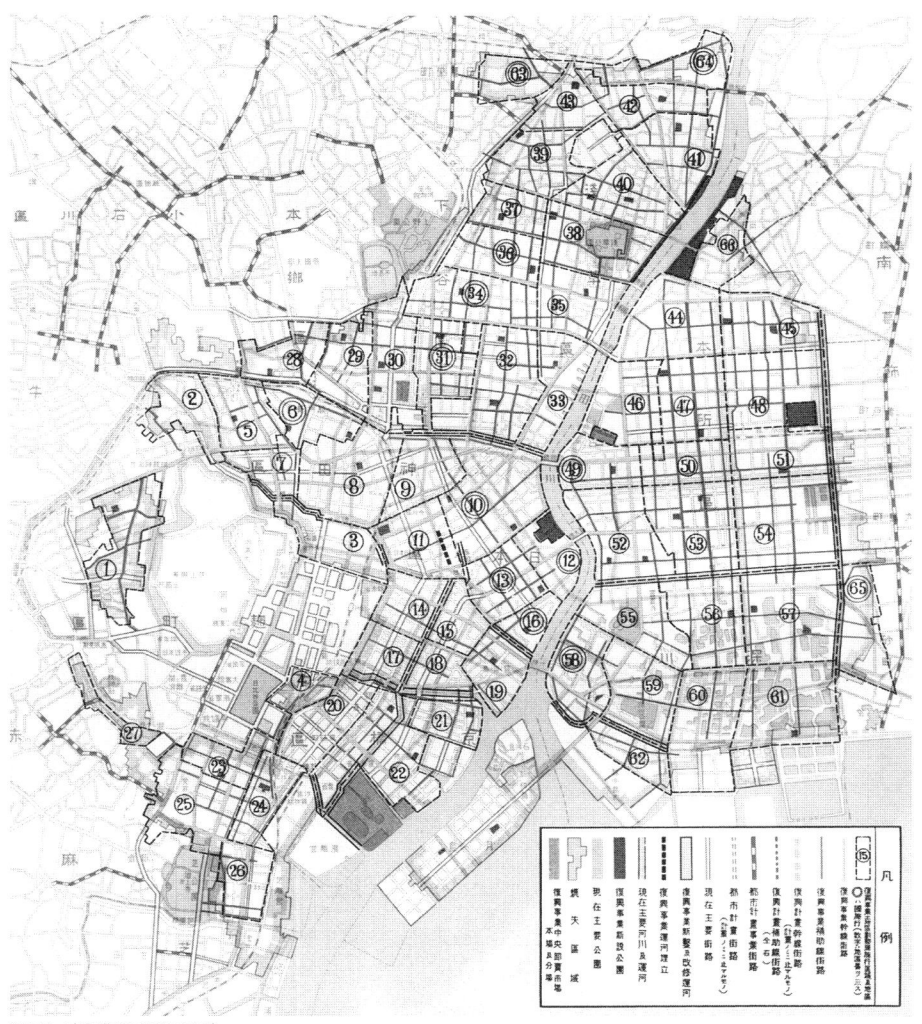

図2-5 帝都復興事業図表 5)

2.1.6 戦災復興都市計画

昭和10年代に入ると、都市計画行政も次第に戦時色を帯びていった。1940年には、旧都市計画法第1条の都市計画の目的に「防空」が加えられ、従来は道路のみに認められていた都市計画制限を、防空緑地を整備する必要から、公園、緑地、広場にも拡大した。

第2次世界大戦で日本の都市は甚大な被害を受けた。戦災都市指定の115都市だけ見ても、罹災区域63,153ha、罹災人口約970万人、罹災戸数約232万戸、死者約33万人に達した。1945年12月、115都市の焼失面積約5万haを含む約6万haを対象に、戦災復興事業を施行することについて閣議決定が行われ、翌年9月に特別都市計画法が制定された。

戦災復興事業の進捗は、インフレの増大、資材の不足等から順調ではなかった。1949年には計画を縮小し、1950年度を初年度とする5カ年計画が作成された。112都市、約28,000haを対象に事業が進められ、1958年に戦災復興事業は一応完了した。全体としてみると、完成した事業は当初の計画の2分の1以下にとどまった。名古屋市のように当初計画をほぼ達成した都市もあったが、東京のように計画面積を20分の1に縮小し、盛り場地区等部分的にしか完了しなかった都市もあった。

名古屋市の場合について詳しく見てみると、第2次世界大戦において当時の市域の23％に当たる約4,000haが灰燼に帰した。市は1945年10月に復興調査委員会を設置し、復興計画を立案した。翌1946年には焼け残り地区も加えた4,400haの区域を対象として、土地区画整理事業に着手した。1949年、3,495haに区域を縮小し、1959年以降戦災復興関連事業として事業を継続した。1981年度に至って全工

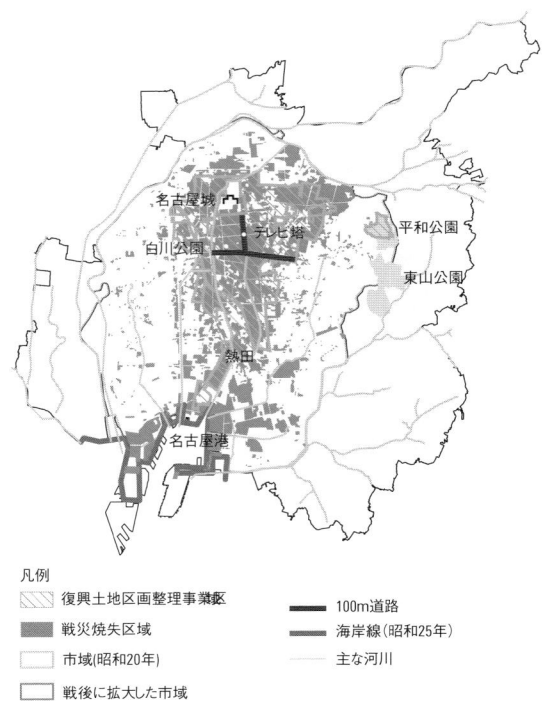

凡例
- 復興土地区画整理事業区
- 戦災焼失区域
- 市域(昭和20年)
- 戦後に拡大した市域
- 100m道路
- 海岸線(昭和25年)
- 主な河川

図2-6 名古屋市の戦災焼失区域と復興土地区画整理事業区域[4]

区の換地処分を行った。着手以来30数年の永きにわたった大事業となった。この間、2本の100m道路をはじめとする広幅員道路網の整備、約280カ寺の墓碑約185,000基の集団移転等、画期的な都市計画が実施され、これによって名古屋市の都心部は城下町時代の面影を一新し、その後の都市の発展に大きく貢献することになった[図2-6]。

2.1.7 都市計画関連法制度の整備

1950年、市街地建築物法に替わって建築基準法が制定され、地域地区制の拡充が図られた。これにより新たに準工業地域、特別用途地区、高度地区、空地地区が設けられた。また、1954年に都市計画実現の主要な手法とされてきた土地区画整理事業の根拠法として、土地区画整理法が制定された。

1952年の道路法の全面改正をはじめとして、都市公園法(1956年)、駐車場法(1957年)、下水道法(1958年)が相次いで制定され、都市施設の整備・管理のための法制が整備されていった。

昭和20年代には、広島、長崎をはじめとして特定の都市のみに適用される特別都市建設法が次々と制定された。

国土計画、地域計画といった広域的立場から都

写真2-2 戦災復興事業により完成した100m道路

市問題に対処しようとする法制度の整備としては、1950年の国土総合開発法を基礎として、首都圏整備法(1956年)、近畿圏整備法(1963年)、中部圏開発整備法(1966年)等の計画法や新産業都市建設促進法(1962年)等の実施法があげられる。

人口・産業の都市集中に伴う大都市周辺での宅地需要に対処するため、1963年、新住宅市街地開発法が制定され、土地区画整理事業とともに、多くのニュータウン建設を実現する手段となった。既成市街地の再開発のためには、住宅地区改良法(1960年)、公共施設の整備に関連する市街地の改造に関する法律(1961年)、防災街区造成法(1961年)等が制定された。1961年制定の2法はその後廃止・統合されて、1969年に都市再開発法が制定される。

2.1.8　新たな都市計画法の制定

昭和30年代には、戦災復興は一段落し、産業の重化学工業化を軸に経済が急速に回復する高度成長の時期へ入っていく。これに伴い人口・産業の都市への集中は激しさを増し、市街地のスプロールによる都市の生活環境の悪化等のさまざまな問題が顕在化した。こうした事態に対して従来の旧都市計画法では十分に対応することができず、新たな都市計画制度の確立が要請された。

1968年6月15日、新たな都市計画法(以降、「新都市計画法」という)が成立・公布された。新都市計画法の特色は次のとおりである。

① 市町村の行政区域にとらわれない実質的な都市の区域としての都市計画区域の設定
② 区域区分(市街化区域と市街化調整区域)の設定
③ 原則として都道府県知事および市町村を都市計画の策定主体に規定
④ 開発許可制度の創設
⑤ 都市計画制限の強化
⑥ 原則として市町村を都市計画事業の施行主体に規定
⑦ 事業予定地内の土地建物等の先買いおよび買取請求の制度の創設

このように、旧法が都市施設整備中心のものであったのに対し、新都市計画法では土地利用計画と、これを担保する強力な規制手法の制度化が充実し、都市施設の整備と土地利用計画の整合を図りつつ都市計画が行われるようになった。

新都市計画法の成立によって、日本の都市計画制度は国主導から自治体主導へと大きく変わった。都市計画の内容についても都市計画制限と都市計画事業を両輪とすることが明らかになった。

2.1.9　都市計画における地方分権

都市は常に変化しており、これをコントロールするための制度も常に修正を余儀なくされる。新都市計画法についても、成立以来すでに30年以上が経過し、多くの部分修正、追加がなされている。その主なものをあげれば、市街地開発事業予定区域に関する都市計画(1974年)、促進区域に関する都市計画(1975年)、地区計画等に関する都市計画(1980年)等の創設、用途地域の細分化、誘導容積制度の導入(1992年)、高層住居誘導地区等の導入(1997年)、都市計画決定権限の委譲、特別用途地区の多様化(1998年)、マスタープランの充実、線引き制度(区域区分)等の見直し、都市計画決定システムの透明化と住民参加の促進(2000年)等がある。また、地域地区、市街地開発事業についても、関連法令の整備によって多くの制度が追加されてきた。

1999年には、地方分権一括法により、都市計画に関する事務は機関委任事務から自治事務に変更され、都市計画の策定主体として、自治体が権限と責任をもつことが明確にされた。さらに、2002年の都市再生特別措置法の制定、建築基準法等の改正により、都市計画の提案制度が導入される等、住民自らが都市計画の提案を行うことができるようになった。

このように、住民に最も身近な行政機関である市町村が都市計画を策定し、住民自身もそれに直接関与していくこととなり、画一的になりがちであった都市づくりから、都市ごとに個性のある都市づくりへと転換しつつある。

2.2　都市計画制度を取り巻く法体系

2.2.1　都市計画の上位計画に関係する法律

都市は、より広い「地域」あるいは「国土」の構成要素である。したがって都市計画は、国土計画、地域計画の要素として、これら広域計画を実現するための手

法でもある。都市計画の上位計画として位置づけられる広域的な計画には、次のものがある。

① 国土形成計画、広域地方計画
② 国土利用計画、土地利用基本計画
③ 首都圏整備計画、近畿圏整備計画、中部圏開発整備計画
④ 社会資本整備基本計画等の都市施設に関する全国計画
⑤ 多極分散型国土形成促進法、地方拠点都市法等の国土計画の実施法
⑥ 山村振興法、離島振興法等の地域振興法
⑦ 環境基本計画等の関係する全国計画
⑧ 自治体が策定する総合計画

これらの計画策定の根拠となる、国土形成計画法をはじめとする法律は、都市計画法の上位に位置づけられる法律群ということができる。

2.2.2 全国総合開発計画から国土形成計画へ

国土計画は、土地、水、自然、社会資本、産業集積、文化、人材等によって構成される国土の望ましい姿を示す長期的・総合的・空間的な計画である。

日本の戦後の国土計画は、1962年に策定された最初の計画以来、国土総合開発法に基づく全国総合開発計画(以下「全総計画」という)を中心としてきた。全総計画は、**表2-1**のとおり全部で5次にわたり策定されてきたが、2005年に策定された国土形成計画法に基づく新たな枠組みに受け継がれ、2015年に第2次国土形成計画が策定されている。

この間、工場の地方分散、中枢・中核都市の成長、大都市への人口集中の抑制等の計画が目指した国土の姿が推進される一方、太平洋ベルト地帯に偏った一極一軸構造の是正は果たされておらず、中心市街地の疲弊、国土景観の混乱、新たな環境問題の顕在化等が生じている。

こうした状況の中で、2005年から始まった人口減少を背景に、国民の間に不安や不透明感が増したことから、新たな国土の姿を示す必要が生じていた。しかし、国土総合開発計画は1950年の制定当時の社会情勢から開発を基調とした量的拡大を志向したもの

表2-1 全国総合開発計画および国土形成計画の変遷6)

	全国総合開発計画（一全総）	新全国総合開発計画（新全総）	第3次全国総合開発計画（三全総）	第4次全国総合開発計画（四全総）	21世紀の国土のグランドデザイン	国土形成計画（全国計画）	第2次国土形成計画（全国計画）
閣議決定	1962年10月5日	1969年5月30日	1977年11月4日	1987年6月30日	1998年3月31日	2008年7月4日	2015年8月14日
背景	1 高度成長経済への移行 2 過大都市問題、所得格差の拡大 3 所得倍増計画（太平洋ベルト地帯構想）	1 高度成長経済 2 人口、産業の大都市集中 3 情報化、国際化、技術革新の進展	1 安定成長経済 2 人口、産業の地方分散の兆し 3 国土資源、エネルギー等の有限性の顕在化	1 人口、諸機能の東京一極集中 2 産業構造の急速な変化等により、地方圏での雇用問題の深刻化 3 本格的国際化の進展	1 地球時代（地球環境問題、大競争、アジア諸国との交流） 2 人口減少・高齢化時代 3 高度情報化時代	1 経済社会情勢の大転換（人口減少・少子化、グローバル化、情報通信技術の発達） 2 国民の価値観の変化・多様化 3 国土をめぐる状況（一極一軸型国土構造等）	1 国土を取り巻く時代の潮流と課題（過激な人口減少・少子化、異次元の高齢化、巨大災害の切迫、インフラの老朽化等） 2 国民の価値観の変化（「田園回帰」の意識の高まり等） 3 国土空間の変化（低・未利用地、空き家の増加等）
年次目標	1970年	1985年	1977年から概ね10年間	概ね2000年	2010-2015年	2008年から概ね10年間	2015年から概ね10年間
基本目標	地域間の均衡ある発展	豊かな環境の創造	人間居住の総合的環境の整備	多極分散型国土の構築	多軸型国土構造形成の基礎づくり	多様な広域ブロックが自立的に発展する国土を構築、美しく、暮らしやすい国土の形成	対流促進型国土の形成
	[拠点開発方式]	[大規模開発プロジェクト構想]	[定住構想]	[交流ネットワーク構想]	[参加と連携] 多様な主体の参加と地域連携による国土づくり(4つの戦略)	(5つの戦略的目標)	重層的かつ強靭な「コンパクト＋ネットワーク」（具体的方向性）
開発方式等	目標達成のため工業の分散を図ることが必要であり、東京等の既成大集積と関連させつつ開発拠点を配置し、交通通信施設によりこれを有機的に連絡させ相互に影響させると同時に、周辺地域の特性を生かしながら連鎖反応的に開発をすすめ、地域間の均衡ある発展を実現する。	新幹線、高速道路等のネットワークを整備し、大規模プロジェクトを推進することにより、国土利用の偏在を是正し、過密過疎、地域格差を解消する。	大都市への人口と産業の集中を抑制する一方、地方を振興し、過密過疎問題に対処しながら、全国土の利用の均衡を図りつつ人間居住の総合的環境の形成を図る。	多極分散型国土を構築するため、①地域の特性を生かしつつ、創意と工夫により地域整備を推進、②基幹的交通、情報・通信体系の整備を国自らあるいは国の先導的な指針に基づき全国にわたって推進、③多様な交流の機会を国、地方、民間諸団体の連携により形成	1 多自然居住地域（小都市、農山漁村、中山間地域等）の創造 2 大都市のリノベーション（大都市空間の修復、更新、有効活用） 3 地域連携軸（軸状に連なる地域連携のまとまり）の展開 4 広域国際交流圏（世界的な交流機能を有する圏域の形成）	1 東アジアとの交流・連携 2 持続可能な地域の形成 3 災害に強いしなやかな国土の形成 4 美しい国土の管理と継承 5 「新たな公」を基軸とする地域づくり	1 ローカルに輝き、グローバルに羽ばたく国土（個性ある地方の創生等） 2 安全・安心と経済成長を支える国土の管理と国土基盤 3 国土づくりを支える参画と連携（担い手の育成、共助社会づくり）

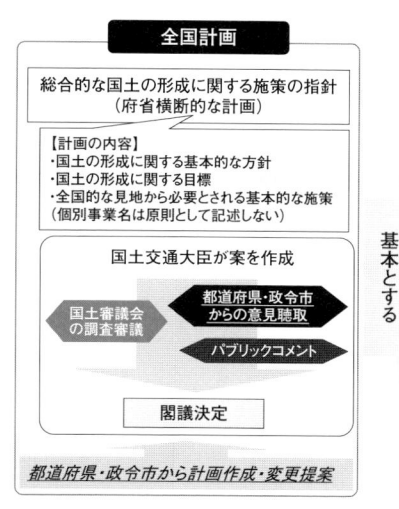

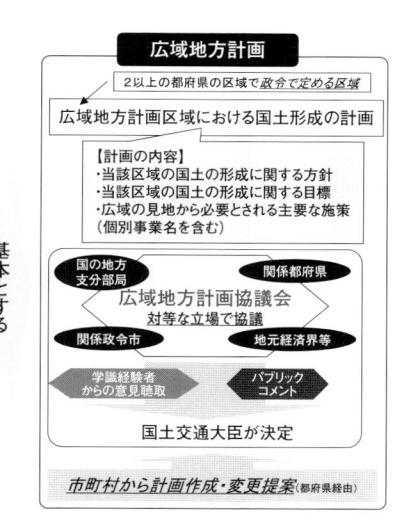

図2-7 国土形成計画の枠組み[6]

であり、時代の趨勢との乖離が生じていた。このため、人口減少・高齢化、国境を超えた地域間競争、財政制約、中央依存の限界といった国土づくりの転換を迫る新たな潮流を踏まえ、全国総合開発法を抜本的に見直し、国土形成計画法とする法律改正が2005年に行われた。

この法律改正の主なポイントは、「量的拡大を目指す『開発』から質的向上へ」「国主導の計画策定から国と地方の協働によるビジョンづくりへ」といった変化である。

新たな国土形成計画は、全国計画と広域地方計画からなる。

国土形成計画とは、「国土の形成」（国土の利用、整備および保全）を推進するための総合的かつ基本的な計画であり、次に掲げる事項が含まれる。

① 土地、水その他の国土資源の利用および保全
② 海域の利用および保全（排他的経済水域および大陸棚に関する事項を含む）
③ 震災、水害、風害その他の災害の防除および軽減
④ 都市および農山漁村の規模および配置の調整ならびに整備
⑤ 産業の適正な立地
⑥ 交通施設、情報通信施設、科学技術に係る研究施設その他の重要な公共的施設の利用、整備および保全
⑦ 文化、厚生および観光に関する資源の保護ならびに施設の利用および整備
⑧ 国土における良好な環境の創出その他の環境の保全および良好な景観の形成

全国計画は、国土交通大臣が自治体からの意見聴取等の手続きを経て案を作成し、閣議で決定する。自治体が計画または変更の案の作成について提案できる制度を設けたことが改正の特徴の一つである。

広域地方計画には、計画の策定または変更の案の作成について、市町村による提案制度が設けられている。

広域地方計画は、国と地方の協議により策定するために設置された広域地方計画協議会での協議を経て、国土交通大臣が決定する。

広域地方計画は、8つのブロック（東北圏、首都圏、北陸圏、中部圏、近畿圏、中国圏、四国圏、九州圏）についてそれぞれ策定されている。

中部圏の広域地方計画の内容を**図2-8**に示す。

図2-8 中部圏広域地方計画の概要（一部）[7]

2.2.3 都市計画の実現に関連する法律

図2-9に示すように、国土形成計画を最上位の計画として、都市計画に関連する法令の体系が構築されている。

都市計画の上位に位置づけられる広域計画については、すでに**2.2.1**で示した。このうち、国土利用計画法に基づく土地利用計画では、国土を5つの地域に区分しており、このうち、都市地域に区分される土地が、都市計画法の対象となる。この他、農地地域は農業振興地域の整備に関する法律、森林地域は森林法、自然公園地域は自然公園法、自然保全地域は自然環境保全法がそれぞれ適用される。

都市計画法の主要な制度である地域地区、都市施設、市街地開発事業、地区計画等については、個別の法律で手続き等の詳細がきめ細かく決められている。他法令で、制度のメニューが追加される場合もある。**図2-9**のように、都市計画法の関連法令は広範にわたる。個別の課題に応じて、それぞれの関連法令を参照する必要がある。

この体系には示されていないが、都市計画事業の財源や民間の開発を誘導するための金融・税制等に関するものとして地方財政法、地方税法、都市開発資金の貸付に関する法律等がある。また、都市計画事業に必要な土地の収用について規定した土地収用法等も都市計画を横から支援する法制度である。

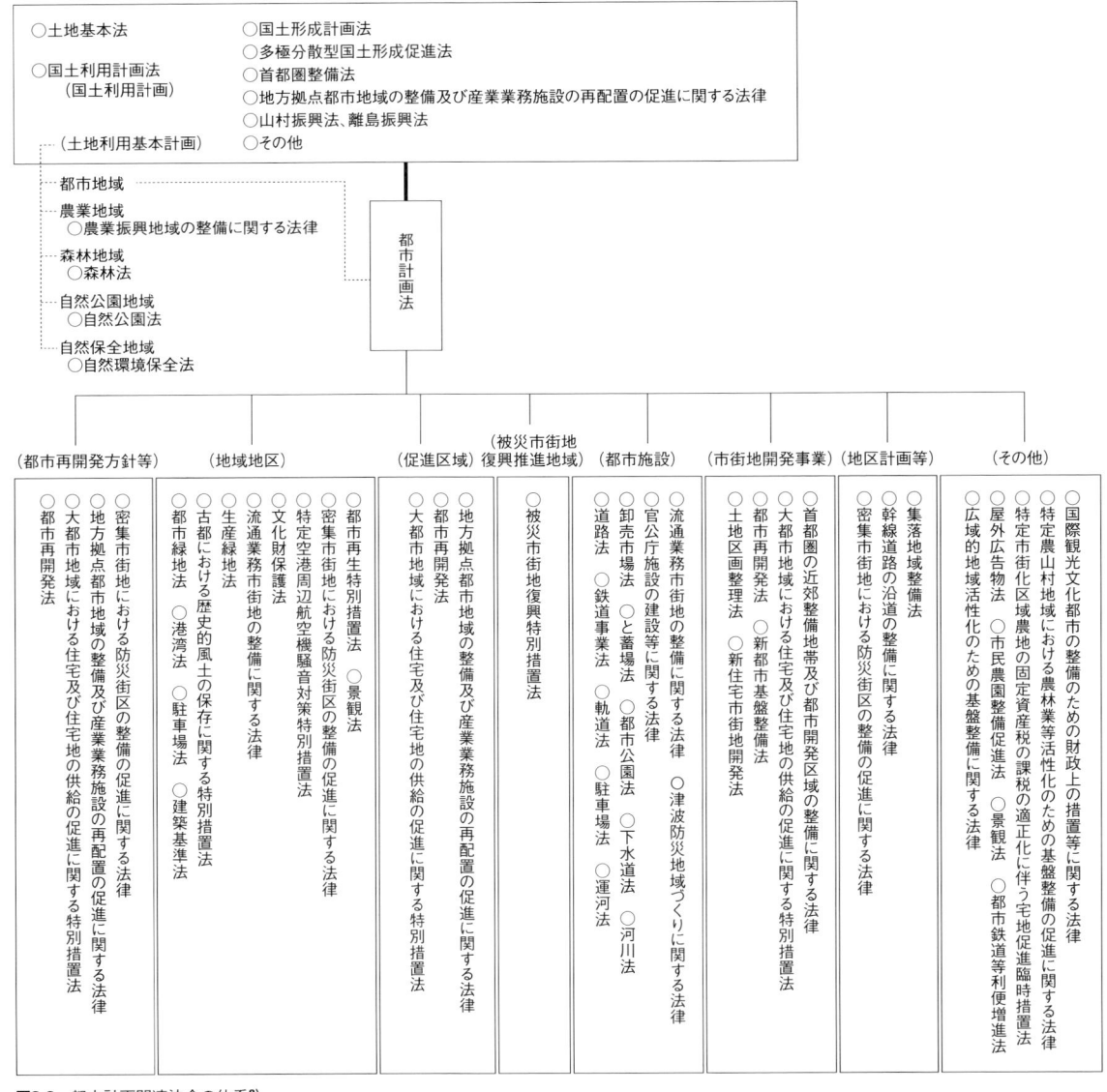

図2-9 都市計画関連法令の体系[8]

2.3 都市計画の内容

2.3.1 都市計画の内容

1 | 総論

都市計画法では、都市計画とは「都市の健全な発展と秩序ある整備を図るための土地利用、都市施設の整備及び市街地開発事業に関する計画」であるとしている。すなわち、①土地利用の計画、②都市施設の計画、③市街地開発事業の計画、を都市計画の三本柱としている。都市計画法ではさらに具体的な都市計画の内容として、次の11種類を定めている。
① 都市計画区域の整備、開発および保全の方針
② 計画的な市街化および整備を図る「市街化区域」と、市街化を抑制する「市街化調整区域」とに区分する（区域区分）
③ 都市再開発方針等
④ 「地域地区」を定めて土地利用の純化、自然環境の保持を図る
⑤ 道路、公共下水道等都市運営に必要な「都市施設」を計画的に整備する
⑥ 土地区画整理事業、市街地再開発事業等の新市街地の造成や既成市街地の再開発を目的とする「市街地開発事業」を行う
⑦ 新住宅市街地開発事業、流通業務団地等の大規模な面的開発事業を施行する「市街地開発事業等予定区域」を定め、適地内で円滑かつ迅速な事業実施を図る
⑧ 「促進区域」を定めて、土地所有者等に一定期間内に一定の土地利用の実現を義務づけ、計画的な市街地整備を図る
⑨ 市街化区域内にある一定規模以上の遊休土地に対して市街地としての転換利用を促すため、「遊休土地転換利用促進地区」を定める
⑩ 大規模な火災、震災等が発生した場合、2年以内に限って建築等の行為を制限し、土地区画整理事業等を施行するために「被災市街地復興推進地域」を定める
⑪ 「地区計画等」を定め、地区レベルで総合的に市街地を整備する

この11種類の計画内容と、土地利用計画、都市施設整備計画、市街地開発事業の計画との関係を示したのが**図2-10**である。

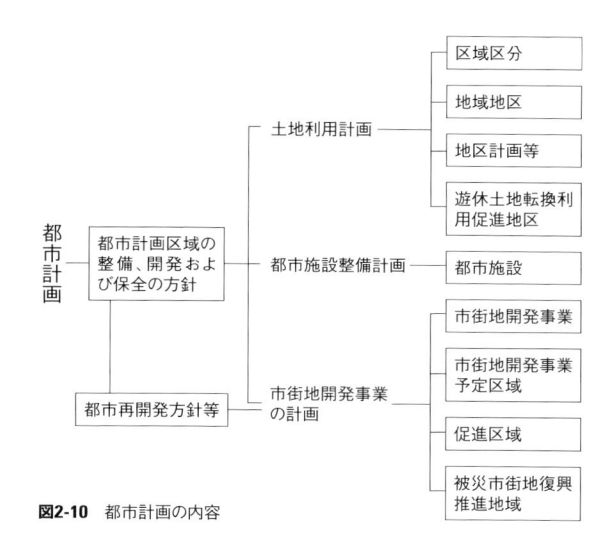

図2-10 都市計画の内容

2 | 都市計画区域の整備、開発および保全の方針

「都市計画区域の整備、開発および保全の方針」（都市計画区域マスタープラン）は、それぞれの都市計画区域ごとにその都市計画の目標等の基本的方針を示すもので、次の事項を都市計画に定める（都道府県決定）。
① 都市計画の目標
② 市街化区域・市街化調整区域の区域区分の決定の有無および区域区分を定めるときはその方針
③ その他土地利用、都市施設の整備および市街地開発事業に関する主要な都市計画の決定の方針

都道府県は、都市計画区域外の区域のうち、そのまま土地利用を整序し、または環境を保全するための措置を講ずることなく放置すれば、将来における一体の都市としての整備、開発および保全に支障が生じるおそれがあると認められる一定の区域を、準都市計画区域として指定することができる。

都市計画区域マスタープランのほかに、市町村は「都市計画に関する基本的な方針」（市町村マスタープラン）を策定する（**2.3.2 2**|で詳述）。

3 | 都市再開発方針等

都市再開発の方針等とは、市街地における再開発の目標や既成市街地の各種施策を長期的かつ総合的に体系づけたマスタープランである。従来は「整備・開発または保全の方針」に位置付けられていたが、2000年の都市計画法の改正により、独立した都市計画となった。

都市再開発方針等には次の4種類の方針がある。
① 都市再開発の方針

② 住宅市街地の開発整備の方針
③ 拠点業務市街地の開発整備の方針
④ 防災再開発の方針

都市計画区域について定められる都市計画は、都市再開発方針等に即したものでなければならない。

4｜土地利用計画

a. 市街化区域および市街化調整区域

無秩序な市街化を防止して、都市の健全で計画的な発展を図るため、都市計画区域を市街地として積極的に整備する区域と、当分のあいだ市街化を抑制する区域とに区分する都市計画である。この区域を定めることにより、都市形成のための公共投資や民間投資が市街化区域に重点的に振り向けられることになる。

b. 地域地区

都市施設や市街地開発事業に関する都市計画が積極的に事業を行うことで都市計画の実現を図ろうとするのに対して、地域地区は土地の用途等を定め、建築物の建築等を規制・誘導することによって良好な居住環境と効率のよい都市活動、産業活動の場を確保していこうとするものである。都市計画に定めることができる地域地区は**図2-11**のとおりである。

c. 地区計画等

地区計画等に関する都市計画は、より広域の都市計画を前提にし、その枠組みの中で比較的小規模な地区を単位として、地区レベルの道路、公園等の地区施設の配置、規模と建築物の形態、敷地、用途等に関する事項を一体的にきめ細かく定め、地区レベルにおいて土地利用を規制・緩和・誘導していこうとするもので**図2-12**に示す11種類がある。

d. 遊休土地転換利用促進地域

市街化区域内にある大規模な遊休土地に対して、有効適切な利用を促進するために、その土地が、①市街化区域内にある、②相当期間にわたり遊休地である、③周辺地域の発展に著しく支障となっている、④その有効適切な活用が都市機能を増進する、⑤5,000 ㎡以上の区域である、場合に都市計画に定めることができる。

5｜都市施設の計画

道路、公園、下水道等都市生活や都市機能の維持にとって必要な施設が都市施設である。都市計画法では**図2-13**に示すものを都市施設として列挙しているが、一般的に公的性格が強く、かつ市街地の骨格を形成する施設となっている。これらの都市施設を都市計画として定めた場合「都市計画施設」という。都市施設のすべてを都市計画として定める必要はない。また、都市施設は一般に公的性格が強いけれども、すべてが「公共施設」であるというものではない。なお、都市施設を都市計画として定めた場合、これら都市計画施設の区域内で都市計画制限が働いて建築等が制限される。

6｜市街地開発事業の計画

都市施設の整備が市街地内部で必要な施設の点または線としての整備であるのに対して、市街地の一部地域を面的かつ総合的に開発するための都市計画を市街地開発事業という。これは、一定地域において、総合的な計画のもとに宅地または建築物の整備とこれに必要な公共施設等の整備を併せて行い、いうなれば土地利用計画の実現と都市施設の整備を一挙に実現させようとする積極的な都市計画である。

a. 市街地開発事業

市街地開発事業の特色は、事業施行以前の土地等の権利を計画実現の際にどのように取り扱うかにある。その手法として、収用方式、換地方式、権利変換方式およびこれらを組み合わせた方式があるが、都市計画法では、**図2-14**に示すような7種類の市街地開発事業に関する都市計画を定めることができるとしている。

b. 市街地開発事業等予定区域

これは、面的な市街地整備事業を円滑に実施するための制度で、事業計画の具体化に先駆けて、個別な開発行為等が進行して事業の施行を阻害しないように、建築行為の制限等を働かせるものである。対象とする事業は**図2-15**に示す6種類である。

c. 促進区域

これは、整備、開発されるべき条件の熱度が高いにもかかわらず、整備、開発が進んでいない土地を促進区域として都市計画上位置づけることにより、区域内の関係権利者に開発事業の促進努力義務を課すものである。これは、市街地開発事業予定区域と好対照をなしており、**図2-16**のような収用方式の事業でない換地方式や権利変換方式の事業を対象としている。

d. 被災市街地復興推進地域

①大規模な火災や震災その他の災害により相当数の建築物が滅失、②公共施設の整備が不十分でそのま

図2-11 地域地区の内容

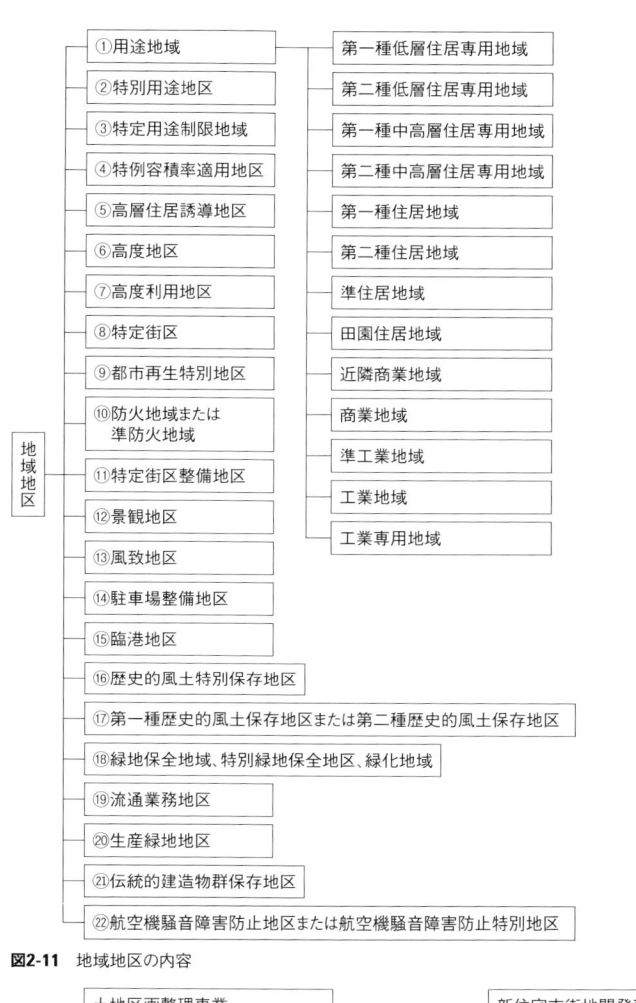

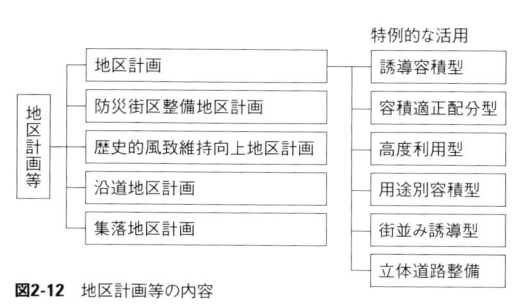

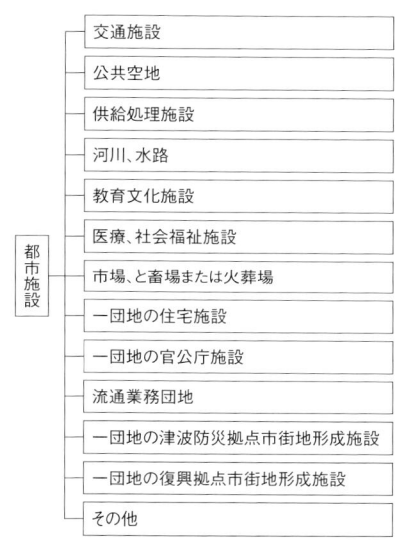

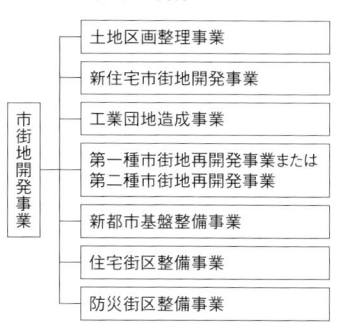

地域地区
- ①用途地域
  - 第一種低層住居専用地域
  - 第二種低層住居専用地域
  - 第一種中高層住居専用地域
  - 第二種中高層住居専用地域
  - 第一種住居地域
  - 第二種住居地域
  - 準住居地域
  - 田園住居地域
  - 近隣商業地域
  - 商業地域
  - 準工業地域
  - 工業地域
  - 工業専用地域
- ②特別用途地区
- ③特定用途制限地域
- ④特例容積率適用地区
- ⑤高層住居誘導地区
- ⑥高度地区
- ⑦高度利用地区
- ⑧特定街区
- ⑨都市再生特別地区
- ⑩防火地域または準防火地域
- ⑪特定街区整備地区
- ⑫景観地区
- ⑬風致地区
- ⑭駐車場整備地区
- ⑮臨港地区
- ⑯歴史的風土特別保存地区
- ⑰第一種歴史的風土保存地区または第二種歴史的風土保存地区
- ⑱緑地保全地域、特別緑地保全地区、緑化地域
- ⑲流通業務地区
- ⑳生産緑地地区
- ㉑伝統的建造物群保存地区
- ㉒航空機騒音障害防止地区または航空機騒音障害防止特別地区

図2-12 地区計画等の内容

地区計画等
- 地区計画
- 防災街区整備地区計画
- 歴史的風致維持向上地区計画
- 沿道地区計画
- 集落地区計画

特例的な活用
- 誘導容積型
- 容積適正配分型
- 高度利用型
- 用途別容積型
- 街並み誘導型
- 立体道路整備

図2-13 都市施設の内容

都市施設
- 交通施設
- 公共空地
- 供給処理施設
- 河川、水路
- 教育文化施設
- 医療、社会福祉施設
- 市場、と畜場または火葬場
- 一団地の住宅施設
- 一団地の官公庁施設
- 流通業務団地
- 一団地の津波防災拠点市街地形成施設
- 一団地の復興拠点市街地形成施設
- その他

図2-14 市街地開発事業の内容

市街地開発事業
- 土地区画整理事業
- 新住宅市街地開発事業
- 工業団地造成事業
- 第一種市街地再開発事業または第二種市街地再開発事業
- 新都市基盤整備事業
- 住宅街区整備事業
- 防災街区整備事業

図2-15 市街地開発事業等予定区域の内容

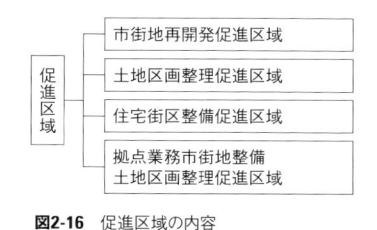

市街地開発事業予定区域
- 新住宅市街地開発事業
- 工業団地造成事業
- 新都市基盤整備事業
- 区域の面積が20ha以上の一団地の住宅施設
- 一団地の官公庁施設
- 流通業務団地

図2-16 促進区域の内容

促進区域
- 市街地再開発促進区域
- 土地区画整理促進区域
- 住宅街区整備促進区域
- 拠点業務市街地整備土地区画整理促進区域

ま復興すると不良な環境が形成されるおそれがある、③緊急に土地区画整理事業等を実施する必要がある場合に定めることができ、災害発生後2年間建築制限をすることができる。

2.3.2 マスタープラン

マスタープランとは中長期的視野から都市のあるべき将来像を明確に示し、その将来像を実現させるための諸施策の基本方針となるものである。

マスタープランを策定する意義として、個別具体の都市計画上の諸施策の決定をするときに、長期的、広域的、総合的観点から適切な個別的判断を下すための枠組みとして機能することや、一般公開することで、あるべき将来像を住民、民間企業等、都市計画に関わりうるさまざまな主体に認知・共有させることができること等があげられる。

わが国の都市計画に関するマスタープランにおい

ては1992年に「市町村の都市計画に関する基本的な方針」（市町村マスタープラン）が、2000年には「都市計画区域の整備、開発および保全の方針」（都市計画区域マスタープラン）が位置づけられた。概して20年先を目標年次とし、その間の人口・世帯、産業・経済等の動向の見通しを鑑みながら土地利用や都市施設の整備の方針等が定められる。

1992年以前まではわが国の都市計画は都市基盤整備事業に重点を入れており、特に市町村単位でのマスタープランを示した上での総合的、計画的観点からの都市計画が積極的に行われることは、一部の先進事例を除いて稀であった。

都市計画に関するマスタープラン以外には、国土利用計画法に基づく国土利用計画（全国計画、都道府県計画、市町村計画）や土地利用基本計画があり、都市計画に関するマスタープランの上位計画にあたる。また国土形成計画法に基づく国土形成計画（全国計画、広域地方計画）がある。

加えてほとんどの市町村は、行政運営のすべての計画の基本となる総合計画（地方自治法に基づく「市町村の建設に関する基本構想」）と一般的に呼ばれる計画を策定している。総合計画は概して「基本構想」、「基本計画」、「実施計画」の3段階の計画で構成されており、市町村マスタープランの上位計画にあたる。

その他に個別法に基づいたマスタープランとして、住生活基本法に基づくもの（住生活基本計画、住宅マスタープラン）、都市緑地保全法に基づくもの（緑の基本計画）、景観法に基づくもの（景観計画）、や環境、福祉、産業等に関するマスタープランが存在する[図2-18]。

1｜都市計画区域マスタープラン

2000年の都市計画法改正により、都道府県は一市町村の見地を超えた広域的な視点から「都市計画区域の整備、開発および保全の方針」（都市計画区域マスタープラン）を定めるよう規定された。概ね20年後の都市の姿を展望し、それぞれの都市計画区域ごとにその都市計画の目標等の基本的方針を示すもので、次の事項を都市計画に定める。
・都市計画の目標
・市街化区域・市街化調整区域の区域区分の決定の有無および区域区分を定めるときはその方針
・その他土地利用、都市施設の整備および市街地開発事業に関する主要な都市計画の決定の方針
　都道府県は、都市計画区域外の区域のうち、そのまま土地利用を整序し、または環境を保全するための措置を講ずることなく放置すれば、将来における一体の都市としての整備、開発および保全に支障が生じるおそれがあると認められる一定の区域を、準都市計画区域として指定することができる。

個々の都市計画や市町村マスタープランは、この都市計画区域マスタープランに即して定められることとなる[図2-18]。

また都市計画区域マスタープランは都市計画決定の対象となるため、具体の諸施策を拘束する。

2｜市町村マスタープラン

1992年の都市計画法改正により、市町村は「市町村の都市計画に関する基本的な方針」（市町村マスタープラン）を定めるよう規定された。

市町村マスタープランは、都市づくりの具体性ある将来ビジョンを確立し、個別具体の都市計画の指針として、地区別の将来のあるべき姿をより具体的に明示し、地域における都市づくりの課題とこれに対応した整備の方針等を明らかにするものである。都市計画区域マスタープランと市町村の基本構想に即したものでなければならず[図2-18]、これを定めるときは公聴会を開く等民意を反映させる措置を講じなければならない。民意を反映させるために、アンケート実施やインターネットを活用した意見聴取、住民説明会、地域懇談会、ワークショップを介したマスタープランづくりへの住民参加等、各市町村でさまざまな試みがされている。

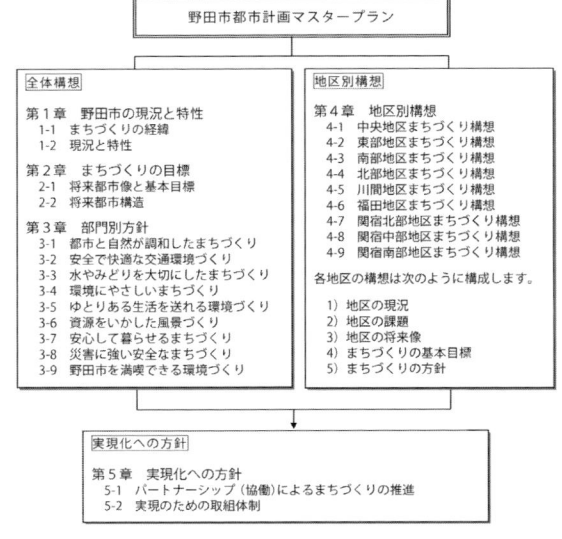

```
                  野田市都市計画マスタープラン

┌─全体構想─────────────┐  ┌─地区別構想──────────┐
│ 第1章  野田市の現況と特性      │  │ 第4章  地区別構想            │
│  1-1  まちづくりの経緯         │  │  4-1  中央地区まちづくり構想  │
│  1-2  現況と特性               │  │  4-2  東部地区まちづくり構想  │
│ 第2章  まちづくりの目標        │  │  4-3  南部地区まちづくり構想  │
│  2-1  将来都市像と基本目標     │  │  4-4  北部地区まちづくり構想  │
│  2-2  将来都市構造             │  │  4-5  川間地区まちづくり構想  │
│ 第3章  部門別方針              │  │  4-6  福田地区まちづくり構想  │
│  3-1  都市と自然が調和したまちづくり │  │  4-7  関宿北部地区まちづくり構想 │
│  3-2  安全で快適な交通環境づくり │  │  4-8  関宿中部地区まちづくり構想 │
│  3-3  水やみどりを大切にしたまちづくり │  │  4-9  関宿南部地区まちづくり構想 │
│  3-4  環境にやさしいまちづくり │  │                              │
│  3-5  ゆとりある生活を送れる環境づくり │  │ 各地区の構想は次のように構成します。│
│  3-6  資源をいかした風景づくり │  │  1）地区の現況                │
│  3-7  安心して暮らせるまちづくり │  │  2）地区の課題                │
│  3-8  災害に強い安全なまちづくり │  │  3）地区の将来像              │
│  3-9  野田市を満喫できる環境づくり │  │  4）まちづくりの基本目標      │
│                                │  │  5）まちづくりの方針          │
└────────────────┘  └──────────────┘
                         │
                         ▼
          ┌─実現化への方針────────┐
          │ 第5章  実現化への方針         │
          │  5-1  パートナーシップ（協働）によるまちづくりの推進 │
          │  5-2  実現のための取組体制    │
          └──────────────┘
```

図2-17　市町村マスタープランの構成の例（千葉県野田市）[9]

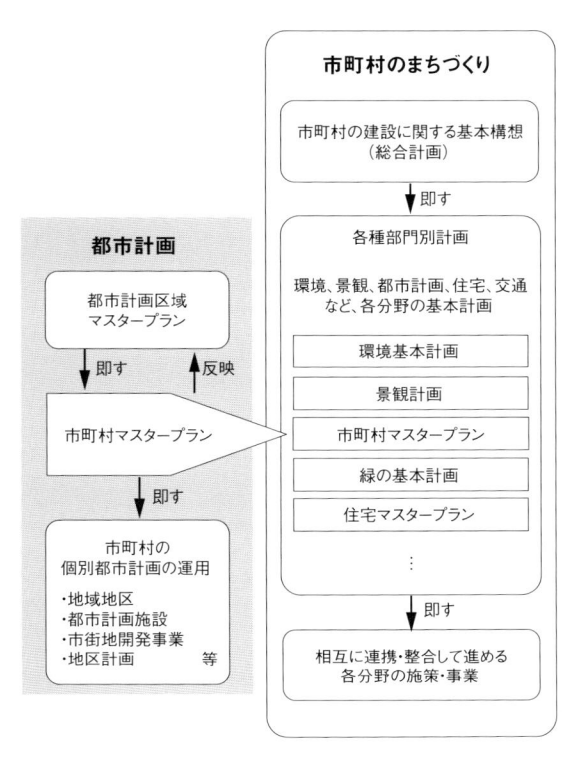

図2-18 各種マスタープランの関係 10)

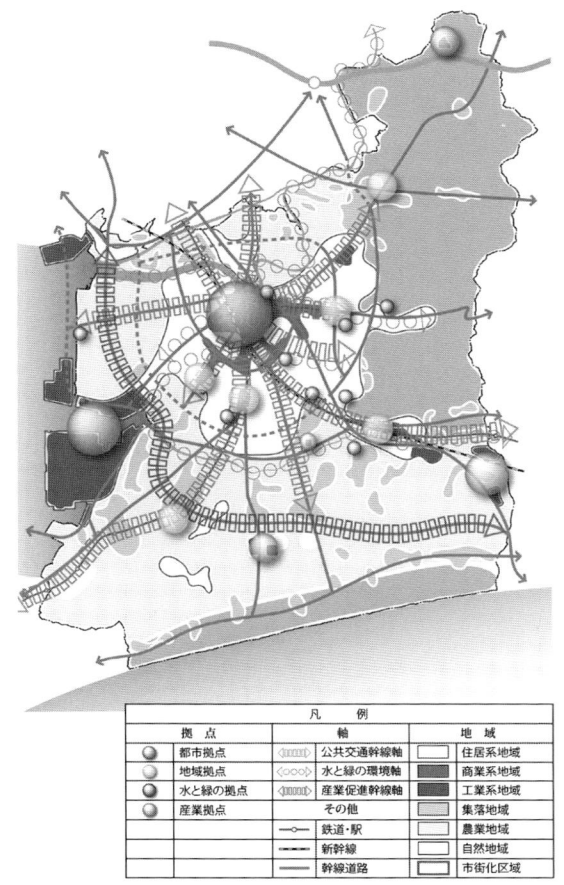

図2-19 市町村マスタープランの都市構造図の例（愛知県豊橋市）11)

　市町村マスタープランの構成は、概して当該市町村の全体の都市像を示す「全体構想」と地域単位でより詳細な計画を示す「地区別構想」から構成される［**図2-17**］。

　市町村が定める個々の都市計画は、この市町村マスタープランに即して定められることとなる［**図2-18**］。また市町村マスタープランは、都市計画決定の対象ではない。

　市町村マスタープランは定期的に改定が行われており、これまでのまちづくりの実績をどう評価し改定につなげていくか、改定プロセスにいかに住民や事業者等の多様な主体の参加を位置づけ将来像の共有化をはかっていくか、急速な少子高齢化・人口減少にどのように対応していくか、が今後問われてくる。

2.3.3　都市計画制限と都市計画事業

　都市計画はこれを定めるだけでは現実の都市は何も変わらない。決定した都市計画を実現させるための手法を用意しなければならない。この手法は、相当強力で、強制力を伴ったものであることが必要である。

　都市計画制限はほとんど金がかからない手法であるが、気の長い手法であり、計画の実現までに長い年月を要する。一方、都市計画事業は比較的短期間で必要な計画が実現できるものの莫大な資金を必要とする場合が多く、また関係権利者との調整も相当困難なケースも少なくない。それぞれに長短があり、計画目的により使い分けることにより、効果的に計画の実現を図る必要がある。

　都市計画制限と都市計画事業はいずれも強制的手法であるが、いま一つ都市計画には大きな誘導効果があることは見逃がせない。住宅や工場は用途地域等の土地利用計画に適合したところへ立地する。民間の住宅開発業者や、大規模店舗等は、道路、鉄道等の都市施設の計画に合わせて、先行的に立地を進める場合が少なくない。誘導効果により都市計画が実

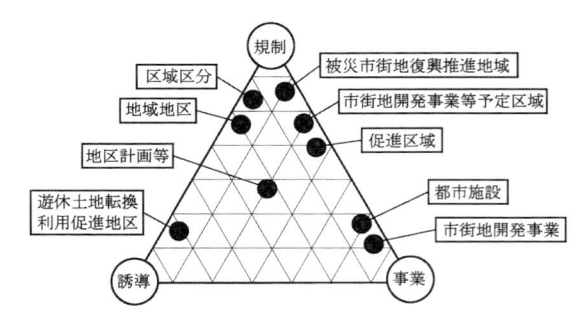

図2-20 都市計画の内容の位置づけ

現するのが最も無理がなく望ましいが、このためには都市計画施設等の事業化の時期等について、事業主体は積極的に計画を公開する等の措置を取ることが必要であろう。

2.3.1で述べた都市計画の内容を、規制、事業、誘導の3要素により位置づけると**図2-20**のようになる。

2.3.4　都市計画制限

都市計画制限は、都市計画が決定された土地について適正な制限を加えることにより都市計画の実現を担保するものである。都市計画法第2条では「都市計画は、農林漁業との健全な調和を図りつつ、健康で文化的な都市生活及び機能的な都市活動を確保すべきこと並びにこのためには適正な制限のもとに土地の合理的な利用が図られるべきことを基本理念として定めるものとする」としており、都市計画制限を、土地利用の合理化のための重要な手段とすることを明らかにしている。

都市計画制限には二つの種類がある。一つは、土地利用計画（市街化区域および市街化調整区域、地域地区）の実現のための建築物の用途等の制限であり、もう一つは、将来の都市計画事業を円滑に行うため、事業を阻害すると思われる行為をあらかじめ制限しておくものである。前者は計画変更のない限り永遠に続く制限であり、後者は事業実施までの一時的な制限である。後者の制限は一時的制限である関係から、かなり苛酷な制限となる場合もあるので、制限期間はできるだけ短くすることが望まれる。しかし、現実には道路や公園等都市施設の計画を決定してから何十年も事業化できないものも多く、深刻な問題となっている場合もある。このため、近年、各地で見直しがなされている。

1│土地利用計画実現のための都市計画制限

a. 市街化区域および市街化調整区域における開発行為規制

市街化区域では計画的な市街化を図り、市街化調整区域では市街化を抑制するための規制手段が開発許可制度である。一定規模以上の開発行為は都道府県知事の許可を受けることになっており、市街化調整区域では原則として開発行為を許可しない。

b. 地域地区制による制限

地域地区の指定に基づいて、その区域内で建築等の規制が行われる。地域地区の種類によって、建物の用途、構造、容積、建ぺい率等に制限がなされるが、風致地区等においては、建築物だけでなく竹木の伐採や宅地の造成にも制限を受ける。

2│都市計画事業を円滑にするための都市計画制限

a. 都市計画施設の区域内または市街地開発事業の施行区域内の制限

都市計画施設の区域内または市街地開発事業の施行区域内で建築物の建築をしようとする者は、都道府県知事の許可を受けなければならない。次の二つのいずれかに該当する場合は許可されるのが原則となっている。

① 許可申請に係わる建築が都市計画施設または市街地開発事業に関する都市計画に適合している場合
② 建築物が2階以下で、かつ地階を有せず、木造、鉄骨造であり、容易に移転、除却することが可能である場合

b. 事業予定地内における制限

土地区画整理事業を除く市街地開発事業の施行区域および極めて近い将来に事業化が見込まれる都市計画施設の区域で都道府県知事が事業予定地として指定した区域内においては、建築を許可しないことができる。これは、まもなく事業が施行される見通しのあるところでは、移転・除却が容易な建築物でも建てさせないでおいて、事業をより円滑に進めようとするものである。ただし、土地所有者の保護を図るため、土地所有者から、土地の買取りの申し出を受けた場合には、買い取らなければならない。買い取ることができない場合は建築を許可しなければならないことになる。

c. 市街地開発事業予定区域における制限

市街地開発事業予定区域の区域内においては、原則として、土地の形質の変更または建築物の建築その

他工作物の建設を行うことはできない。b.の事業予定地におけるのと同様の、土地の買取り制度がある。

d. 促進区域における制限

市街地再開発促進区域内では、一定の建築物の建築を規制している。また、土地区画整理促進区域および住宅街区整備促進区域および拠点業務市街地整備土地区画整理促進区域内で、土地の形質の変更または建築物の建築を規制している。これに伴って土地の買取り制度が適用される。

2.3.5　都市計画事業

1│都市計画事業

法律上都市計画事業とは、都市計画施設の整備を行う事業および市街地開発事業のうち、都道府県知事または国土交通大臣による認可または承認を受けて行われる事業をいう。

道路、公園等の都市計画施設の整備は必ずしも都市計画事業として行う必要はない。都市計画事業として施行すると、そうでない場合より事業実施上有利になる点が多いが、都市施設の種類によっては必ずしもそうではなく、都市計画事業として行わないことがある。

市街地開発事業等のうち、新住宅市街地開発事業、工業団地造成事業および新都市基盤整備事業はすべて都市計画事業として施行されるが、土地区画整理事業、市街地再開発事業および住宅街区整備事業は、都市計画で定められた施行区域において実施されるものが都市計画事業となる。

都市計画事業が認可または承認され、これが告示されると次のような効果が生じる。

① 都市計画事業制限の適用
② 土地所有者の買取り請求権、事業施行者の先買権の発生
③ 土地収用権の付与
④ 土地提供者の生活激変に伴う生活再建措置の適用
⑤ 都市計画税の事業費への充当
⑥ 国庫補助金等予算面での優遇措置

都市計画事業として実際に施行されているもののうち、数の多いものは、都市施設の整備では道路事業、下水道事業、公園事業であり、市街地開発事業では土地区画整理事業である。

2│都市計画事業制限

都市計画事業の認可または承認が行われると、その事業区域においては都市計画事業制限が適用される。これは、都市計画事業の施行の障害となるおそれがある土地の形質の変更、建築物の建築その他工作物の建設、5t以上の物件の設置等の行為を行おうとする者は都道府県知事の許可を受けなければならないとしている。

都市計画事業制限は、先に述べた都市計画制限に比べて、規制される行為の範囲が広いこと、しかも一般的にこれらの行為は不許可となることが予定されており、土地所有者にとって極めて苛酷な私権制限となっている。都市計画事業の事業計画が定まり、事業の施行期間も明らかにされており、まもなく事業に着手することがわかりきっている段階であるから、この時期に事業の障害となる建築物の建築等を行うことは、事業施行者にとっても、建築主にとっても損失以外の何者でもない。したがってこのような損失を防ぐために、こういった苛酷ともいえる私権制限を認めているのである。

この私権制限に対する救済措置として、土地の買取り請求の制度が認められている。土地所有者から、土地を買い取るよう請求があった場合、都市計画事業施行者は、その請求を拒むことはできない。土地の価額は両者が協議して定めるが、協議が不調の場合は収用委員会に裁決を申請することができる。

2.4　都市計画の手続き

2.4.1　都市計画決定の手続き

1│都市計画を定める者

都市計画の決定は、原則として市町村が定めることになっている。しかし、周辺市町村の都市計画との整合や、広域的な見地からの判断の必要なもの等、一部の都市計画については都道府県が定めるものとしている。主な都市計画の決定権限の一覧を、**表2-2**に示す。

都道府県の定める都市計画のうち、2以上の都府県にわたる計画や国の政策や利害に関係する計画については国土交通大臣の同意を要する。

表2-2 主な都市計画の決定権限一覧

都市計画の内容			市町村決定	都道府県決定 都道府県または政令市	都道府県決定 都道府県のみ
都市計画区域の指定					○
都市計画区域マスタープラン					○
区域区分（市街化区域・市街化調整区域）				○	
都市再開発方針等				○	
地域地区	用途地域	既成市街地、近郊整備地帯	○		
地域地区	用途地域	その他	○		
地域地区	特別用途地域		○		
地域地区	高度地区・高度利用地区		○		
地域地区	特定街区		○		
地域地区	防火地域・準防火地域		○		
地域地区	駐車場整備地区		○		
地域地区	生産緑地地区		○		
地域地区	景観地区		○		
都市施設	道路	自動車専用道路 高速自動車国道		○	
都市施設	道路	自動車専用道路 その他		○	
都市施設	道路	一般国道		○	
都市施設	道路	都道府県道 4車線以上		○	
都市施設	道路	都道府県道 4車線未満		○	
都市施設	道路	その他の道路 4車線以上	○		
都市施設	道路	その他の道路 4車線未満	○		
都市施設	公園・緑地	面積10ha以上 国が設置するもの			○
都市施設	公園・緑地	面積10ha以上 県が設置するもの		○	
都市施設	公園・緑地	面積10ha以上 その他	○		
都市施設	公園・緑地	面積10ha未満	○		
都市施設	下水道	公共下水道 排水区域が2以上の市町村の区域			○
都市施設	下水道	公共下水道 その他	○		
都市施設	下水道	流域下水道			○
都市施設	下水道	その他	○		
都市施設	汚水処理場・ごみ焼却場	産業廃棄物処理施設		○	
都市施設	汚水処理場・ごみ焼却場	その他	○		
都市施設	河川	一級河川			○
都市施設	河川	二級河川		○	
都市施設	河川	準用河川	○		
都市施設	図書館、その他の教育文化施設			○	
市街地開発事業	土地区画整理事業	面積50ha超 国又は県が施行		○	
市街地開発事業	土地区画整理事業	面積50ha超 その他	○		
市街地開発事業	土地区画整理事業	面積50ha以下	○		
市街地開発事業	市街地再開発事業	面積3ha超 国又は県が施行			○
市街地開発事業	市街地再開発事業	面積3ha超 その他	○		
市街地開発事業	市街地再開発事業	面積3ha以下	○		
地区計画			○		

2 | 都市計画の決定手続き

都市計画の決定手続きは、概ね図2-21に示すとおりである。

都市計画の決定手続きの中で、住民等の意見をいかに反映していくかは重要である。旧都市計画法においては国が決定することを原則としており、住民参加の手続きはなかったが、現行法においては、公聴会、説明会等により、住民等の意見を反映する手続きを制度化している。すなわち、都道府県または市町村は、「都市計画の案を作成しようとする場合、必要に応じて公聴会の開催等により、住民の意見を反映させるために必要な措置を講ずるもの」としている。さらに、そうしてできた案を2週間にわたって公衆の縦覧に供しなければならず、関係市町村の住民、利害関係人は、この案について意見があるときは、意見書を提出することができることになっている。このほか特定の都市計画については、関係者の同意が必要とされている。

また最近はパブリックコメント、住民参加によるワークショップやまちづくり協議会等での議論を介して原案を作成する事例も存在し、これらの事例ではさまざまな地域事情や案件に合わせた住民参加手法が試みられている。

3 | 都市計画審議会

都市計画審議会は学識経験者等の第三者からなり、都市計画法によりその権限に属させられた事項を調査審議し、さらに首長の諮問に応じ都市計画に関する事項を調査審議するため(加えて関係行政機関に対し建議を行うこともできる)、設置される。

都市計画法では従来は都道府県のみに設置が義務づけられており、市町村に都市計画審議会を設置することは義務づけられてはいなかったが、1969年、建設省(当時)都市局長通達によって、市町村にも審議会を置くよう行政指導がなされ、ほとんどの市町村において都市計画審議会が設置されるようになった。そして2000年の都市計画法改正により、政令指定都市では設置が義務づけられ、その他の市町村では法定の附属機関として任意に設置することができるようになった。

(1) 市町村が定める都市計画

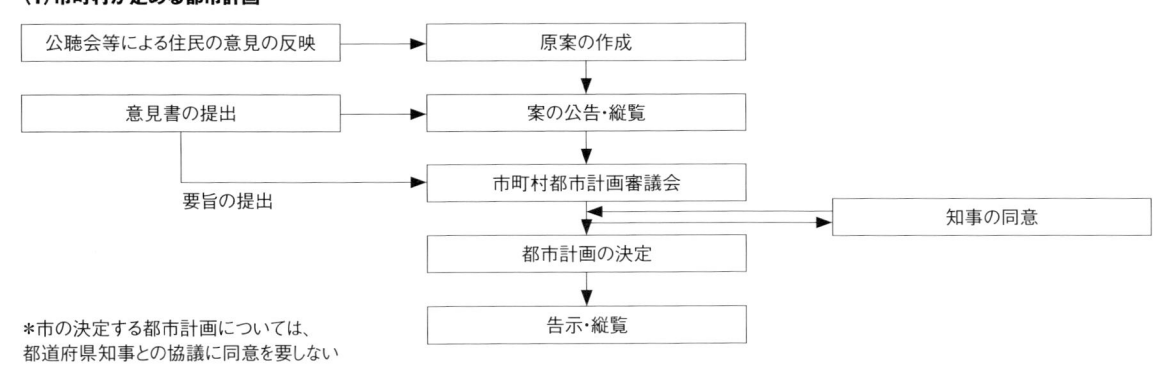

公聴会等による住民の意見の反映 → 原案の作成
意見書の提出 → 案の公告・縦覧
要旨の提出 → 市町村都市計画審議会 ← 知事の同意
→ 都市計画の決定
→ 告示・縦覧

＊市の決定する都市計画については、都道府県知事との協議に同意を要しない

(2) 都道府県が定める都市計画

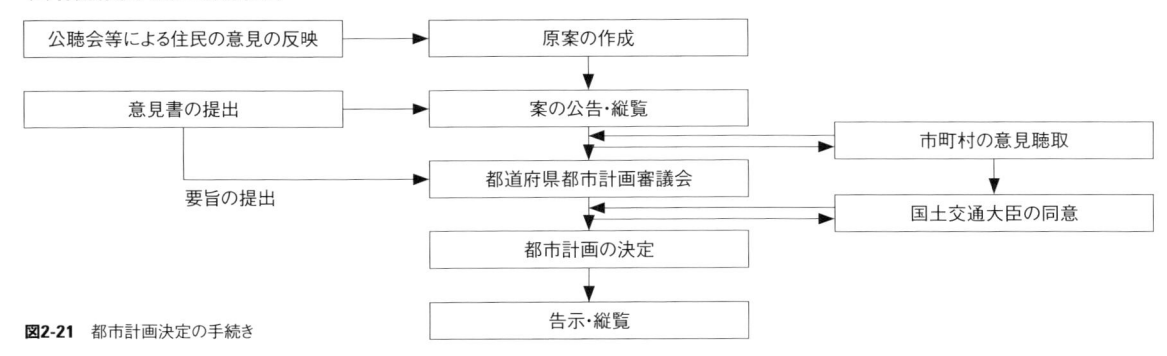

公聴会等による住民の意見の反映 → 原案の作成
意見書の提出 → 案の公告・縦覧
要旨の提出 → 都道府県都市計画審議会 ← 市町村の意見聴取
← 国土交通大臣の同意
→ 都市計画の決定
→ 告示・縦覧

図2-21 都市計画決定の手続き

4 | 都市計画提案制度

都市計画提案制度は、土地所有者、まちづくり団体、NPO、民間事業者等が一定規模以上の区域について、土地所有者の3分の2以上の同意等一定の条件を満たした場合に、都道府県や市町村に都市計画の提案をすることができる制度である。2002年の都市計画法改正により創設された。創設された背景として、昨今の地域住民や1998年の特定非営利活動促進法(NPO法)創設以降のNPO活動によるまちづくり活動の活発化に見られる、まちづくりに関するさまざまな担い手の活動の台頭等があげられる。

提案を受け取る自治体側は、提案に基づく都市計画決定を行うか否か判断をし、決定すると判断した場合、**図2-21**のような従来の都市計画の決定手続きを概して経ることになる。

2.4.2　都市計画事業の施行者

都市計画事業は、道路、公園等の公共施設の整備を含む、極めて公共性の高い事業であるため、かなり強い権限を与えられて事業の実施ができるようになっている。したがって、誰もができるものではなく、都市計画法において、その施行者となれるものについて規定している。

都市計画事業は原則として市町村が都道府県知事の認可を受けて施行する。市町村が施行することが困難または不適当な場合等には、都道府県が国土交通大臣の認可を受けて都市計画事業を施行することができる。市町村が施行することが困難または不適当な場合とは、都道府県道である都市計画道路事業、流域下水道等大規模な下水道事業、大規模な新住宅市街地開発事業等である。

また、国の利害に重大な関係を有する都市計画事業については、国の機関が国土交通大臣の承認を受けて施行することができる。これは、高速自動車国道、都市高速鉄道、第一種空港、一級河川等の例が考えられる。

このほか民間事業者、地方公社等も、免許等が必要な事業の施行に関して行政機関の免許、許可、認可等の処分を受けている場合や、その他特別な事情がある場合は、都道府県知事の認可を受けて都市計画事業を施行することができることになっている。これを特許事業といっている。

2.4.3　都市計画の財源

都市計画の目的を達成するためには、都市計画制限によるものと、都市計画事業によるものとがあることは前に述べた。都市計画制限にのみによって達成できる都市計画については、比較的小さな費用を要するのみである。一方、都市計画事業によるものは、莫大な事業費を要する。その中でも鉄道、水道、ガス事業費等については収益があるため、事業費が莫大であっても後で償還が可能であるが、道路、公園等大部分の都市施設は収益がなく、公共財源によって負担することになり、そのための財源が確保されていないと、都市計画の実現が担保されていることにならない。

2015年度の日本全体の都市計画事業費は約2兆8,000億円であるが、その財源を見ると、約32%を地方債で占め、また国庫補助金・交付金も約27%となっている[**表2-3**]。

このほか都市計画の財源として、受益者負担金、都市計画税、宅地開発税、事業所税、土地基金等がある。

1 | 地方債

地方債は地方公共団体が行う借金のことである。地方公共団体は、議会の議決を経て地方債を起こすことができる。地方債を財源とすることができる場合は、地方財政法により制限されているが、都市計画事業に関連する公共施設の建設、土地区画整理事業による宅地造成等について、その財源とするため地方債を起こすことができる。地方債は借金であり、後年返済することになるが、この財源として都市計画税が充てられている。

都市計画事業は都市の基盤施設の整備であり、整備された施設等をその後都市住民は何世代にもわたって利用することになるから、当初の整備費は借金でやっておいてそのツケを後の世代にまわすことに妥当性があるが、財政の健全化を考えると、おのずと限界がある。

表2-3　都市計画事業費の内訳(2015年度)[12]

財源内訳	金額(百万円)	構成比(%)
国庫補助金・交付金	760,893	26.9
地方債	901,380	31.9
都市計画税	289,084	10.2
その他	878,436	31.0
計	2,829,793	100.0

表2-4 主要事業別国庫補助金・交付金充当率(2015年度)[12]

事業	事業費 (百万円)	国庫補助金・ 交付金(百万円)	補助金・交付金 充当率(%)
道路	535,791	186,385	34.8
土地区画整理	425,418	110,080	25.9
公園	189,166	41,854	22.1
下水道	1,274,217	362,526	28.5
市街地再開発	179,854	41,021	22.8
その他	225,346	19,026	8.4
計	2,829,793	760,893	26.9

2 | 国庫補助金・交付金

国は地方公共団体に対し、予算の範囲において、重要な都市計画または都市計画事業に要する費用の一部を補助することができるようになっている。2016年度の国庫補助金・交付金は約7,600億円で、これは都市計画事業費全体に対して約27%を占めていることは先に見たとおりであり、都市計画にとって重要な財源となっている。

都市計画事業費を主要な事業別で見ると表2-4のようになる。道路事業が最も補助金・交付金充当率が高く34.8%となっている。

3 | 受益者負担金

国、都道府県または市町村は、都市計画事業によって著しく利益を受ける者に対してその利益の限度内において、その事業費の一部を負担させることができることになっている。現在は公共下水道事業のみについてこの制度により負担金の徴収を行っている。下水道事業以外の事業についても制度的には受益者負担金を徴収できるが、受益の範囲が不明確なこと等の技術的理由から、現在は徴収されていない(都市計画法第75条)。

4 | 都市計画税

都市計画税は市町村税の目的税で、都市計画事業または土地区画整理事業に要する費用に充てられるものであり、都市整備のための重要な財源になっている。課税主体は市町村で、課税対象は原則として市街化区域内に所在する土地および家屋、税率は固定資産評価額の1,000分の3以下となっている。2016年度で、都市計画事業施行市町村数は907あるが、その約71%に当たる648の市町村で都市計画税を徴収している。2015年度の都市計画事業費の財源で見ると、都市計画税は約2,891億円で、これは都市計画事業費全体の約10.2%を占める(地方税法第702条、1956年)[表2-4]。

5 | 宅地開発税

市町村は宅地開発に伴い必要となる道路、水路、その他の公共施設の整備に要する費用に充てるため、市街化区域内で公共施設の整備が必要とされる地域として、市町村の条例で定める区域内で宅地開発を行う者に、宅地開発税を課することができる。課税標準は宅地開発に関わる宅地の面積とし、税率は宅地開発に伴い必要となる公共施設の整備に要する費用、その公共施設による受益の状況等を斟酌して、市町村の条例で定めることとしている(地方税法第703条の3、1969年)。

6 | 事業所税

指定都市等は都市環境の整備および改善に関する事業に要する費用に充てるため事業所税を課することができる。これは、事業に対して課税するものと、事業所の新増設に対して課税するものがある。事業に対して課税をする場合は、事業所の床面積(資産割)および従業者給与総額(従業者割)を課税標準として事業主に課するものである。なお公共機関、公益法人等の行う事業または公益的な事業について減免措置がある(地方税法第701条の30、1975年)。

7 | 土地基金

都道府県または指定都市は、

① 都市計画事業予定地内の土地の買取りの申し出による買取りまたは事業予定地内の土地の先買い
② 都市計画施設の区域または市街地開発事業の施行区域内の土地の先行取得
③ 都市開発資金の買付けに関する法律第1条各号に掲げる、工場跡地等の土地の買取り

を行うため、土地基金を設けることができる。これに対し国は土地基金の財源を確保するため、都道府県または指定都市に対し必要な資金の融通または斡旋その他の援助に努めるものとしている。

都市計画事業の施行の中で、最も重要なポイントは土地の取得である。いかにスムーズに、しかも適正な価額で土地が入手できるかが、事業の成否を決するといってもよい。このためには、買えるチャンスにただちに対応できる資金を確保しておくこと、さらに思いきった先行取得をも可能としておくことが必

要であり、そのため土地基金の制度が規定されたのである。土地の先行取得等により、土地の値上がりの抑制にも資するものである(都市計画法第84条)。

第2章　出典・参考文献
注)官公庁を出典とするものは、特記のない限りウェブサイトによるものとする。13番以降の文献は参考のみ

1) 建築學會・明治建築資料に関する委員会編『明治大正建築写真聚覧』1936年(日本建築学会図書館蔵)
2) 藤森照信『明治の東京計画』岩波書店、2004年、図50
3) 前掲2)、図38
4) 名古屋市「Planning for NAGOYA2012 私たちのまち名古屋」2012年
5) 東京市「帝都復興事業図表」1930年(東京都立中央図書館所蔵)
6) 国土交通省「新しい国土形成計画について」2006年
7) 国土交通省中部地方整備局「新たな中部圏広域地方計画」2016年
8) 国土交通省都市局都市計画課監修、都市計画法制研究会編『都市計画法令要覧 平成26年版』ぎょうせい、2014年
9) 野田市「野田市都市計画マスタープラン」2009年
10) 新潟市「新潟市都市計画基本方針」2009年より作成
11) 豊橋市「豊橋市都市計画マスタープラン」2006年
12) 国土交通省「都市計画現況調査 平成28年調査結果」2016年
13) 石田頼房『日本近現代都市計画の展開 1868−2003』自治体研究社、2004年
14) 渡辺俊一『市民参加のまちづくり マスタープランづくりの現場から』学芸出版社、1999年
15) 水口俊典『土地利用計画とまちづくり 規制・誘導から計画協議へ』学芸出版社、1997年

3
土地利用の計画

都市計画における土地利用の計画は、土地の利用を計画的に行い、都市機能を地域的に分化すること、および総合的に調整することによって、都市における活動を活発化し円滑にすること、都市の居住性を高め快適にすること、都市空間における歴史と文化を保全すること、そしてこれらの方法のもとに土地の有効な活用を図ること、を目的とした都市計画の主要な方法の一つである。それを実現するためには、市民の公平で協力的な意識が醸成される必要がある。

3.1 土地利用の計画の目的と方法

3.1.1 計画の目標と手段

土地利用の計画の目標は、それぞれの地域がどのような土地利用を達成すべきであるか、を宣言することである。これは土地利用のマスタープランの役割である。従来の日本の都市計画は目的と方法がはっきりしておらず、土地利用の計画もそれを実現する手段も用途地域制に代替されてきた。2000年の都市計画法改正により、マスタープランと土地利用の実現手段を分けており、この点がはっきりした。

さて、土地利用の計画を実現する手段の基本は、①土地利用の誘導と、②土地利用の規制である。①は将来のあるべき土地利用を設定し、その実現を目指して望ましい都市の形成と性格づけに寄与する。工業地域や住宅地の形成等を目標とした計画等がこれに該当する。多くは新しい市街地の造成を目指す場合に用いられる。②は個々の都市の部分を構成する地区の建築物を調整し、特定の街を創出したり、既成の市街地の土地利用を維持していく場合に用いられる。例えば住宅地としての水準を確保するために建築物の高さを調整したり、建物の用途を制限したりするようなミクロな地区の性格を規定する「建築規制」の役割をもたせるものである。

3.1.2 広域的土地利用と地区の土地利用計画

土地利用の計画はその他の都市計画の手法と同様に、広域的な計画から狭い地区の計画まで行われる。①広域的な土地利用は、あるべき都市の姿を描き、その実現を図ること、地区相互の土地利用による対立を防ぐこと、市民の日常生活や経済活動に便利なように地区相互の関係をよくすること、②地区の土地利用は、特定地区の内部の土地利用、建築の種類や形態を調和させたり、個性化させることによって、地区の環境を整え、生活や生産、再生産等に適した街をつくることを目標としている。

土地利用を実現する手段は、後に詳しく述べるが、さまざまな特徴をもつ土地利用の手段が広域的土地利用に有効であるか、地区の土地利用に有効であるかは、活用の仕方にかかっている。

3.1.3 土地利用計画の段階構成

土地利用計画は、大きく分けると4つの段階がある[**図3-1**]。
[第1段階] 都市計画を行う範囲と単位として都市計画区域を設定する：将来、都市になりそうにない地域は除外するが、将来における一体の都市としての整備、開発および保全に支障が生じるおそれがあると認められる一定の区域を準都市計画区域として指定することができる。
[第2段階] 都市計画区域の中を都市と農村に分ける：市街化区域と市街化調整区域の線を引き、開発と建築の規制を行う。
[第3段階] 都市にする範囲（市街化区域）と市街化調整区域それぞれの将来像を描き、それを目指した土

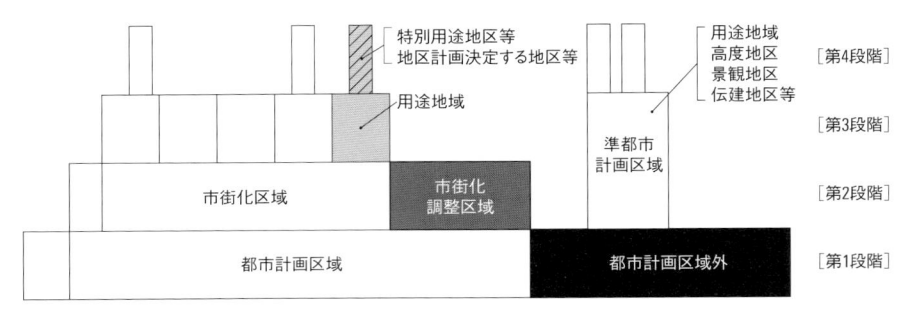

図3-1 土地利用計画の4段階構成

地利用を実施する：市街化区域には建築物の用途や形態を制限する「用途地域」を全域に指定する。
［第4段階］特定の街や特定の地区において、特別な土地利用を実現したい場合には、さまざまな方法で、その地区に限定して建築物等の用途や形態の規制を行うことができる。

　ただし、市街化区域と市街化調整区域の「線引き」は地方によっては行わないこともある。市街化の進行が極めて緩やかな地域では、その必要がないと思われるからである。この場合には、市街化区域の代わりに、都市的土地利用の計画が必要となる地域の範囲に用途地域を指定することになる。

3.2 都市計画区域

都市計画区域は、都市計画を立案し実施する単位である。

3.2.1 都市計画区域の設定

都市計画の単位として一体的に計画することが適切である範囲を指定する。都市計画は市街地の形成をコントロールするのが目的であるから、将来市街化させたい地域および将来市街化する可能性のある地域を都市計画区域に含めることが必要である。市街化の可能性のない地域は含めるべきでない。したがって、都市計画区域を構成する市町村は以下の条件が必要である［資料1］。
① 都市の地域としての中心性を有する都市があること（人口1万人以上と商工業人口比率50％以上）、あるいは将来この条件を満たすと予想されること
② その市町村の中心的市街地の人口が3,000人以上であること
③ 観光資源があること等で多数の人が集中するために、良好な環境形成が必要である場合
④ 災害等で多数の家屋が滅失した地域の復興を図る必要のあること

　なお、都市計画区域は同一市町村は同一区域に含まれることが望ましいが、場合によっては一部地区を都市計画区域から除外することも可能である。

3.2.2 都市計画区域の実例（愛知県の場合）

愛知県の都市計画区域は、市町村合併や広域化する生活圏等の社会情勢の変化に対応するため2010年にそれまでの20の都市計画区域を名古屋、尾張、知多、豊田、西三河、東三河の6都市計画区域に再編した［図3-2］。三河山間部の設楽町、東栄町、豊根村以外の51市町村が都市計画区域指定市町村である。以下の土地利用の計画は主に都市計画区域について解説する。

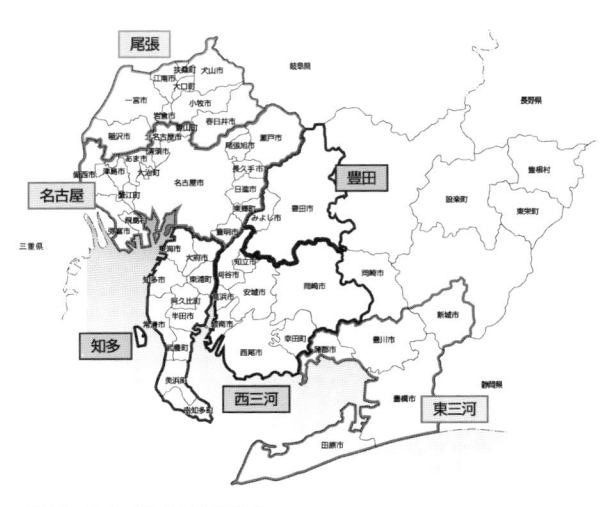

図3-2 都市計画区域（愛知県）[1]

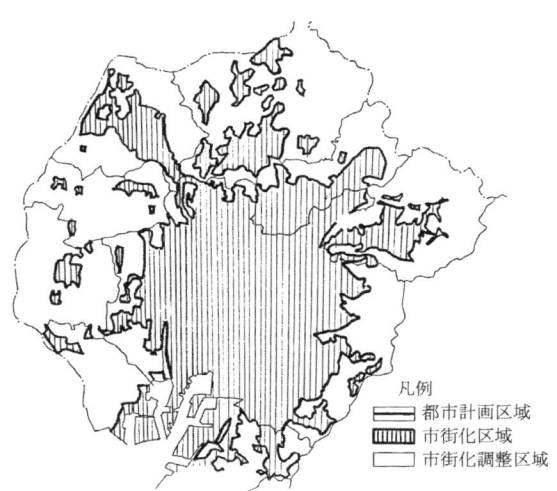

3.3 市街化区域と市街化調整区域の区分

3.3.1 区域区分の目的

市街化区域と市街化調整区域の区域区分(以下「区域区分」と呼ぶ)を行う目的は、市街化が進む地域における都市的地域と農村的地域とを分化し、それぞれの地域の秩序のある地域の形成を行うことにある。そして、その具体的な方針は次の3つとされていた。
① 市街地の無秩序な拡大(市街地スプロール)の防止
② 市街地の計画的な拡大と都市施設の効率的な整備
③ 不足する宅地の計画的な供給

　1960年前後から日本の高度経済成長が始まり、産業と人口の都市集中が激しくなった。郊外への工場進出と住宅の立地が起こり、それが不規則な虫食い状の市街地化を生じさせた。これを市街地スプロールと呼ぶ。この市街地スプロールは近郊の農業経営にとって不都合が起こる[図3-3、図3-4]。

　農業用水の汚濁、虫食い状の耕地のために耕作が非効率になる。また、地価の高騰や都市化の圧力により農業経営者の経営意欲が失われてくる。

　一方、進出した工場や住宅居住者にとっても、操業条件や居住条件はよくない。交通上不便で危険、下水・道路・遊び場の不足、蚊やハエの発生等の問題が起きた。道路、下水、学校建設等都市施設の整備のためには、虫食い状の市街化は非効率であり、実施が困難であった。

　このような市街地スプロールの対策として、都市と農村とに区分する市街化区域と市街化調整区域の区域区分(この区分する行為を「線引き」と呼ぶ)を行う制度がつくられた。

3.3.2 市街化区域と市街化調整区域の「区域区分」

1｜市街化区域
市街化区域は、既成市街地を含み、将来市街地として積極的に開発する地域である。開発する範囲を限定して計画的な市街地の基盤整備と都市施設の整備を効率よく行うことを目指す。制度ができた当時は10年間を単位に線引きを見直す予定であった[資料2]。

2｜市街化調整区域
市街化調整区域は、当分の間は市街化を抑制する地域である。農村的な土地利用が主であり、その機能を維持発展させるために目的を限定した開発と建築のみ認めることになった[図3-5]。

3｜市街化調整区域の農業的土地利用の状態
農業振興の基本的法律である農業振興地域の整備に関する法律に基づいて市街化調整区域の農業的土地利用を見ると、積極的に農業振興を図る「農用地区域」と、農村集落の周辺部に存在し、積極的な農業振興の対象から除外されているゾーンがある。農用地区域は優良農地がまとまって存在するゾーンであり地図上青緑色で表現されているので「農振青地」と呼ぶ。また、除外された地域は白く残されているので「農振白地」と呼んでいる。農振青地では農地以

図3-3 市街化区域と市街化調整区域の線引き(愛知県西部)

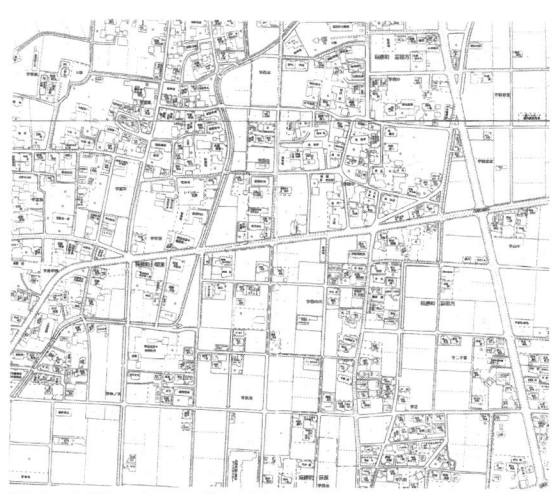

図3-4 市街化スプロールの様子(愛知県一宮市、2002年)

資料1 「区域区分」の基準（都市計画法、同施行令）

（都市計画区域に係る町村の要件）
令第2条 法第5条第1項の政令で定める要件は、次の各号の一に掲げるものとする。
1 当該町村の人口が1万以上であり、かつ、商工業その他の都市的業態に従事する者の数が全就業者数の50パーセント以上であること。
2 当該町村の発展の動向、人口及び産業の将来の見通し等からみて、おおむね10年以内に前号に該当することとなると認められること。
3 当該町村の中心の市街地を形成している区域内の人口が3000以上であること。
4 温泉その他の観光資源があることにより多数人が集中するため、特に、良好な都市環境の形成を図る必要があること。
5 火災、震災その他の災害により当該町村の市街地を形成している区域内の相当数の建築物が滅失した場合において、当該町村の市街地の健全な復興を図る必要があること。

資料2 「線引き」の基準（都市計画法施行令）

（都市計画基準）
令第8条 区域区分に関し必要な技術的基準は、次に掲げるものとする。
1 既に市街地を形成している区域として市街化区域に定める土地の区域は、相当の人口及び人口密度を有する市街地その他の既成市街地として国土交通省令で定めるもの並びにこれに接続して現に市街化しつつある土地の区域とすること。
2 おおむね10年以内に優先的かつ計画的に市街化を図るべき区域として市街化区域に定める土地の区域は、原則として、次に掲げる土地の区域を含まないものとすること。
イ 当該都市計画区域における市街化の動向並びに鉄道、道路、河川及び用排水施設の整備の見通し等を勘案して市街化することが不適当な土地の区域
ロ 溢水、湛水、津波、高潮等による災害の発生のおそれのある土地の区域
ハ 優良な集団農地その他長期にわたり農用地として保存すべき土地の区域
ニ すぐれた自然の風景を維持し、都市の環境を保持し、水源を涵養し、土砂の流出を防備する等のため保全すべき土地の区域
3 区域区分のための土地の境界は、原則として、鉄道その他の施設、河川、海岸、崖その他の地形、地物等土地の範囲を明示するものに適当なものにより定めることとし、これにより難い場合には、町界、字界等によること。

資料3 ［開発許可のいらないもの（都市計画法）］

（開発行為の許可）
第29条 都市計画区域又は都市計画区域内において開発行為をしようとする者は、あらかじめ、国土交通省令で定めるところにより、都道府県知事（指定都市、中核市、特例市の長）の許可を受けなければならない。ただし、次に掲げる開発行為については、この限りでない。
1 市街化区域、区域区分が定められていない都市計画区域又は準都市計画区域内において行う開発行為で、その規模が、それぞれの区域の区分に応じて政令で定める規模未満であるもの
2 市街化調整区域内、区域区分が定められていない都市計画区域又は準都市計画区域内において行う開発行為で、農業、林業若しくは漁業の用に供する政令で定める建築物又はこれらの業務を営む者の居住の用に供する建築物の建築の用に供する目的で行うもの
3 駅舎その他の鉄道の施設、図書館、公民館、変電所その他これらに類する公益上必要な建築物のうち開発区域及びその周辺の地域における適正かつ合理的な土地利用及び環境の保全を図る上で支障がないものとして政令で定める建築物の建築の用に供する目的で行う開発行為
4 都市計画事業の施行として行う開発行為
5 土地区画整理事業の施行として行う開発行為
6 市街地再開発事業の施行として行う開発行為
7 住宅街区整備事業の施行として行う開発行為
8 防災街区整備事業の施行として行う開発行為
9 公有水面埋立法第2条第1項の免許を受けた埋立地であって、まだ同法第22条第2項の告示がないものにおいて行う開発行為
10 非常災害のため必要な応急措置として行う開発行為
11 通常の管理行為、軽易な行為その他の行為で政令で定めるもの

外の土地利用が厳しく制限されているが、農振白地は、都市計画上も農業政策上も土地利用の方針が立たないために、規制誘導の緩やかなゾーンとなっている［図3-6］。特に農振白地の土地利用について、将来像を描き、適切な土地利用を誘導していくことが必要である。

4｜市街化区域の開発

1968年都市計画法は「開発許可制度」を設けている。この中で市街化区域における計画的な市街地開発の

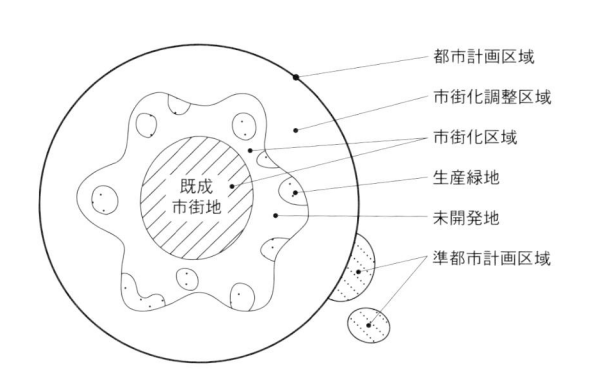

図3-5 都市計画区域と「線引き」地域の概念図

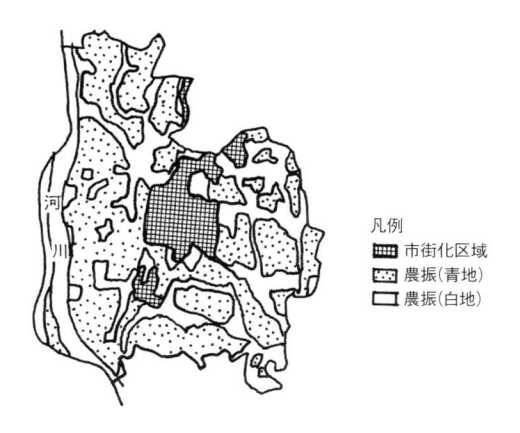

図3-6 市街化調整区域の農地の計画（愛知県津島市周辺）[2]

基準を決め、計画的な市街地開発を行うこととした。また土地区画整理事業による開発等については別途に良好な開発が保証されるものとして位置づけた。

開発許可の基準は、適用の範囲を当初は開発規模1,000㎡以上としたが、それ未満の開発が数多くなり、ミニ開発と呼ばれる小規模開発が連鎖的に広がって全体として質が低い住宅市街地が形成される問題が起こった[**資料3**]。

5｜市街化調整区域の開発規制と建築規制

市街化調整区域は、農村地域として発展することを期待するので、そのための土地利用は積極的に行うことになる。したがって、①農林漁業の用に供する建築物、②農林漁業従事者の住宅、③駅舎、図書館、公民館、変電所等の公益上必要な建築物は開発許可を要せず建築できる（都市計画法29条）。

これら以外の開発行為は①地域住民の日常生活のため必要な物品の販売店舗、修理・加工事業所、②鉱物資源、観光資源その他の資源の有効な利用上必要な建築物、③農業、林業もしくは漁業の用に供する建築物、④既存の工場施設における事業と密接な関連を有する事業の用に供する建築物、等限定された建築物のみに対し、都道府県知事が開発許可できる（法第34条）。

この制限を緩和する措置として、線引き時において、すでに宅地であった土地であって、その旨の都道府県知事の確認を受けたもの（既存宅地確認）や市街化区域と一体的な日常生活圏を構成しおおむね50以上の建築物が連たんしている地域内に存する土地における開発が認められていた。

このような数多くの例外的な開発と建築の認可は、1990年以降さらに多くなり、市街化調整区域の地域の維持発展から逸脱する地権者の土地を活用する私的権利に基づいた開発目的による開発が多くなり、市街化調整区域の都市化が進行してきている。

2000年の都市計画法改正により既存宅地の制度は廃止された。一方、2006年の都市計画法改正により市街化調整区域における相当規模の開発行為に対する開発許可は、地区計画または集落地区計画に定められた内容に適合する場合に許可できることとなる等、運用次第では、区域区分制度の形骸化を招くおそれも懸念される緩和規定も設けられてきた。

現在は、新たに一定の要件を都道府県等が条例で定め、建築を許容する制度（法第34条第1項第11号）があるほか、法第34条第1項第14号の規定に基づき都道府県の開発審査会の基準等により、許可を受け、開発行為または建築行為ができる場合がある[**資料4,5**]。

3.3.3 「区域区分」に関わる土地利用の調整

1｜都市的土地利用の可能性と農地の扱い：農地の宅地並み課税

区域区分の線引きは、未開発の土地を都市的土地利用できるか、できないかを決定する。市街化区域に入ると開発ができるが、市街化調整区域では開発が困難になる。そのために農地が市街化区域に入ることを希望する人が多くなる。これでは「線引き」は難しい。そこで、第三の目的である「宅地の供給」を動機として、市街化区域における農地に宅地並みの税金（固定資産税と都市計画税）を課すことにより、市街化区域に入るか市街化調整区域に入るかの選択を土地所有者に迫った。これが市街化区域における「農地の宅

資料4　[開発が許可されるもの（都市計画法）]

第34条　前条の規定にかかわらず、市街化調整区域に係る開発行為（主として第二種特定工作物の建設の用に供する目的で行う開発行為を除く。）については、当該申請に係る開発行為及びその申請の手続が同条に定める要件に該当するほか、当該申請に係る開発行為が次の各号のいずれかに該当すると認める場合でなければ、都道府県知事は、開発許可をしてはならない。

1. 主として当該開発区域の周辺の地域において居住している者の利用に供する政令で定める公益上必要な建築物又はこれらの者の日常生活のため必要な物品の販売、加工若しくは修理その他の業務を営む店舗、事業場その他これらに類する建築物の建築の用に供する目的で行う開発行為
2. 市街化調整区域内に存する鉱物資源、観光資源その他の資源の有効な利用上必要な建築物又は第一種特定工作物の建築又は建設の用に供する目的で行う開発行為
3. 温度、湿度、空気等について特別の条件を必要とする政令で定める事業の用に供する建築物又は第一種特定工作物で、当該特別の条件を必要とするため市街化区域内において建築し、又は建設することが困難なものの建築又は建設の用に供する目的で行う開発行為
4. 農業、林業若しくは漁業の用に供する建築物で第29条第2号の政令で定める建築物以外のものの建築又は市街化調整区域内において生産される農産物、林産物若しくは水産物の処理、貯蔵若しくは加工に必要な建築物若しくは第一種特定工作物の建築若しくは建設の用に供する目的で行う開発行為
5. 特定農山村地域における農林業等の活性化のための基盤整備の促進に関する法律第9条第1項の規定による公告があつた所有権移転等促進計画の定めるところによつて設定され、又は移転された同法第2条第3項第3号の権利に係る土地において当該所有権移転等促進計画に定める利用目的（同項第2号に規定する農林業等活性化基盤施設である建築物の建築の用に供するためのものに限る。）に従つて行う開発行為
6. 都道府県が国又は独立行政法人中小企業基盤整備機構と一体となって助成する中小企業者の行う他の事業者との連携若しくは事業の共同化又は中小企業の集積の活性化に寄与する事業の用に供する建築物又は第一種特定工作物の建築又は建設の用に供する目的で行う開発行為
7. 市街化調整区域内において現に工業の用に供されている工場施設における事業と密接な関連を有する事業の用に供する建築物又は第一種特定工作物で、これらの事業活動の効率化を図るため市街化調整区域内において建築し、又は建設することが必要なものの建築又は建設の用に供する目的で行う開発行為
8. 政令で定める危険物の貯蔵又は処理に供する建築物又は第一種特定工作物で、市街化区域内において建築し、又は建設することが不適当なものとして政令で定めるものの建築又は建設の用に供する目的で行う開発行為
9. 前各号に規定する建築物又は第一種特定工作物のほか、市街化区域内において建築し、又は建設することが困難又は不適当なものとして政令で定める建築物又は第一種特定工作物の建築又は建設の用に供する目的で行う開発行為
10. 地区計画又は集落地区計画の区域（地区整備計画又は集落地区整備計画が定められている区域に限る。）内において、当該地区計画又は集落地区計画に定められた内容に適合する建築物又は第一種特定工作物の建築又は建設の用に供する目的で行う開発行為
11. 市街化区域に隣接し、又は近接し、かつ、自然的社会的諸条件から市街化区域と一体的な日常生活圏を構成していると認められる地域であっておおむね50以上の建築物（市街化区域内に存するものを含む。）が連たんしている地域のうち、政令で定める基準に従い、都道府県（指定都市又は事務処理市町村）の条例で指定する土地の区域内において行う開発行為で、予定建築物等の用途が、開発区域及びその周辺の地域における環境の保全上支障があると認められる用途として都道府県の条例で定めるものに該当しないもの
12. 開発区域の周辺における市街化を促進するおそれがないと認められ、かつ、市街化区域内において行うことが困難又は著しく不適当と認められる開発行為として、政令で定める基準に従い、都道府県の条例で区域、目的又は予定建築物等の用途を限り定められたもの
13. 区域区分に関する都市計画が決定され、又は当該都市計画を変更して市街化調整区域が拡張された際、自己の居住若しくは業務の用に供する建築物を建築し、又は自己の業務の用に供する第一種特定工作物を建設する目的で土地又は土地の利用に関する所有権以外の権利を有していた者で、当該都市計画の決定又は変更の日から起算して六月以内に国土交通省令で定める事項を都道府県知事に届け出たものが、当該目的に従つて、当該土地に関する権利の行使として行う開発行為（政令で定める期間内に行うものに限る。）
14. 前各号に掲げるもののほか、都道府県知事が開発審査会の議を経て、開発区域の周辺における市街化を促進するおそれがなく、かつ、市街化区域内において行うことが困難又は著しく不適当と認める開発行為

例えば　愛知県開発審査会基準（平成25年9月版）
- 農家の二・三男が分家する場合の住宅等
- 土地収用対象事業により移転するもの
- 事業所の社宅及び寄宿舎
- 大学等の学生下宿等
- 社寺仏閣及び納骨堂
- 既存集落内のやむを得ない自己用住宅
- 市街化調整区域にある既存工場のやむを得ない拡張
- 幹線道路の沿道等における流通業務施設
- 有料老人ホーム
- 地域振興のための工場等
- 大規模な既存集落における小規模な工場等
- 介護老人保健施設
- 既存の土地利用を適正に行うための管理施設の設置
- 既存住宅の増築等のためのやむを得ない敷地拡大
- 相当期間適正に利用された住宅及び学生下宿のやむを得ない用途変更
- 既存の宅地における開発行為又は建築行為等
- 社会福祉施設
- 相当期間適正に利用された工場のやむを得ない用途変更

資料5 ［開発許可の基準（抄）］

(a) 街区の形態
　住宅の街区構成は，予定建築物の規模，地形等に応じて考慮し，戸建住宅地及び連続建住宅地にあっては，長辺は80m以上120m以下，短辺は20m以上50m以下を標準とする。
　共同住宅地にあっては，隣棟間隔，駐車場，通路等を総合的に考慮した区画とし，一辺の長さは250m以下とする。

(b) 幹線道路に接する街区
　街区の短辺は，連続して主要幹線街路等の主として通過交通の用に供する道路に接しないこと。

(c) 接続道路の幅員
　開発区域内の主要な道路は，開発行為の規模，目的に応じ，下表に掲げる値の幅員を有する区域外道路に接続しなければならない。ただし，開発規模が0.3ヘクタール未満で周囲の道路の状況によりやむをえない場合は，表5-1(c)の右欄に掲げる値の幅員を有する道路に接続すること。

区　　　分	接続される道路の幅員	
	基　定　値	特　例　値
住　宅　用　開　発	6.5m以上	4.0m以上
そ　の　他　の　開　発	9.0m以上	4.0m以上

（開発区域｜取付道路｜既設道路）

(d) 道路の最小幅員
　開発区域内に設置される道路の幅員は，下表に掲げる規定値以上とする。ただし，開発区域の面積が0.3ヘクタール未満である場合又は道路の延長が50メートル未満の区間で通行上支障がない場合は，特例値まで縮小することができる。

予定建築物 ＼ 開発規模／道路幅員	20 ha 未満		20 ha 以上	
	規　定　値	特　例　値	規　定　値	特　例　値
戸建住宅及び連続建住宅	6.00	4.00	6.00	4.00
共　同　住　宅	6.00	4.00	6.00	4.00
工　　場　　等	9.00	6.00	12.00	9.00

注　特例値を適用する場合は，有効幅員とする。

(e) 一画地の面積
　街区を形成する一面地の面積は，下表に掲げる規定値以上とする。ただし，地形等の状況によりやむを得ない場合は，特例値まで縮小することができる。また，有効宅地の面積は，各々，下表に掲げる値の6割以上とすること。

区　　　分	市街化区域		市街化調整区域	
	規　定　値	特　例　値	規　定　値	特　例　値
戸　建　住　宅　地	160m²	120m²	200m²	160m²
連　続　建　住　宅　地	戸当り120m²	戸当り100m²	戸当り120m²	戸当り120m²

(f) 予定建築物の形態制限
　街区の予定建築物の形態制限は，市街化区域にあっては，建築基準法の定めるところによる。市街化調整区域にあっては，予定建築物の用途に応じて，各々，下表に掲げる制限内容をもつ計画とする。

区　　　分	容積率	建ぺい率	そ　の　他
戸　建　住　宅	$\frac{10}{10}$	$\frac{6}{10}$	第一種住居専用地域並みとする。
連　続　建　住　宅	$\frac{10}{10}$	$\frac{6}{10}$	同上
共　同　住　宅	$\frac{20}{10}$	$\frac{6}{10}$	第二種住居専用地域並みとする。
公　益　施　設	$\frac{20}{10}$	$\frac{6}{10}$	近隣商業地域並みとする。

(g) 公園の面積
　公園の面積は，下表に掲げる値を標準とする。

開発区域の面積	公　園　の　面　積
0.3ha以上　1ha未満	開発区域面積の3%以上
1ha以上　5ha未満	開発区域面積の3%以上でかつ300m²以上のものが1箇所以上
5ha以上　20ha未満	開発区域面積の3%以上でかつ1箇所300m²以上 （うち1,000m²以上のものが1箇所以上）
20ha以上	開発区域面積の3%以上でかつ1箇所300m²以上 （うち1,000m²以上のものが2箇所以上）

5ha未満の開発行為でやむを得ないと認められる場合は，緑地又は広場とすることができる。

(h) 公園の誘致距離
　公園の構成及び誘致距離は，下表に掲げる値を標準とする。

区　　　分	面　　　積	誘致距離	備　　　考
幼　児　公　園	0.03ha以上	150m以下	
街　区　公　園	0.25ha以上	250m以下	
近　隣　公　園	2.0ha以上	500m以下	
地　区　公　園	4.0ha以上	1,000m以下	

地並み課税」政策[*1]である。

2｜「区域区分」の経過と「宅地並み課税」の経過

農地の宅地並み課税によって「区域区分」に対する農家の意識のバランスを取ろうとしたが、土地課税の原則は、従来は資産価値を前提としていた。すなわちその土地から得られる利益を仮定して、その利益に対する一定割合を税額としていた。

農地の宅地並み課税はこの原則を破り、仮想の利益に課税するものであった。税を徴収する当事者である自治体(市町村)は従来の慣行からいって「宅地並みの課税は徴収できない」として、いったん集めた税を返却するものが出てきた(横浜市、名古屋市)[*2]。このために最初の線引きは土地所有者の価値観のバランスを欠くことになり、市街化区域へ入りたい土地の量が圧倒的に多くなった。

3｜生産緑地の指定

市街化区域と市街化調整区域の「区域区分」の結果、3つの課題が生まれた。

① 市街化区域へ未開発地を取り込みすぎたこと

愛知県の場合、市街化区域とされたところが10年間に開発する予定の3倍になり、30年間の開発分となった。これは30年間「線引き」を見直さないことを意味し、愛知県では全般的な見直しはされることなく現在に至っている。計画的市街地の整備と効率的な都市施設整備という目的の達成が困難となる。

② 市街化区域に取り込んだ農地所有者の農家廃業の意思決定ができていないこと

市街化区域の未開発地の多くは農地である。しかし宅地並みの課税が実施されなかったために、多くの農家は農業を続けるか、辞めて宅地開発を行うかを決心しないままで市街化区域に入ってしまった。「区域区分」は一定の範囲で行われるが、その範囲内で大多数の農家が廃業することを短期間に決心させるのは無理があったともいえる。

③ 宅地並み課税の実施が困難であったこと

「区域区分」の後、宅地並み課税が実施されるが、市街化区域の農地所有者は反対する。農業団体・国会議員までが反対し、自治体も実施困難なために「いったん徴収した税を農業奨励金として返還する」等屈折した状況が生じた。

このため、市街化区域内の農地について、長期に営農する意思のある農地に対する宅地並み課税を免除する仕組みとして「生産緑地制度」が作られた。

生産緑地制度は、都市計画の立場からは、農林漁業と調和した良好な都市環境の形成に役立ち、将来公共施設等の敷地として利用するのに適している農地等を都市緑地として保全を図る制度という意味づけがなされていた。

バブル期の地価高騰につれ農地の宅地並み課税の完全実施を求める世論が高まり、生産緑地法は改定され、1991〜92年に大都市圏の市部において完全実施された[*3]。改定された生産緑地地区の指定条件である①良好な生活環境の確保および公共施設等の敷地の利用に適していること、②面積が一団をなしており、500㎡以上であること、③農林漁業の継続が可能であること、を満たす農地について以後30年間の長期の営農意思を示すことで「生産緑地」に指定され、宅地並み課税が免除され、また相続税も納税猶予される。

さらに、指定後30年経過すれば、市町村への買取り申出等の一定の手続きにより解除することができる。このため、2022年頃に生産緑地の多くが解除されるおそれがあり、2017年に生産緑地法等の一部改正がなされ、生産緑地の所有者等の意向を基に、市町村は当該生産緑地を「特定生産緑地」として指定できるようになった。指定された場合、買取り申出ができる時期は、「生産緑地地区の都市計画の告示日から30年経過後」から10年延期され、さらに所有者等の同意を得られば、繰り返し10年の延長ができる。また、面積要件が条例により300㎡まで引き下げ可能になった。併せて、生産緑地地区内に設置可能な施設について、農林漁業を営むために必要で生活環境の悪化をもたらすおそれがないものに限定されていたが、営農継続の観点から、新鮮な農産物等への需要に応え、農業者の収益性を高める農産物等加工施設、農産物等直売所、農家レストランが追加された。

---

*1――固定資産税：従来は土地の利益から税率を判定していた。農地からの利益より宅地(都市的土地利用された)からの利益は桁違いである。
*2――長期営農農地：市街化区域内で長期に農業を続けるものに、宅地並み課税を減免することになった。
*3――実施の結果は、東京都69%、大阪府57%、愛知県30%、神奈川県では40%が生産緑地に指定された(2001年1月)。申請された農地のほとんどが認定されている。

3.3.4 農地の保全と市街地開発とを調整する技法

1｜市街化区域における農住計画

a. 特定土地区画整理事業
1975年、「大都市地域における住宅及び住宅地の供給の促進に関する特別措置法」により、集合農地を30％まで残存させることができる土地区画整理事業の手法である。都市計画決定を行い、促進地域の指定を行う［図3-7］。

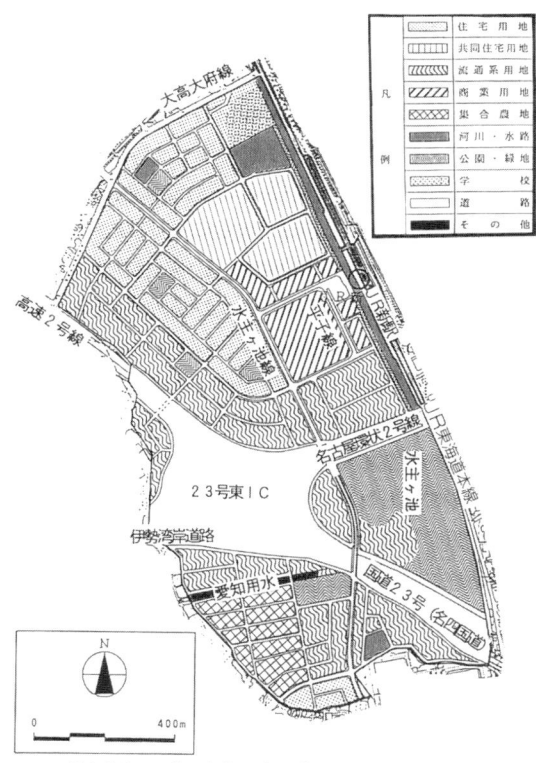

図3-7 特定土地区画整理事業のプラン[2]

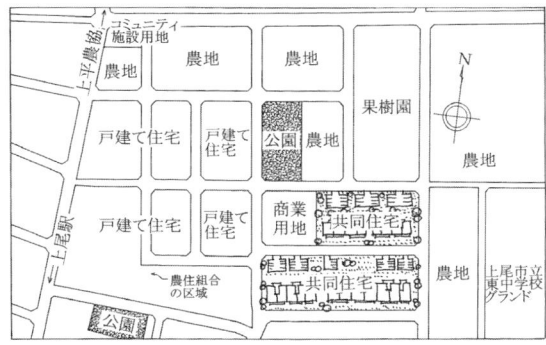

図3-8 農住組合団地のプラン[3]

b. 農住組合団地
1980年、「農住組合法」により、住宅の需要の著しい地域における市街化区域内農地の所有者等が協同して、農地として保全する区域と宅地化する区域を区分して開発する［図3-8］。

2｜市街化区域以外における制度

a. 集落地域整備法（1987年法律第63号）
市街化区域を除く農業振興地域において、居住機能と営農機能の土地利用の調整や公共施設整備を必要とする地域に対して、「集落地区計画」、「集落地区整備計画」、および「集落農業振興地域整備計画」を定める。この線引きにより農地と宅地の区分および道路や公園等の整備を行おうとするものである。

b. 特定用途制限区域
2000年の都市計画法改正により、未線引き都市計画区域内の用途地域の定めのない地域と準都市計画区域において、特に必要な場合は、特定の建築物の用途を制限できる区域を設定できることになった。

3.4 市街化区域の土地利用の計画

3.4.1 用途地域制度（市街化区域内における土地利用計画の実現手段）

1｜用途地域の概要
都市計画法では市街化区域の全域に対して13種類の用途地域（2018年4月より新たに「田園住居地域」が追加された[4]）を指定することになっており、住居系、商業系、工業系に大きく分けられる。各用途地域は表3-1に示すように、建物等の用途の規制とそれに連動する高さや面積の規制等の形態規制が行われる。この用途と形態規制が、各地域の土地利用を実現する手段である。この用途地域は土地利用計画としては、区域区分（市街化区域と市街化調整区域との区分）に続く第3段階（3.1.3）の土地利用実現手段であり、地域地区［第2章、表2-2］の基本となるものである。

2｜各用途地域の市街地像
13種類の用途地域の目指す一般的な市街地像は次のように描かれる。ただしこれはあくまで抽象的な像である。

表3-1 用途地域一覧および建ぺい率、容積率、壁面の後退について(名古屋市。ただし、田園住居地域は指定予定がないため未記載)4) 5)

用途地域内の建築物の用途制限 ○ 建てられる用途 ▨ 建てられない用途 ①、②、③、④、▲ 面積、階数等の制限あり			第一種低層住居専用地域	第二種低層住居専用地域	第一種中高層住居専用地域	第二種中高層住居専用地域	第一種住居地域	第二種住居地域	準住居地域	近隣商業地域	商業地域	準工業地域	工業地域	工業専用地域	備考
住宅、共同住宅、寄宿舎、下宿			○	○	○	○	○	○	○	○	○	○	○		
兼用住宅で非住宅部分の床面積が、50㎡以下かつ建築物の延べ面積の2分の1未満のもの			○	○	○	○	○	○	○	○	○	○	○		非住宅部分の用途制限あり
店舗等	店舗等の床面積が150㎡以下のもの			①	②	③	○	○	○	○	○	○	○	④	①日用品販売店舗、喫茶店、理髪店および建具屋等のサービス業用店舗のみ。2階以下／②①に加えて、物品販売店舗、飲食店、損保代理店、銀行の支店・宅地建物取引業等のサービス業用店舗のみ。2階以下／③2階以下／④物品販売店舗、飲食店を除く
	店舗等の床面積が150㎡を超え、500㎡以下のもの				②	③	○	○	○	○	○	○	○	④	
	店舗等の床面積が500㎡を超え、1,500㎡以下のもの					③	○	○	○	○	○	○	○	④	
	店舗等の床面積が1,500㎡を超え、3,000㎡以下のもの						○	○	○	○	○	○	○	④	
	店舗等の床面積が3,000㎡を超え、10,000㎡以下のもの							○	○	○	○	○	○	④	
	店舗等の床面積が10,000㎡を超えるもの										○	○	○			
事務所等	事務所等の床面積が1,500㎡以下のもの						▲	○	○	○	○	○	○	○	▲2階以下
	事務所等の床面積が1,500㎡を超え、3,000㎡以下のもの							○	○	○	○	○	○	○	
	事務所等の床面積が3,000㎡を超えるもの							○	○	○	○	○	○	○	
ホテル、旅館							▲	○	○	○	○	○				▲3,000㎡以下
遊戯施設風俗施設	ボーリング場、スケート場、水泳場、ゴルフ練習場、バッティング練習場等						▲	○	○	○	○	○	○			▲3,000㎡以下
	カラオケボックス等								▲	▲	○	○	▲	▲	▲	▲10,000㎡以下
	マージャン屋、ぱちんこ屋、射的場、馬券・車券発売所等								▲	▲	○	○	▲	▲		▲10,000㎡以下
	劇場、映画館、演芸場、観覧場									①	○	②	○			①客席200㎡未満／②客席10,000㎡以下
	キャバレー、ダンスホール等、個室付浴場等											○	▲			▲個室付浴場等を除く
公共施設・病院・学校等	幼稚園、小学校、中学校、高等学校			○	○	○	○	○	○	○	○	○	○			
	大学、高等専門学校、専修学校等					○	○	○	○	○	○	○	○			
	図書館等			○	○	○	○	○	○	○	○	○	○	○		
	巡査派出所、一定規模以下の郵便局等			○	○	○	○	○	○	○	○	○	○	○	○	
	神社、寺院、教会等			○	○	○	○	○	○	○	○	○	○	○	○	
	病院					○	○	○	○	○	○	○	○			
	公衆浴場、診療所、保育所等			○	○	○	○	○	○	○	○	○	○	○	○	
	老人ホーム、身体障害者福祉ホーム等			○	○	○	○	○	○	○	○	○	○	○		
	老人福祉センター、児童厚生施設等			▲	▲	○	○	○	○	○	○	○	○	○	○	▲600㎡以下
	自動車教習所							▲	○	○	○	○	○	○	○	▲3,000㎡以下
	単独車庫(付属車庫を除く)					▲	▲	▲	▲	▲	○	○	○	○	○	▲300㎡以下　2階以下
	建築物付属自動車車庫　①②③については、建築物の延べ面積の2分の1以下かつ備考欄に記載の制限			①	①	②	②	③	③	○	○	○	○	○	○	①600㎡以下 1階以下／③3,000㎡以下 2階以下／②2階以下
				※一団地の敷地内について別に制限あり												
	倉庫業倉庫									○	○	○	○	○	○	
	畜舎(15㎡を超えるもの)							▲	○	○			○	○	○	▲3,000㎡以下
工事・倉庫等	パン屋、米屋、豆腐屋、菓子屋、洋服店、畳屋、建具屋、自転車店等で作業場の床面積が50㎡以下				▲	▲	▲	○	○	○	○	○	○	○	○	原動機の制限あり ▲2階以下
	危険性や環境を悪化させるおそれが非常に少ない工場							①	①	①	②	②	○	○	○	原動機・作業内容の制限あり 作業場の床面積 ①50㎡以下／②150㎡以下
	危険性や環境を悪化させるおそれが少ない工場										②	②	○	○	○	
	危険性や環境を悪化させるおそれがやや多い工場												○	○	○	
	危険性が大きいかまたは著しく環境を悪化させるおそれがある工場														○	
	自動車修理工場							①	①	②	③	③	○	○	○	作業場の床面積 ①50㎡以下／②150㎡以下／③300㎡以下 原動機の制限あり
	火薬、石油類、ガス等の危険物の貯蔵・処理の量	量が非常に少ない施設				①	②	○	○	○	○	○	○	○	○	
		量が少ない施設									○	○	○	○	○	①1,500㎡以下　2階以下／②3,000㎡以下
		量がやや多い施設											○	○	○	
		量が多い施設													○	
卸売市場、火葬場、と畜場、汚物処理場、ごみ焼却場等							都市計画区域内においては都市計画決定が必要									

表3-1　(つづき)

	第一種低層住居専用地域							第二種低層住居専用地域				
建ぺい率(%)	30	40	40	30	40	50	50	40	30	40	50	50
容積率(%)	50	60	80	100	100	100	150	80	100	100	100	150
壁面後退(m)	1.5	1.0	1.0	1.5	1.0	—	—	1.0	1.5	1.0	—	—

	第一種中高層住居専用地域			第二種中高層住居専用地域			第一種住居地域			第二種住居地域			準住居地域		近隣商業地域			商業地域					準工業地域		工業地域		工業専用地域
建ぺい率(%)	50	60	60	60	60	60	60	60	60	60	60	80	80	80	80	80	80	80	80	60	60	60	60
容積率(%)	150	150	200	150	200	200	200	300	400	200	300	200	300	400	400	500	600	800	1000	200	300	200	200

[住居系]

a. 第一種低層住居専用地域

すべての住宅が低層住宅であり、極めて小さい店舗しか許されない、良好な低層戸建て住宅地を目指す[写真3-1]

b. 第二種低層住居専用地域

150㎡までの規模の店舗飲食店を許可する点が第一種と異なる。店や飲食店、小規模コンビニエンス・ストア等を認めた、やや活気のある、または個性のある良好な低層住宅地を目指す[写真3-2]

c. 第一種中高層住居専用地域

中高層の共同建て住宅の建設を認めている。店舗は500㎡以下しか認めないので、小規模なスーパーストアが建設できる、やや静かな落ち着いたマンション街がイメージされる[写真3-3]

d. 第二種中高層住居専用地域

中高層共同建て住宅が建設でき、店舗は1,500㎡以下まで建設できるので、活発な活動があるマンション街がイメージされる[写真3-4]

e. 第一種住居地域

遊興施設(ぱちんこ屋、馬券発売所等)やカラオケボックスが許されない。小規模な工場や3,000㎡以下の店舗飲食店まで建設できるので、にぎやかだが、比較的良好な住宅地が形成される[写真3-5]

f. 第二種住居地域

第一種住居地域では認められない遊興施設やカラオケボックスの建設ができる。にぎやかな拠点をもつ住宅地がイメージされる[写真3-6]

g. 準住居地域

都市の幹線道路沿いに指定される。他の住居地域と異なり、自動車に配慮して、3階以上で300㎡以上の自動車車庫の建設ができる。これによって、沿道らしいが住宅と商業施設を中心としたにぎやかな街を目指すことがイメージできる[写真3-7]

h. 田園住居地域(2018年4月より)

農地が多く混在する低層住宅地において、両者が調和した「良好な居住環境と営農環境の形成」を目指す。規制内容(用途地域内の建築物の用途制限等)は第一種・第二種低層住居専用地域を基本としつつ、農業用施設(農産物の生産、集荷、処理または貯蔵に供するもの等)の立地を限定的に認める

[商業系]

i. 近隣商業地域

住宅地の日常的な買物を充足できる店舗と飲食店等商業施設の建設を優先した地域である。住宅や店舗のほかに小規模の工場も建設できる[写真3-8]

j. 商業地域

商業施設全般の建設に有利で、大規模オフィスやホテル、遊興娯楽施設等がすべて許可される。住宅や小規模の工場も建設でき、建ぺい率、容積率、高さの制限が他の用途地域より緩くなっている[写真3-9]

[工業系]

k. 準工業地域

大規模な工場や危険物貯蔵施設を除く大部分の施設が許可される。従来からの住工商の混合地域を維持する、下町地域のための用途地域である[写真3-10]

l. 工業地域

大規模な工場や危険物貯蔵施設の建設が認められる。住宅の建設も認められるが、これは工場労働者の工場近くへの居住を認めたことによる。不特定多数の利用する特定施設(学校、図書館、病院、劇場映画館等)は認められない[写真3-11]

m. 工業専用地域

大規模な工場や危険物貯蔵施設を優先的に建設する地域である。ここには住宅も特定施設(学校、図書館、病院、劇場映画館等)も認められない[写真3-12]

写真3-1 第一種低層住居専用地域 [6)]

写真3-2 第二種低層住居専用地域 [6)]

写真3-3 第一種中高層住居専用地域 [6)]

写真3-4 第二種中高層住居専用地域 [6)]

写真3-5 第一種住居地域 [6)]

写真3-6 第二種住居地域 [6)]

写真3-7 準住居地域 [6)]

写真3-8 近隣商業地域 [6)]

写真3-9 商業地域 [7)]

写真3-10 準工業地域 [8)]

写真3-11 工業地域 [8)]

写真3-12 工業専用地域 [8)]

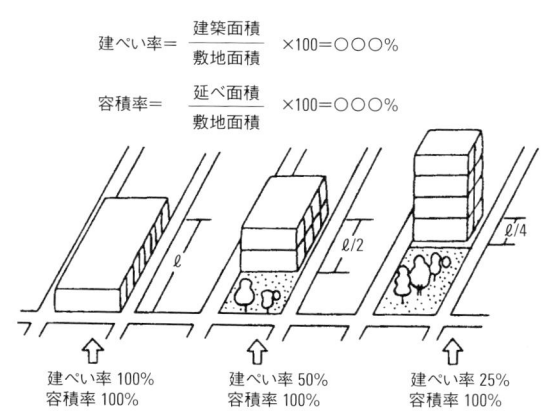

3｜用途地域と形態規制

以上の用途地域には、建築物の用途規制に加えて、それぞれの用途の性格を踏まえたa.建ぺい率・容積率の制限、b.高さの制限、c.日影の規制、d.外壁後退距離の制限、e.敷地面積の最低限度の設定が行われる。

a. 建ぺい率・容積率の制限

建ぺい率は敷地面積のどれだけを建築用地に使うのか、いい換えると敷地にどれだけ空地を残すのか、という基準である。また容積率は敷地面積の何倍の建築延べ面積が可能かという基準である。住居系は厳しく、その中では低層専用地域、中高層専用地域、住居地域の順で厳しくなっている［図3-9］。

b. 高さの制限

高さの制限は、主に各敷地の日照、採光、通風を確保するために設けられており、絶対高さ制限、北側斜線制限、隣地斜線制限、道路斜線制限がある。

① 絶対高さ制限：第一種・第二種低層住居専用地域、田園住居地域では、低層住宅地としての良好な環境を確保するため、建築物の高さは10m以内または12m以内に制限されている（［図3-10］左側の図参照）

② 北側斜線制限：建築物の北側部分の敷地の日照や採光等の確保のため、建物の高さを規制するものである。第一種・第二種低層住居専用地域、田園住居地域、第一種・第二種中高層住居専用地域において適用される。例えば第一種・第二種低層住居専用地域、田園住居地域の場合、真北側の隣地境界線（または真北側の前面道路の反対側の境界線）上の5m（第一種・第二種中高層住居専用地域は10m）の高さを起点とし、敷地側に1.25の勾配の斜線を引くことによって、建築物の高さを規制する［図3-10］

③ 隣地斜線制限：隣地斜線制限は、隣地に日照や採光等の確保のため、建築物の高さを規制するものである。第一種・第二種低層住居専用地域、田園住居地域では絶対高さ制限があるため適用されない。例えば住居系地域（第一種・第二種中高層住居専用地域、第一種・第二種住居地域、準住居地域）の場合、隣地境界線上の20m（非住居系地域は31m）の高さを起点とし、敷地側に1.25（非住居系地域は2.5）の勾配の斜線を引くことによって、建築物の高さを規制する［図3-11］

④ 道路斜線制限：道路斜線制限は道路および沿道の建物の日照や採光等の確保のため、建築物の高さを規制するものである。例えば住居系地域の場

図3-9　建ぺい率・容積率 9)

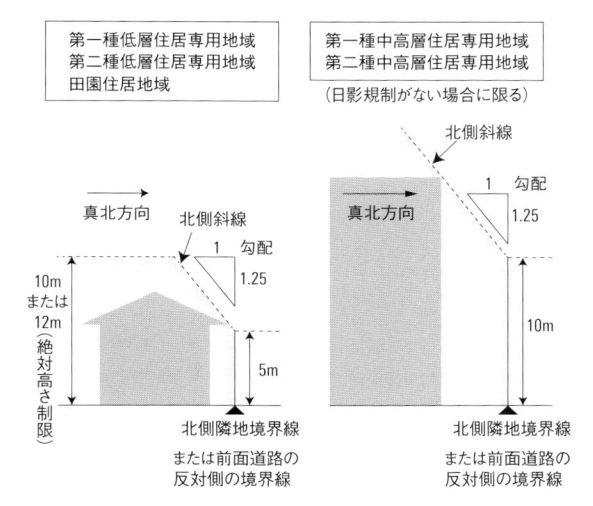

図3-10　北側斜線制限

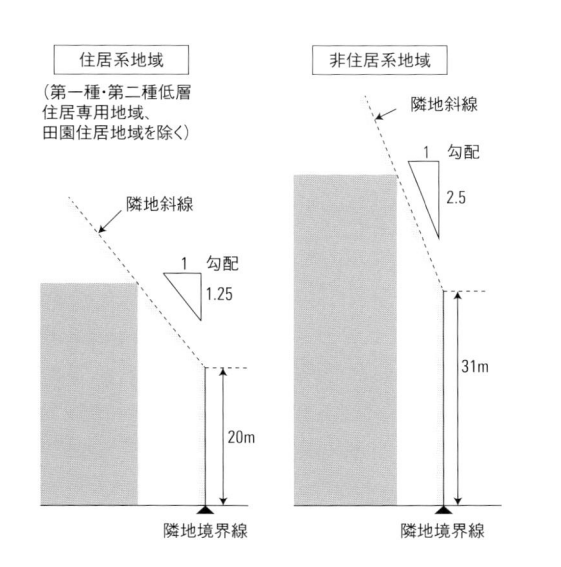

図3-11　隣地斜線制限

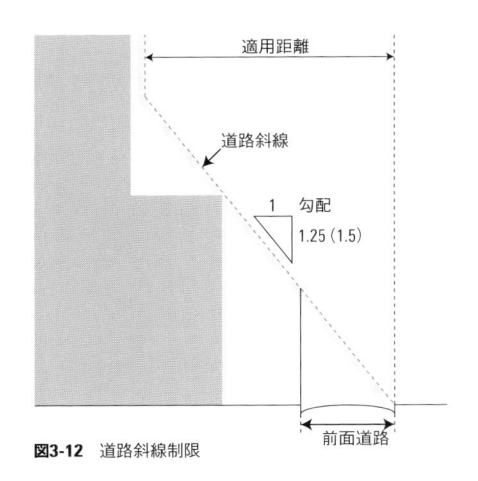

図3-12 道路斜線制限

合、敷地の前面道路の反対側の境界線上を起点とし、敷地側に1.25(商業系・工業系地域は1.5)の勾配の斜線を引くことによって、建築物の高さを規制する。ただし、前面道路の反対側の境界線から一定の適用距離(住宅系・工業系地域：20〜35m、商業系地域：20〜50m)が定められており、その範囲内でしか適用されない[**図3-12**]。

また、斜線制限の緩和(適用除外)制度として2002年の建築基準法の改正により天空率が導入された。天空率とは、地上のある地点からどれだけ空を見渡すことができるか、を表した指標である。斜線制限の範囲以内で建てることができる建築物と同等以上の通風や採光等を確保できることが緩和条件である。

c. 日影の規制
市街地における日照時間の確保を目的とし、用途地域と連動して建物の日影を規制する規則がある。これは建築基準法により、各自治体が条例で規制する。第一種・第二種低層住居専用地域、田園住居地域が最も規制が厳しく、第一種・第二種中高層住居専用地域がこれに次いで厳しくなっている(商業地域と工業地域、工業専用地域では日影規制がかからない)。

敷地境界線から敷地外への一定の範囲(5mを超え10m以内の範囲、および10mを超える範囲)において、冬至日における午前8時から午後4時までの日影の時間を規制することで、間接的に建築物の形態・規模や建築可能な範囲を規制するものである[**図3-13**]。

d. 外壁後退距離の制限
第一種・第二種低層住居専用地域、田園住居地域では、低層住宅としての良好な住環境を形成するために、敷地境界線から建築物の外壁を後退させる制限を設けることができる。その距離は、1mまたは1.5mが限度である。これによって隣り合っている建築物の間に一定の空間を確保することができ、日照、採光、通風、防火等が維持される。

e. 敷地面積の最低限度
用途地域内においては、敷地を複数に分割するような小規模な開発を防止するために、200㎡を最大として敷地面積の最低限度を規定することができる。これが規定された区域内の敷地では、建築物を建築する敷地は最低限度以上の面積でなければならない。

4｜用途地域制の特徴と限界

用途地域制は、市街地のすべての区域に対して、隙間なく土地利用のイメージを提供し、かつその実現を図ることにおいて、ある程度の効果を得られてきた。

しかし高度経済成長期に入り、建築物の用途が多様化し、形態が高層高密度化するにいたって、従来の用途地域制ではコントロールしにくい街区や大規模

規制を受ける区域	規制を受ける建築物	測定面（平均地盤面からの高さ）	規制を受ける日影時間	
			境界線から5mを超え、10m以内の範囲における日影時間	境界線から10mを超える範囲における日影時間
			冬至日において午前8時〜午後4時	
第一種・第二種低層住居専用地域	軒高が7mを超える建築物または地階を除く階数が3以上の建築物	1.5 m	3時間	2時間
第一種・第二種中高層住居専用地域	高さが10mを超える建築物		3時間	2時間
第一種・第二種・準住居地域		4 m	4時間	2.5時間
近隣商業地域（容積率が400%地域は除く）・準工業地域		4.0 m	5時間	3時間

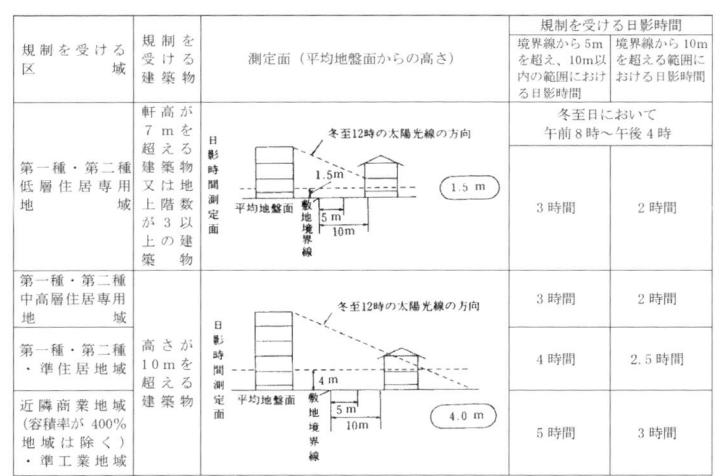

図3-13 日影規制（名古屋市。ただし、田園住居地域は指定予定がないため未記載）[9]

な建築物が多数現れている。この時期から一律的な用途地域規制では限界が見えてきた。また、高度な都市機能を求める経済社会において、用途地域が規定する以上の個性あるまちづくりを求める地区も出てきた。

3.4.2 用途地域以外の地域地区

用途地域を指定した段階では、市街化区域の全体的な土地利用を指定し実現を目指すことになるが、用途地域制で示されている基準は市街化区域全体からみた最低限守るべき基準であるため、個々の地区の特性や実情に見合ったものにするには限界がある。そのためより一層街の特性や実情に見合った土地利用・住環境を実現するためには、用途地域の内容を補完するような制度や、地区レベルの詳細なまちづくり制度が必要である（これらの制度は必ずしもこのように明確に分類できるものではない）。

ここでは前者の用途地域の内容を補完するような制度として、用途地域以外の都市計画法に基づく地域地区の代表的なものを紹介する（地域地区の種類は第2章 **表2-2**に記載）。これらは地域地区の基本となる用途地域に重ねたりすることによって指定されるものである。

1｜特別用途地区

特別用途地区は、地域の特性にふさわしい土地利用や、環境の保護等の特別の目的の実現を目指すため、用途地域の指定を補完するために指定される地区である。法令では特別用途地区の類型を限定せず、地方公共団体が定めることができる[**表3-2**および**図3-14**]。

2｜特別用途制限地域

特別用途制限地域とは、都市計画区域の中で用途地域が定められていない市街化調整区域以外の地域や、準都市計画区域の中で、無秩序な開発を防止するための建築規制を実施することができる地域である。

3｜高度地区

高度地区とは、用途地域内において市街地の環境や景観を維持し、または土地利用の増進を図るため、建築物の高さの最高限度または最低限度を定める地区である。

表3-2　特別用途地区の制限（名古屋市、2014年）[9]

地区・地域	制限または禁止される建築物の用途・構造等
文教地区	・風俗営業施設等 ・旅館、ホテル ・特殊浴場、サウナ風呂、スーパー銭湯等
特別工業地区（準工業地域内）	・近隣に環境悪化をもたらすおそれのある工場等
特別工業地区（工業地域内）	・広域に環境悪化をもたらすおそれのある工場等
研究開発地区	・住宅、共同住宅 ・500㎡を超える店舗・飲食店 ・学校（大学等を除く） ・ホテル・旅館 ・マージャン屋、ぱちんこ屋、カラオケボックス等
中高層階住居専用地区	・5階以上の用途が住宅以外のもの（容積率が400％以内の建築物を除く） ・風俗営業施設等
大規模集客施設制限地区（準工業地域全域）	・10,000㎡を超える店舗、飲食店、展示場、遊技場等 ・客席の面積が10,000㎡を超える劇場、映画館等

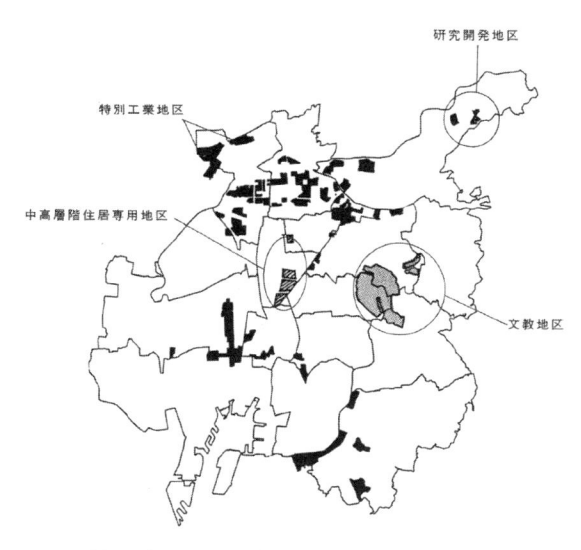

図3-14　特別用途地区の指定図（名古屋市、2012年）[10]

4｜高度利用地区

高度利用地区とは、用途地域内の市街地における合理的な土地利用と都市機能の更新を図るため、建築物の容積率の最高限度および最低限度、建ぺい率の最高限度、建築面積の最低限度、壁面の位置の制限を定める地区である。この地区を定めることによって、土地の高度利用や建築物周辺のオープンスペースの確保、土地利用の細分化の防止等が図られる。都市再開発法に基づく市街地再開発事業は、高度利用地区内において行うことができる。

5│防火地域と準防火地域

防火地域と準防火地域は、市街地における防火や防災のため、耐火性能の高い構造の建築物を建築するように定められた地域である。用途地域の内外にかかわらず定めることができる。主に人が集中する主要駅周辺や商業系の用途地域、密集市街地等で定められることが多い。

3.4.3　立地適正化計画

2000年代中頃から、来るべき人口減少期を見据え、将来の人口規模に見合った都市づくり（コンパクトシティ）を目指そうとする考え方が普及するようになった（**5.6.2**で詳述）。このような流れの中、2014年に都市再生特別措置法が一部改正され、「立地適正化計画」が制度化された。この制度は居住機能や都市機能を、都市全体を見渡した上で計画した区域に集約させ、公共交通や徒歩でこれらの区域にアクセスしやすくなるような都市づくりを促進することを目的としている。

この立地適正化計画で定める事項として、目指すべき都市像等について定めた「基本的な方針」、住宅を誘導するための「居住誘導区域」、医療・福祉・商業等の都市機能を誘導する「都市機能誘導区域」、そしてこれらを実現させるための「市町村が講ずべき施策」等がある。「居住誘導区域」は、市街化区域と市街化調整区域に分かれている線引き区域の場合には、市街化区域内において設定する。また「都市機能誘導区域」は原則として居住誘導区域内に設定する。

3.4.4　地区レベルの詳細なまちづくり制度

ここでは、地区レベルの詳細なまちづくり制度について記載する。このような制度として、都市計画法による「地区計画」や建築基準法による「建築協定」等がある［**図3-15**］。

1│地区計画制度

a. 制度創設の経緯・目的

地区計画制度は1980年の都市計画法の改正によって創設された。その背景として高度成長期の無秩序な市街化（道路・公園等の公共施設の未整備、ミニ開発の進行、日照問題の発生等）の進行があり、用途地域等の従来の地域地区制ではコントロールできなかった地区レベルの詳細な内容に踏み込んで、ある一定の地区内の道路、公園、建築物等を一体的に計画し規制・誘導できる制度である。

制度創設当初は、従来の規制を強化する性格の地区計画（一般型）のみであったが、規制緩和・民間活力導入の流れを受け、1988年の再開発地区計画制度創設（2002年に廃止）を契機に従来の規制の緩和も可能とする緩和型の地区計画（再開発等促進区、用途別容積型地区計画、街並み誘導型地区計画等）が次々と創設された。

b. 対象とする地区

創設当初の対象地区は、市街化区域および未線引き都市計画区域内で定められている用途地域のうち、

① 市街地の開発と再開発、公共施設の整備が行われるような区域（新市街地・再開発地区）
② 市街化が進行しており、放置すると悪環境となるおそれのある区域（スプロール地区）
③ 良好な居住環境区域（保全地区）

に分類される区域に限られていた。

その後1992年に市街化調整区域でも地区計画を定められることになった。2000年の改正では、用途地域が指定されている地域には地区計画を定められることとなり、用途地域が定められていない地域では、環境悪化等、特に必要な場合に定められることが可能となった。

c. 地区計画の内容

地区計画で定める内容は以下のとおりである。

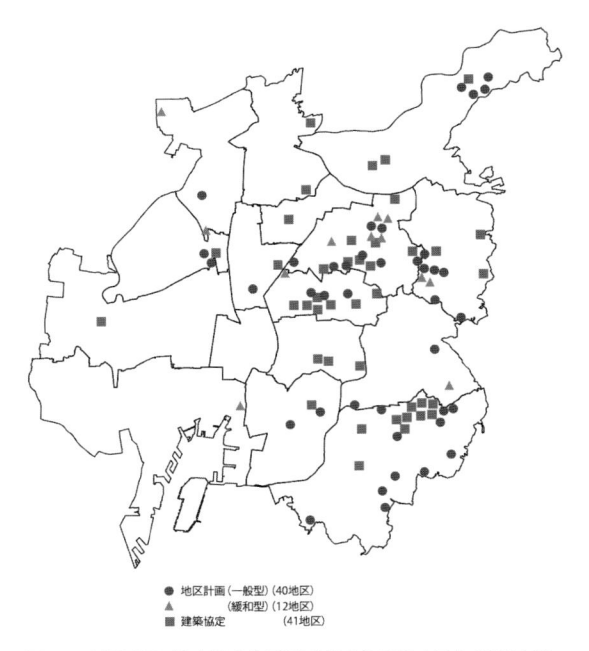

図3-15　地区計画の決定された地区と建築協定地区（名古屋市、2012年）[11]

● 地区計画（一般型）（40地区）
▲ 　　　　　（緩和型）（12地区）
■ 建築協定（41地区）

① 地区計画の「目標」と当該区域の整備、開発および保全の「方針」
　対象とする地区内をどのような街にしていきたいか「目標」を定め、その目標を実現させるための当該区域の整備、開発および保全の「方針」（土地利用、地区施設、建築物等の整備等が対象）を定める
② 地区整備計画
　地区計画の「方針」に基づいて、道路・公園等「地区施設」、「建築物等に関する事項」等、まちづくりの内容を詳細に定めることができる（地区計画の方針だけ定め、地区整備計画を定めない場合もある）。具体的には以下のような事項である。
・地区施設等の配置および規模
・建築物やその他の敷地等の制限に関する事項
　建築物等の用途の制限、建築物の容積率の最高限度または最低限度、建築物の建ぺい率の最高限度、建築物の敷地面積または建築面積の最低限度、壁面位置の制限、壁面後退区域における工作物の設置の制限、建築物等の高さの最高限度または最低限度、建築物等の形態または色彩その他の意匠の制限、建築物の緑化率の最低限度、垣またはさくの構造の制限
・土地利用に関する事項
　現存する樹林地、草地等で良好な居住環境を確保するため必要なものの保全に関する事項

d. 建築物等の制限条例
地区計画が定められた区域内では、建築行為等に市町村への届け出が義務化され、地区計画の内容に適合していない場合は、是正の指導や勧告が行われる。
　地区計画の強制力をより担保したい場合には、地区整備計画の計画内容のうち建築物に関する制限を市町村の建築条例として定めることができ、その制限は建築基準法による制限になる。よってその場合は対象となる建築行為は建築確認が必要となり、建築確認を得ずに建築すれば違反建築となる。

e. 決定手続き
地区計画は市町村が定める都市計画である。また計画を策定するにあたっては地権者等利害関係者への意見聴取が義務づけられている。2000年の都市計画法の改正では、市町村の条例により地権者、住民等が自らの発意によって地区計画案を市町村に提案することが可能になった。さらに2002年の法改正で創設された都市計画提案制度では、地区計画を含む全ての都市計画（マスタープランを除く）の案を、地権者、ま ちづくりNPO等が提案できるようになった。

f. 地区計画の事例
現在では地区計画は、魅力的な商店街や商業地の空間形成を行いたい、良好な住宅地を形成したい、災害に強い住宅地を形成したい、歴史的町並みを形成したい、市街化調整区域内でのスプロールを防ぎたい、等の規制の強化を目的とした一般的な活用や、大規模な未利用地の土地利用転換を図り商業施設等を誘導したい場合等の、規制の緩和を目的とした活用等、さまざまな場面で活用することができる。ここでは、一般的な地区計画の事例と、緩和型（再開発等促進区）（60ページ **g.**①参照）の地区計画の事例を紹介する。

Ⅰ. 地区計画（一般型）の事例［名古屋市滝ノ水地区］
この滝ノ水地区は主に低層住宅の宅地供給を目的とした土地区画整理事業地であり、既存の良好な住環境の保全より一層の居住環境の向上を図るため、地区計画が定められた。
　区域の整備・開発および保全の方針、地区整備計画の概要、および計画図は、それぞれ **表3-3**、**表3-4**、**図3-16**、および **写真3-13** に記す。

Ⅱ. 地区計画（緩和型）の事例［名古屋市高見二丁目地区］
この高見二丁目地区は、なだらかな丘陵地の既成市街地に位置している。社宅等の建替えに併せ、合理的かつ健全な土地利用を図り、周辺環境と調和した緑豊かなゆとりある居住環境の形成を目指すのとともに、商業施設の誘導により地域の活性化と利便性向上を図

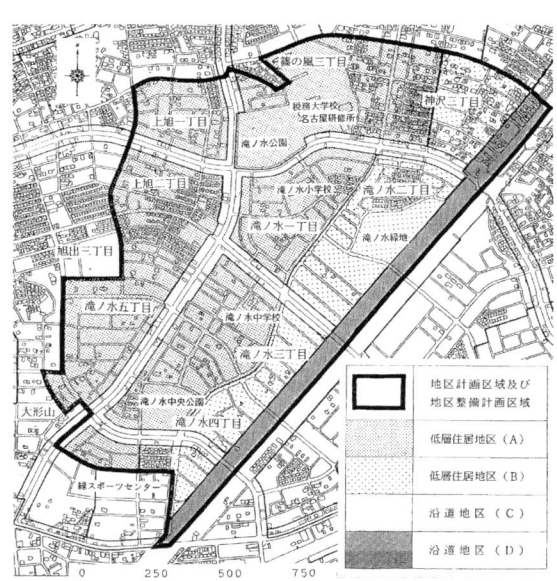

図3-16 滝ノ水地区計画計画図 [12]

表3-3 滝ノ水地区計画の区域の整備・開発および保全の方針 [12]

	面積	約147.4ha
区域の整備・開発および保全の方針	地区計画の目標	本区域は市の南東部に位置し、主に低層住宅の宅地供給を目的とした土地区画整理事業地であり、建築活動が活発に行われている地区である このため、地区計画を定めることにより、現在の良好な住環境の保全を図るとともに、さらに快適な住宅地として一層の居住環境の向上を図り、健全な市街地の形成をめざす
	土地利用の方針	本区域を再区分し、それぞれ次の方針により土地利用を誘導し、地区周辺の環境と調和した良好な市街地環境の形成を図る。 1.低層住居地区(A) 低層の戸建住宅を中心としたゆとりある落ちついた居住環境の形成をめざした土地利用を図る 2.低層住居地区(B) 主に低層住宅を中心とした良好な居住環境の形成をめざした土地利用を図る 3.沿道地区(C) 生活利便施設と周辺の低層住宅地とが調和した市街地環境の形成をめざした土地利用を図る 4.沿道地区(D) 都市計画道路名古屋環状2号線沿道といった立地特性を活かしつつ、周辺の低層住宅地と調和した市街地環境の形成をめざした土地利用を図る
	建築物等の整備の方針	1.低層住居地区(A) 低層の戸建住宅を中心としたゆとりある住環境が形成されるように、建築物の用途の制限、敷地面積の最低限度の制限等を行う 2.低層住居地区(B) 主に低層住宅を中心とした良好な住環境が形成されるように、建築物の用途の制限、敷地面積の最低限度および壁面の位置の制限等を行う 3.沿道地区(C) 周辺の低層住宅地と調和した良好な市街地環境が保たれているように、建築物の用途の制限および建築物の高さの制限を行う 4.沿道地区(D) 幹線道路沿道の利便性の向上と後背地である住宅地の居住環境を確保するため、建築物の用途の制限を行う

表3-4 滝ノ水地区計画の地区整備計画

項目 / 地区名		低層住居地区(A)	低層住居地区(B)	沿道地区(C)	沿道地区(D)
地区面積		約86.1ha	約35.0ha	約18.9ha	約7.4ha
用途地域等の指定		第一種低層住居専用地域等10m高度地区、壁面後退1m以上	第一種低層住居専用地域10m高度地区	第二種住居地域20m高度地区、準防火地域	第二種住居地域 準防火地域
地区計画による建築物の制限	用途の制限（次に掲げる建築物は建築してはならない）	住戸の床面積が29㎡未満の共同住宅	住戸の床面積が29㎡未満の共同住宅	1.ゴルフ練習場等 2.マージャン屋、ぱちんこ屋等 3.カラオケボックス等 4.ホテル、旅館 5.200㎡を超える倉庫 6.畜舎 7.ゲームセンター	1.マージャン屋、ぱちんこ屋等 2.カラオケボックス等 3.ホテル、旅館 4.畜舎 5.ゲームセンター
	敷地面積の最低限度	130㎡	130㎡	―	―
	高さの最高限度	―	―	18m	―
	壁面位置の制限	―	道路境界から1m 隣地境界から50cm	―	―
	垣さくの制限	道路に面する垣さくは生垣またはアルミフェンスとする	―	―	―
	形態意匠の制限	建築物等の色彩は地区に調和したものとする			

写真3-13 滝ノ水地区（低層住居地区(B)）

るため地区計画が定められた。区域の整備・開発および保全の方針、地区整備計画の概要、および計画図は、それぞれ**表3-5**、**表3-6**、**写真3-14**、および**図3-17**に記す。

g. 地区計画等の種類と内容

1980年の制度創設時、地区計画は規制強化型の制度であったが、1988年の「再開発地区計画」創設(2002年廃止)を皮切りに、現行の都市計画の制限(容積率、建物用途等)を緩和することができる緩和型の地区計画等、現在までに目的や活用対象が異なるさまざまな

写真3-14 高見二丁目地区(地区幹線道路を挟んで左側が西地区、右側が東地区。従前は社宅街)

表3-5 高見二丁目地区計画の区域の整備・開発および保全の方針 [13]

	面積	約4.6ha
区域の整備・開発および保全の方針	地区計画の目標	本地区は、都心域と市の東部に広がるなだらかな丘陵地の間の既成市街域に位置している。近接する地下鉄東山線の池下駅及び今池駅周辺には、商業施設、公益施設が集積するなど活気にあふれ、利便性の高い住宅地である。 そこで、本地区に地区計画を定めることにより、優れた立地を生かした土地利用を図り、周辺環境と調和した緑豊かなゆとりある居住環境の形成を目指すとともに、魅力ある商業施設の誘導により地域の活性化と利便性向上を図る。
	土地利用の方針	地区の特性に応じて区域を2種類に区分し、それぞれ次の方針により誘導し、周辺環境と調和した良好な都市環境の形成を図る。 1.西地区 周辺環境と調和した緑豊かな中高層住宅地の形成を図るとともに、地域の活性化に資する賑わいのある比較的小規模な商業施設の誘導を図る 2.東地区 周辺環境と調和した緑豊かな中高層住宅地の形成を図るとともに、地域の利便性の向上に資する商業施設の誘導を図る
	都市基盤施設および地区施設の整備の方針	1.安全で快適な歩行者空間を確保するとともに、交通処理を円滑に行うため、地区中央の南北道路の幅員を拡幅する 2.安全で快適な歩行者空間を確保するため、歩行者専用通路を整備する 3.歩行者空間の充実を図るとともに、緑化により地区幹線道路沿いの景観や環境の向上を図るため、緑道を整備する 4.緑化により周辺環境や景観との調和を図るため、区域の境界線沿いに緑地を整備する 5.居住者等の憩いの場となる公園及び広場を適切に配置する
	建築物等の整備の方針	1.敷地内に地区施設の整備や緑化のための空地を確保するため、建ぺい率の最高限度、および壁面の位置の制限を定める 2.敷地の細分化を防ぐため、地区の特性に応じ敷地面積の最低限度を定める 3.周辺環境との調和を図るため、高さの最高限度、建築物等の形態または意匠の制限、垣又はさくの構造の制限を定める
	その他当該区域の整備・開発および保全に関する方針	敷地面積の10分の3を緑化目標として、区域内を緑化する。地区幹線道路、市道高見町第4号線、市道高見町第17号線の沿道には主として高木を配置し、周辺と調和した緑豊かな環境の形成を図る

表3-6 高見二丁目地区計画の地区整備計画 [13]

項目	地区名	西地区	東地区
地区面積		約1.7ha	約2.9ha
再開発等促進区		約4.6ha	
用途地域等の指定		①第二種中高層住居専用地域、20m高度地区、準防火地域 ②近隣商業地域、絶対高45m高度地区、準防火地域	
主要な公共施設		地区幹線道路	
地区施設		歩行者専用通路、緑道、緑地、公園、広場	
地区計画による建築物の制限	建ぺい率の最高限度	50%	50%
	敷地面積の最低限度	250㎡	500㎡
	高さの最高限度	①40m ②地区計画の区域の境界線からの斜線制限	
	壁面位置の制限	敷地境界からの制限(計画図に表示する数値以上)	
	垣さくの制限	①道路に面する垣さくは生垣またはフェンス等とする ②周辺市街地に対し圧迫感や閉塞感を与えないよう配慮する ③地区施設の利用を妨げないものとする	
	形態意匠の制限	①建築物や工作物の形態または意匠は周辺環境と調和したものとする ②色彩は原則として原色を避け落ち着いた色調とする	

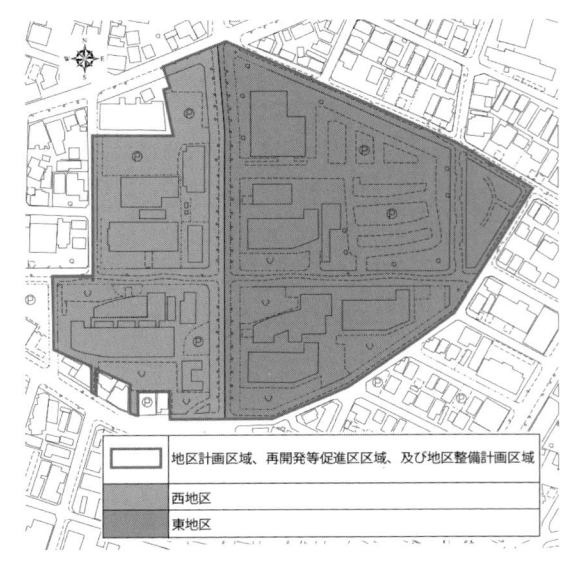

図3-17 高見二丁目地区計画の計画図 [13]

タイプの地区計画が存在する[**図3-18**]。
① 基本的な活用
地区計画の基本的な活用には、地区計画（一般型）に加え、以下のようなものが存在する。
・再開発等促進区
　工場跡地や操車場跡地等の低未利用地の土地利用転換を促進するために、道路、公園等の公共施設の整備と併せて、建築物の用途、容積率、高さ等の制限を緩和することができる（再開発地区計画と住宅地高度利用地区計画が統合され創設）[**表3-5、表3-6、図3-17、写真3-14**参照]
・開発整備促進区
　劇場・店舗・飲食店等の大規模集客施設の立地が制限されている地区において、当該施設の計画的な立地を誘導するために定めることができる制度。定めることによって規制された大規模集客施設の立地が緩和される
② 特例的な活用
地区計画の区域内における制限の特例を認めることができる特例的な活用には以下の型が存在する。
・誘導容積型
　道路等の公共施設が未整備な地区において、2段階の容積率（公共施設が未整備の段階の「暫定容積率」と整備された段階の「目標容積率」）を設定し、土地の有効利用と公共施設整備を誘導する
・容積適正配分型
　公共施設が整備されている地区において地区の特性に合った都市空間を形成するため、地区内の総容積の範囲内で容積の適正な配分を行うことができる
・高度利用型
　都心部で土地の高度利用を促進するべき地区において、建ぺい率の最高限度や敷地面積等の最低限度等を定めることによって敷地内に空地が確保されていること等の条件を満たすことによって、斜線制限や容積率の制限を緩和することができる
・用途別容積型
　住宅の供給を確保するため、都心部等の居住人口が減少している地区において、住宅用途の容積率を緩和することができる
・街並み誘導型
　良好な街並みを形成するために、道路斜線制限等で建築物の形態や高さ等が不揃いになっている地区において、壁面位置の制限、建築物の高さ等のルールをつくることにより、斜線制限や容積率の制限を緩和することができる
・立体道路制度
　自動車専用道路や高架道路と建築物を一体的に整備する地区等で、地区計画と併せて活用する。道路の上空または路面下において、駐車施設や商業施設を建てたり、道路用地を取得せずに幹線道路を整備することができる

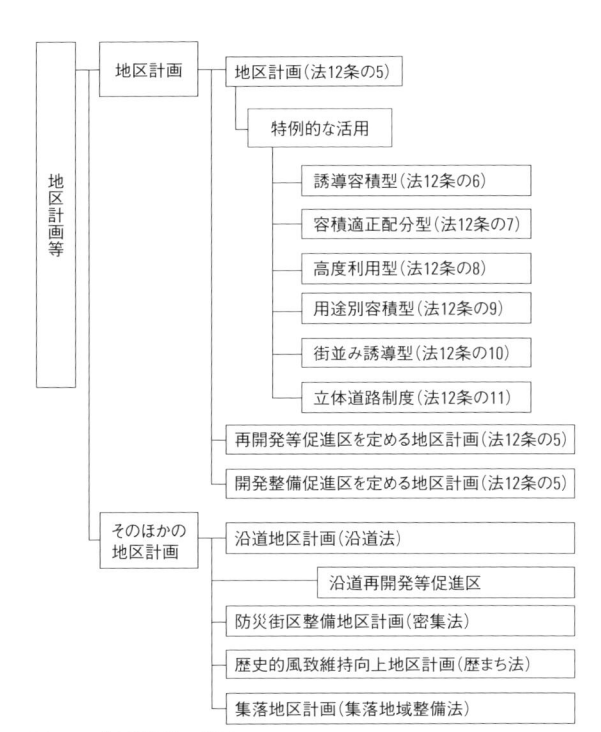

図3-18 地区計画等の種類

③ そのほかの地区計画
そのほかの地区計画として以下のようなものがある。
・防災街区整備地区計画(密集市街地整備法(密集法))
　阪神・淡路大地震の被害が甚大であったことに鑑み、密集市街地における防災街区の整備の促進に関する法律を適用し、火災の延焼の防止のため防災街区を造成しようとする区域に道路・公園等のオープンスペースと不燃建築物の造成等を目的とする地区計画である
・歴史的風致維持向上地区計画(地域における歴史的風致の維持および向上に関する法律(歴まち法))
　歴史的な風致の維持および向上を図ることが必要な地域において、適切な用途の建築物等の整備および市街地の保全を総合的に行うことを目的とする地区計画である
・沿道地区計画(幹線道路の沿道の整備に関する法律(沿道法))
　都市の幹線道路沿道に関して、建物の高さと構造等の誘導を行い、その背後の住宅地の騒音被害の防止等を中心とした地区の創出を目的とした地区の計画である
・集落地区計画(集落地域整備法)
　市街化調整区域または区域区分のない都市計画区域における集落の土地利用と施設整備および農地の整備を調整するための地区計画である。集落整備法に基づいて行われる

④ 地区計画等への特例的な活用の適用関係
また地区の特性に応じて、地区計画の基本的な活用と、そのほかの地区計画は、特例的な活用と併用することができる。**表3-7**は、地区計画等の種類ごとによる特定的な活用の適用の関係を表している。

2 | 建築協定

建築協定は、住環境や商店街としての利便性を図るため、地域住民等が建築物の敷地、用途、形態、意匠等の基準について土地利用者等の全員の合意に基づき、法律で定められた規制よりも厳しい制限を定めることができる制度である。対象地域は市町村が条例で定める区域内で限られる(都市計画区域外でも適用可)。締結する際、作成した建築協定書を特定行政庁に認可申請し、認可を受けなければならない。あくまでも私法的な契約による自主的な協定と位置づけられており、建築確認や是正命令の対象とはならず、運営は地域住民等の組織(協定運営委員会)が行う。建築協定には有効期限があるため、更新時は再び土地利用者の全員合意が必要となる。また土地利用者等の過半数が建築協定の廃止の合意を行う場合、有効期間中であっても廃止を特定行政庁に申請できる。

a. 地区計画制度との相違
建築協定の制限対象は地区計画制度とほぼ同じであるが、効力の及ぶ区域、有効期間、手続き、運用方法等、違反者に対する措置等で相違がある。地域事情を鑑みた上で両制度を使い分けたり、あるいは組み合わせたりすることが必要である[**表3-8**]。

3 | 特定街区

特定街区は都市計画法に基づく地域地区[**表2-2**]の一種で、市街地の整備改善を図るために街区の整備または造成が行われる地区において、用途地域内での一般的な規制と異なる容積率や、建築物の高さの最高限度および壁面の位置の制限が、特別に定められる制度である。これにより、用途地域内での容積率、建ぺい率、高さ、斜線制限等の規制はすべて適用されなくなる。一体的な開発において、空地の確保等の市

表3-7 地区計画等への特例的な活用の適用関係

			特例的な活用					
			誘導容積型	容積適正配分型	高度利用型	用途別容積型	街並み誘導型	立体道路制度
基本的な活用	地区計画		○	○	○	○	○	○
		再開発等促進区	○				○	○
		開発整備促進区	○				○	○
そのほかの地区計画	沿道地区計画		○	○	○		○	○
		沿道再開発等促進区	○				○	○
	防災街区整備地区計画		○					
	歴史的風致維持向上地区計画						○	
	集落地区計画							

表3-8 地区計画と建築協定の相違

	地区計画	建築協定
根拠法	都市計画法・建築基準法	建築基準法
性格等	公的な「都市計画」として機能（内容は都市計画図書で規定）	建築基準法に根拠をもつが、「私的契約」と考えられる（内容は協定書で規定）
法定主体	権利関係者等の意見を反映させて市区町村が決める	区域内住民による話し合いで決める
成立の要件	地区関係住民の合意形成が必要	区域内住民全員の合意が必要
改廃の要件	都市計画の変更手続きが必要	〔変更〕協定者全員の合意が必要 〔廃止〕協定者の過半数の合意が必要
計画事項	地区施設、建築物の用途、敷地面積、建ぺい率、容積率、高さ、壁面の位置、形態・意匠、垣、柵等	建築物の用途、敷地面積、建ぺい率、容積率、高さ、壁面の位置、形態・意匠、垣、柵等
効力の範囲	都市計画決定後は、地区内のすべての土地所有者等に効力が及ぶ	認可公告後に区域内の土地所有者等となったものにも効力が及ぶ。 成立時に合意の得られなかった区域には効力が及ばない
有効期間	特に定めない	協定者が任意に決める
運営主体	市区町村が通常の行政として運営する	協定者が構成する委員会等で運営する
違反に対する措置	市区町村が行う	上記委員会が行う

街地の環境改善への寄与が適用の条件となる。

4｜総合設計制度

総合設計制度は建築基準法に基づく制度であり、一定規模以上の敷地を対象に、公開空地（オープンスペース）を確保する建築計画に対して、その内容が市街地環境に寄与すると総合的に判断された場合、容積率の制限や斜線制限を緩和することが認められる。

5｜その他の地区まちづくり制度

その他の地区まちづくり制度として、法律に基づくものは緑地協定（都市緑地法）、景観協定（景観法）等がある。またそれ以外には地方公共団体のまちづくり条例に基づくもの等がある。加えて法律や条例に基づかない紳士協定として地区住民等が自主的に作成するまちづくりに関する任意のルール（まちづくり協定、住民協定、まちづくり規範等、事例によってさまざまな名称が付けられている）も存在する。このような紳士協定は地域事情に合わせて、ルールの内容を自由に決められることができる反面、違反に対する規制力が弱い。

地区計画制度や建築協定も含め、法律に基づく制度や自主的に作成するルール等を組み合わせ、補完しあうことによって、地区独自のまちづくりを行っている事例も散見される。

第3章　出典・参考文献
注）官公庁を出典とするものは、特記のない限りウェブサイトによるものとする。15番以降の文献は参考のみ

1) 愛知県「都市計画区域」2010年
2) 名古屋市「都市計画概要1996」1996年
3) 佐藤圭二、杉野尚夫『都市計画総論』鹿島出版会、1984年
4) 国土交通省「田園住居地域の概要（資料）」、2017年
5) 名古屋市「都市計画概要2013」2013年、2018年追記
6) 上田智司『よくわかる都市計画法・建築基準法の要点』法学書院、1992年
7) 札幌市「札幌の都市計画」1998年
8) 福岡市「福岡の都市計画」1996年
9) 名古屋市「知っておきたい建築の法規」2014年、2018年追記
10) 名古屋市「特別用途地区の概要」2012年
11) 名古屋市「Planning for NAGOYA2012 私たちのまち名古屋」2012年
12) 名古屋市「緑区の地区計画の制限／滝ノ水地区」1994年
13) 名古屋市「千種区の地区計画の制限／高見二丁目地区」2004年
14) 都市計画法制研究会『よくわかる都市計画法 改訂版』ぎょうせい、2013年
15) 饗庭伸、加藤仁美他『初めて学ぶ都市計画』市ヶ谷出版社、2008年
16) 森村道美『マスタープランと地区環境整備』学芸出版社、1998年
17) 上山肇、加藤仁美他『実践・地区まちづくり――発意から地区計画へのプロセス』信山社サイテック、2004年
18) 川上光彦『都市計画 第2版』森北出版、2012年
19) 都市計画法制研究会編著『よくわかる都市計画法 改訂版』ぎょうせい、2012年

4
都市施設の計画

4.1 都市施設

4.1.1 都市施設の種類

都市施設とは、道路や公園、下水道のように都市の形成や都市機能の維持にとって欠くことのできない基幹的施設である。都市計画法では都市計画に定めることのできる都市施設として機能別に14項目をあげ、その機能を果たす施設について**表4-1**に例示している。この表に掲げてある施設は代表的なものであるので、ここにないものでも必要があれば都市計画に定めることができる。なお、これらの都市施設のうち、8号から13号までの都市施設は面的な開発事業であるが、都市計画法は都市施設として扱っている。

4.1.2 都市施設の都市計画決定

都市施設について都市計画で定める事項は、都市施設の①種類、②名称、③位置、および④区域であるが、**表4-2**に掲げる都市施設については他の事項についても定めなければならない。また、**表4-2**の*印の都市施設をはじめ、その他の交通施設、その他の公共空地、水道、電気供給施設、ガス供給施設、汚物処理場、ごみ焼却場その他の供給施設または処理施設、電気通信事業の用に供する施設、防火または防水の施設については、「立体的な範囲」、地下の場合は「離隔距離の最小限度」および「載荷重の最大限度」を定めることができる。

　都市施設の都市計画決定は、施設の規模、重要性等により、市町村が決定するものと都道府県が決定するものがあることは第2章**2.4.1**で述べた。なお、都市計画決定された都市施設を都市計画施設という。

　都市施設は、そのすべてを都市計画に定めなければならないというものではない。都市の実状に応じて必要な都市施設を決定すればよい。ただし、市街化区域内および区域区分が定められていない都市計画区域については、少なくとも道路、公園、下水道を、また第一種低層住居専用地域、第二種低層住居専用地域、第一種中高層住居専用地域、第二種中高層住居専用地域、第一種住居地域、第二種住居地域および準住居地域については、義務教育施設も定めなければならないことになっている。また、卸売市場、火葬場、と畜場、汚物処理場、ごみ焼却場その他の処理施設の用に供する建築物は、都市計画において敷地の位置が決定しているものでなければ、新築または増築できない。特に必要のあるときは、都市計画区域外においても都市施設を定めることができる。

表4-1 都市施設の種類（都市計画法第11条による）

1	交通施設	道路、都市高速鉄道、駐車場、自動車ターミナル、その他
2	公共空地	公園、緑地、広場、墓園、その他
3	供給、処理施設	水道、電気供給施設、ガス供給施設、下水道、汚物処理場、ごみ焼却場、その他
4	河川、水路	河川、運河、水路、その他
5	教育文化施設	学校、図書館、研究施設、その他
6	医療、社会福祉施設	病院、保育所、その他
7	市場、と畜場または火葬場	
8	一団地の住宅施設	一団地における50戸以上の集団住宅およびこれらに付帯する通路その他の施設
9	一団地の官公庁施設	一団地の国家機関または地方公共団体の建築物およびこれらに付帯する通路その他の施設
10	流通業務団地	
11	一団地の津波防災拠点市街地形成施設	津波防災地域づくりに関する法律（2011年）による施設
12	一団地の復興再生拠点市街地形成施設	福島復興再生特別措置法（2015年改正）による施設
13	一団地の復興拠点市街地形成施設	大規模災害からの復興に関する法律（2013年）による施設
14	その他政令で定める施設	電気通信事業の用に供する施設、防風、防火、防水、防雪、砂防、防潮の施設

表4-2 都市施設について都市計画に定める事項

都市施設	都市計画に定める事項
道路*	・種別（自動車専用道路、幹線道路、区画街路、または特殊街路の別） ・車線数・構造（幅員、嵩上式、地下式、掘削式、地表式の別、および地表式の区間において鉄道または自動車専用道路もしくは幹線街路と交差するときは立体交差または平面交差の別）
都市高速鉄道*	・構造（嵩上式、地下式、掘削式、地表式の別、および地表式の区間において鉄道または自動車専用道路もしくは幹線街路と交差するときは立体交差または平面交差の別）
駐車場*	・面積および種別（地上および地下の階層）
自動車ターミナル*	・面積および種別（トラックターミナル、バスターミナルの別）
空港、緑地*、広場*、運動場、墓園*、汚物処理場、ごみ焼却場、ごみ処理場、教育文化施設、医療施設、社会福祉施設、市場、と畜場、火葬場	・面積
公園*	・面積および種別（街区公園、近隣公園、地区公園、総合公園、運動公園、特殊公園の別）
下水道*	・排水区域
河川*、運河*、その他の水路*	・構造（堤式、堀込式の別、および単断面式、複断面式の別）
一団地の住宅施設	・面積、建ぺい率の限度、容積率の限度 ・住宅の低層・中層・高層別の予定戸数 ・公共施設、公益的施設、住宅の配置の方針
一団地の官公庁施設	・面積、建ぺい率の限度、容積率の限度 ・公共施設、公益的施設、建築物の配置の方針
流通業務団地	・流通業務施設の敷地の位置、規模 ・公共施設、公益的施設の位置、規模 ・建ぺい率の限度、容積率の限度、建築物の高さ、壁面の位置の制限

4.1.3 都市計画決定の意義

全国で都市計画決定されている都市施設の状況を**表4-3**に示す。義務教育施設については都市計画で定めることになっているにもかかわらず、ほとんどの都市で定めていないことがわかる。

ここで、都市施設の都市計画決定の意義について整理してみると次のようになる。

① 都市計画決定された都市施設の区域については、都市計画制限がかけられる。都市施設を近い将来事業化する際に支障となる物件を最小限にとどめ、事業化を容易にする措置であり、都市計画決定の最も大きな意義である［**2.3.3**参照］

② 都市計画の決定に際しては**2.4.1**で述べたように一定の手続きが必要である。これにより、住民の意見が反映されるとともに、より広域の都市計画との整合も図られることになる

③ 都市計画は、民間の開発等の誘導により、好ましい土地利用を実現させていく働きがある。そのためには、主要な都市施設は可能な限り都市計画で定めることにより公開しておくことが望ましい。このため、都市計画決定の事項も**表4-2**のように、施設の具体的内容がわかるようにしておくものである

④ 都市計画で定めることにより、その都市施設の都市計画区域全体の中での位置づけをはっきりさせることができるとともに、その都市施設が将来にわたってそこで機能し続けることを保障する。このため、都市施設が施設として完成した後も都市計画決定を外すことは原則としてせず、また、都市計画決定しないまま整備した施設についても、後追いで都市計画決定する例がある

なお、都市計画で決定されてもかなりの長期間にわたって未整備という場合や不要になったという場合には、社会情勢の変化を十分に考慮して、都市計画決定を変更したり、外したりすることもある。

4.1.4 都市計画事業

都市計画施設を整備する事業手法の一つが都市計画事業である。都市計画で決定した施設がすべて都市計画事業によって行われるわけではない。都市の事情、資金、財源の状況によってその選択は行われることになる。都市施設以外の都市計画事業も含めて

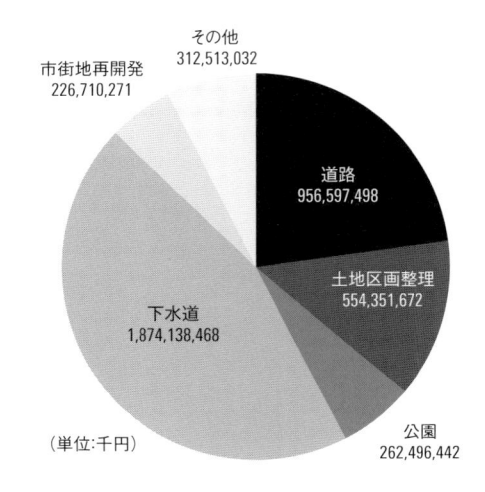

図4-1 都市計画事業の事業費 [2]

その他 312,513,032
市街地再開発 226,710,271
道路 956,597,498
土地区画整理 554,351,672
下水道 1,874,138,468
公園 262,496,442
（単位：千円）

表4-3 都市施設の都市計画決定一覧[1]

施設区分	都市数	単位	面積・延長等		カ所
			計画	改良済・供用または完成（概成を含む）	計画
道路総延長		km	73,758.02	44,326.51	
自動車専用道路		km	5,294.43	2,503.20	
幹線街路		km	65,758.77	39,593.02	
区画街路		km	1,480.33	1,162.12	
特殊街路		km	1,224.49	1,068.18	
駅前広場		㎡	12,072,615.40	9,597,817.40	2,846
都市高速鉄道	172	km	2,253.90	1,740.80	351
自動車駐車場	215	ha	271.6	243.8	482
自転車駐車場	211	ha	66.9	61.6	569
自動車ターミナル	38	ha	176.2	166.4	61
空港	4	ha	120.1	89.1	
軌道	1	km	6.6	5.4	
港湾	2	ha	72.7	72.7	
通路	19	m	3,110.00	1,264.00	
交通広場	66	㎡	294,700.00	203,750.00	99
緑地	611	ha	56,477.60	17,172.80	2,463
広場	31	ha	40.5	37.4	39
墓園	231	ha	6,181.00	3,904.90	310
その他公共空地	20	ha	145.2	141.7	27
水道	5	ha	21,777.30	21,764.00	
公共下水道		m	106,573,046.50	87,003,528.10	
都市下水路		m	1,691,685.00	1,382,394.00	
流域下水道		m	15,136,150.80	12,566,142.90	
汚物処理場	530	ha	1,068.60	978.5	587
ごみ焼却場	598	ha	2,249.00	2,021.80	752
地域冷暖房施設	24	㎡	457,523.00	273,323.00	86
ごみ処理場等	363	ha	1,462.50	1,246.40	437
ごみ運搬用管路	8	m	24,205.00	21,715.00	8
市場	281	ha	1,711.50	1,671.30	377
と畜場	94	ha	259.4	253.6	92
河川	166	km	1,322.10	700.6	
運河	6	km	79	42.2	
水路	2	km	3	3	
学校	32	ha	581.4	559.4	190
図書館	3	ha	1.1	1.1	3
体育館・文化会館等	17	ha	261.2	259.9	31
病院	12	ha	62.2	61.4	15
保育所	12	ha	3.6	3.6	27
診療所等	1	ha	2.7	2.7	2
老人福祉センター等	17	ha	46	46	20
火葬場	606	ha	977.1	928.1	661
一団地の住宅施設	74	ha	3,586.90		226
一団地の官公庁施設	12	ha	202.3		12
流通業務団地	22	ha	2,097.60		26
防潮堤	9	km	20.9	19.7	27
防火水槽	90	㎡	23,265.80	23,074.80	1,077
河岸堤防	1	km	36.6	36.6	10
公衆電気通信の用に供する施設	1	ha	1.4	1.4	2
防水施設	8	㎡	751,500.00	371,500.00	16
地すべり防止施設	1	ha	50.7		1
砂防施設	11	㎡	16,359,614.50	2,290,444.50	45

2007年度における都市計画事業費を整理したものが**図4-1**であるが、事業費ベースで圧倒的に大きい割合を占めているのが下水道整備事業で、全体の45％を占めていることがわかる。道路は、都市計画事業によらない場合が多いので、実際の事業量ははるかに大きいにもかかわらず、都市計画事業費の割合では23％程度になっている。

4.2　都市交通施設の計画

4.2.1　都市交通施設

1｜都市交通の特色

都市において、交通施設は通勤・通学等の日常生活に重要な役割を果たすとともに、地域開発、生産活動等に大きく貢献しており、極めて重要な都市施設である。ところで、都市交通とは、都市とその周辺部を含んだ地域、すなわち一般に都市圏といわれる地域内で流動する交通の総称といったほどの意味であるが、都市交通には次のような特色がある。
① 交通の距離は比較的短いものが大部分を占める
② 1日のうちに発生する交通の量が極めて大量である
③ 時間的な周期性をもつ。特に朝夕のラッシュ時に集中する[**図4-2**]
④ 都心部や駅に対して求心的な方向性をもっている

これは、都市交通の内容として通勤・通学交通が大きな割合をもっていること、居住地が都市周辺に、就業・通学地が都心に集中していること等の土地利用の結果による。すなわち、都市交通は都市の土地利用パターンによってその流動方向と量が決まってくる

と同時に、交通施設の整備が土地利用のあり方に大きく影響を与えていくものであり、その意味でも都市計画の中で大きな位置づけをもっている。

2｜都市交通手段の分類

交通の方法としては、鉄道、路面電車、バス、自動車、自動二輪車等の交通機関を利用したり、自分で自転車を操作したり、自力歩行(徒歩という)をしたりする。これらをまとめて交通手段と呼ぶ。最近ではこれに新交通システムが加わってきている。

鉄道は、郊外鉄道、地下鉄、公営鉄道、私鉄等に分けられる。バスは郊外バス、市内バス、路線バス、貸切バス等に、自動車は、貨物自動車、乗用車等に分けられる。このうち徒歩以外の交通手段はなんらかの機械、器具、装置を用いているが、これらの交通手段には、通常、**図4-3**に示す二つの分類がよく使われている。

なお、公共交通手段とは、一定の手続きと運賃を支払えば誰でも利用できる交通手段であり、それが公営か民営かを問わない。

これらの交通手段を構成する諸設備が交通施設である。道路はそれ自身交通手段ではないが、自動車、バス、自転車、徒歩等の交通手段が機能するための施設であって、交通施設である。また、駅前広場、バスターミナル、自動車駐車場等は交通手段相互の連絡のための交通施設である。

都市交通計画は、これらの交通施設を適切に組み合わせることにより、都市の交通需要を処理するための計画であるといえよう。

3｜都市交通施設の種類

a. 都市交通施設の種類

都市交通施設の種類には、道路、都市高速鉄道、駐車

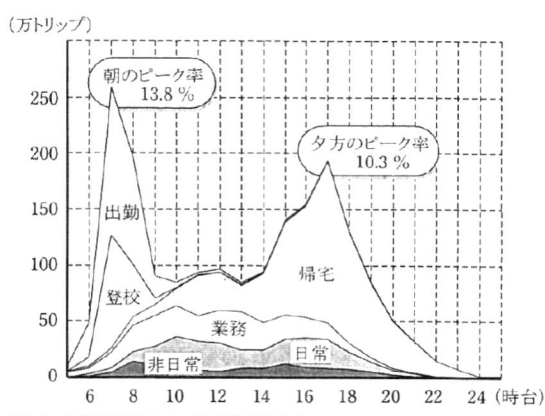

図4-2　交通目的別に見た時刻別交通量[3]

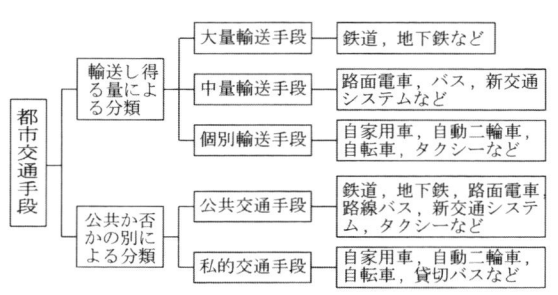

図4-3　都市交通手段の分類

場、自動車ターミナル(バスターミナル、バスセンターとも呼ばれている)、駐車場等があげられる。人が徒歩や車両等の乗り物(交通手段)を利用して移動する際に必要な施設の総称である。それらの施設を活用することにより交通システムが体系づけられる。よって、都市交通施設の計画策定の際には、個別の施設計画だけでは不十分であり、それぞれの交通手段の特性を活かしながら都市全体の交通体系を検討しなければならない。

b. 交通結節点の計画

都市内にはさまざまな交通手段があるが、各交通手段は独立に機能しているものではなく、相互に連絡し合って全体として一つの都市交通体系を形成している。交通手段相互の連絡地点が交通結節点であり、連絡施設の良否が各交通手段の利便性に大きく関わってくる。したがって、交通結節点施設の計画は極めて重要である。

交通結節点の施設として、駅前広場(道路の一部としての位置づけられることも多い)、自動車ターミナル、自動車駐車場等が代表的なものである。都市交通の範囲では扱わないが、港湾、空港もまた重要な交通結節点である。また、貨物の積替えを行う場所としてトラックターミナルがあるが、これも交通結節点の一つである。

本書では駅前広場、自動車ターミナル、自動車駐車場についてその計画の概要を述べる。

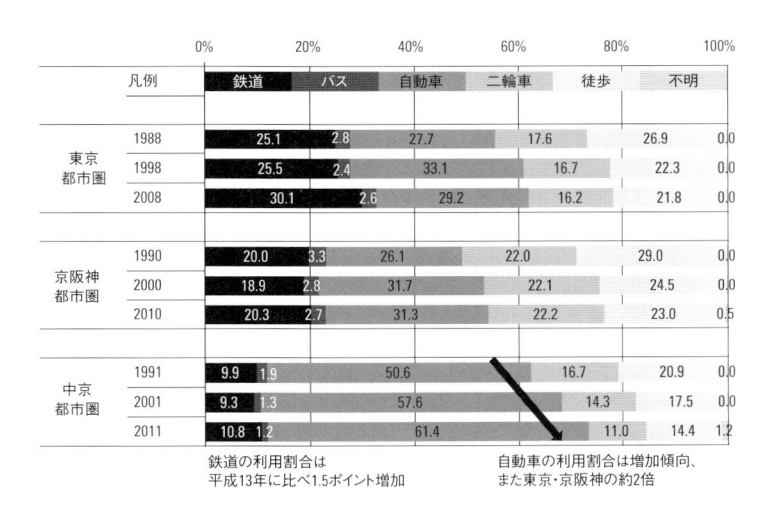

図4-4 三大都市の交通機関別輸送人員の構成比とその推移[4]

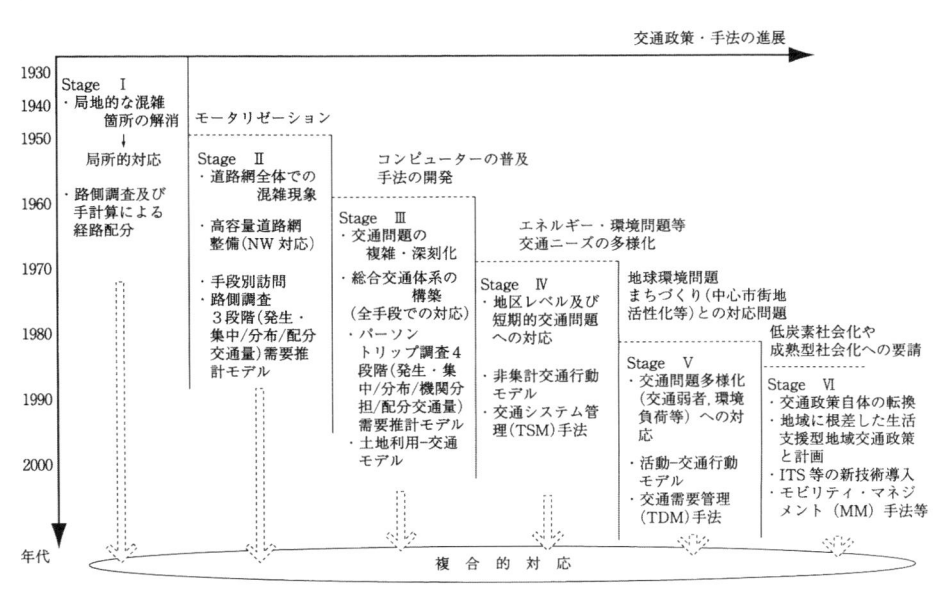

図4-5 交通計画の考え方と手法の変遷[5]

4.2.2 　交通施設の計画

1｜交通計画の考え方・施策の変遷

移動は空間的隔たりを克服する行為である。こうした移動の需要を支える交通体系は、移動がもたらすさまざまな負荷をいかに軽減するかを基本原理として構築される。つまり、交通体系の構築に関わる交通計画は、移動における時間、エネルギー、コスト等さまざまな負荷を第一の目的関数とし、その最小化を図るべく展開されてきた。これまでの交通計画の考え方、手法・技術の変遷［図2-10参照］をたどると、その主眼とするところは増大する需要をいかに効率的に（負荷を小さく）捌くかというところにあった。特に、戦後のわが国にあっては急激な自動車交通需要の増大への対応、つまり車需要追随型の道路整備が交通計画の主要課題であったといっても過言ではない。

こうした考え方、アプローチに対して大きな転換を迫られる一つの契機となったのは、1970年代前半の石油危機である。この突発的なエネルギー危機に交通公害の社会問題化や交通弱者問題への対応、道路整備が車需要の増加・交通混雑をさらに促すといった悪循環の認識等も加わり、施設整備による供給量増大一辺倒の対応から、既存施設の有効利用を図るという考え方・手法（交通管理計画（TSM））、公共交通を含めた総合的な交通体系づくり、きめ細かな交通ニーズへの対応といったことが注目されるようになった。交通計画の視野、取組みの広がり、総合化への転換ということができる。しかしながら、交通計画の対象はあくまで「供給」面にあり、「需要」については基本的に「前提とみなす」点において、従来の考え方と大きく変わるものではなかった。

いまや、こうした考え方自体を大きく転換することを余儀なくされているといえるが、その契機は地球環境問題や化石エネルギーの枯渇問題の深刻化、その中で提唱された「持続可能性」というコンセプト、過度の車依存がもたらす環境、社会、経済全般へのネガティブな影響についての認識ということになろう。こうしたことを背景に、交通計画は、特に車の「需要」そのものをコントロールするという考え方、新しいアプローチ（TDM：Transportation Demand Management）の導入、加えて量重視から質（生活・移動ニーズ）重視の整備論へとシフトしつつある。さらに、これまでの交通計画における考え方・手法がハード面であれソフト面であれ、基本的には交通サービスを政策・制御変数として人々の環境的要因に働きかける構造的方略であったのに対し、交通主体である人の意識に働きかけて行動変容を促すモビリティ・マネジメント（MM：Mobility Management）という心理的方略が新たに導入され、実践されつつある。

2｜都市交通計画の現代的意義

今日の都市交通問題は、単に交通混雑や交通機関相互の機能分担の問題にとどまらず、極めて複雑多岐な様相を呈している。このため、人々の交通需要をより体系的に把握し、交通計画と土地利用計画の整合を図るとともに、多様な交通機関の特性を活かした総合的な都市交通体系の確立が必要であり、それを実施する総合交通計画という作業を必要とする［図4-6］。

この総合交通計画の意義とは、交通手段（鉄道、バス、自動車、二輪車、徒歩等）別の各種特性（速達性、自在性、随時性、経済性、大量性、環境影響特性、エネルギー消費特性等）を考慮したなかで、利用者の安全・快適な移動を確保

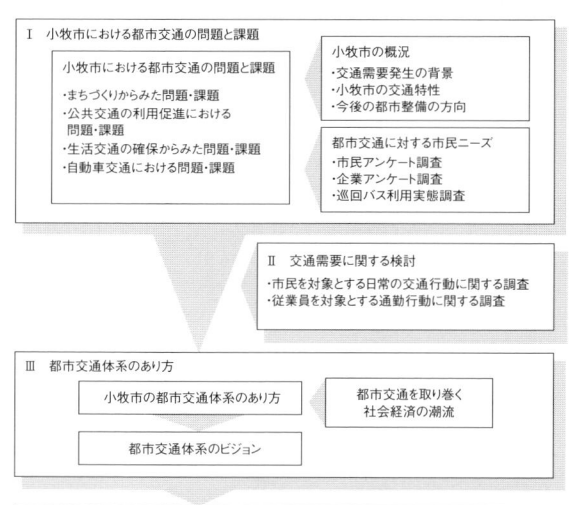

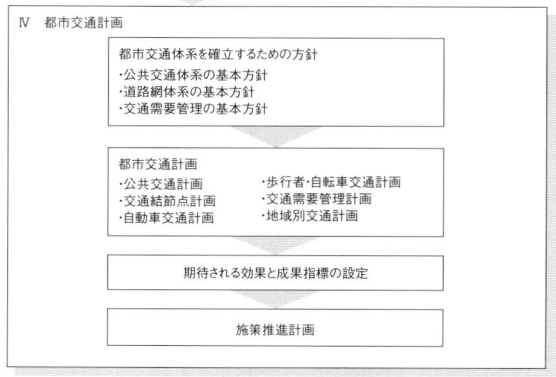

図4-6　総合交通計画の例（愛知県小牧市の体系）[6]

し、交通行動の効用を最大にするとともに、限りある資源の有効利用を図り、環境への影響等の外部不経済を最小限にするといった社会全体として望ましい交通体系を形成するために、各交通手段の組合せとその運用方法等を考えることである。

この総合交通計画の策定のためには、人の属性と交通手段別の発生との関係を明確にする必要がある。そのために「人」に着目して「人の動き」を調査し、個人属性と交通行動との関係を分析し、さらに交通需要予測を実施する。これにより総合交通計画の基本的資料を得ることができる。

3｜総合都市交通体系調査

都市交通計画が効果的に実施されるためには、都市交通のもつ大きな特徴である下記の「総合性」を前提にして、総合都市交通体系調査を実施する必要がある。

① 各種交通手段の総合性（交通手段間での役割分担、連携した課題解決）
② 交通計画と土地利用計画の総合性（土地利用と交通との相互関係、土地利用別の交通発生）
③ ハード施策とソフト施策の総合性（施設の整理・改善の必要性、既存施設の運用・活用）
④ 広域交通計画と地区交通計画の総合性（都市圏レベルの計画、中心市街地や駅周辺、都市開発の対象地区レベルの計画）
⑤ 長期計画と短期計画の総合性（長期的プランの策定と短期的ニーズへの即応）

国土交通省では都市交通実態調査と都市交通マスタープラン等の策定調査が定期的に実施されている[**図4-7**]。自治体でも独自の調査が実施されている。

三大都市圏、地方中枢都市圏、地方中核都市圏および地方中心都市圏の各都市圏において、総合的な都市交通マスタープラン等を策定するため、概ね10年に一度、都市圏の課題に応じた都市交通実態調査を実施する。なお、必要に応じて中間年に補完調査を行う[**図4-8**]。

a. パーソントリップ（PT）調査
都市圏内の1日の人の動きを調べる調査で、アンケート調査により「人の動き」（トリップと呼ばれる被験者の毎回の移動、4.2.3で詳説）ごとの出発地、目的地、移動目的、交通手段等を把握する調査である。

b. 都市OD調査
都市圏内の1日の自動車の動きを調べる調査で、5年に一度実施される道路交通センサスにあわせて自動車OD調査の抽出率を高めて実施する調査である。1999年度から、すべての交通手段を含む調査が可能となり、PT調査の代替調査（新都市OD調査とも呼ばれる）にもなっている。

c. 中間年補完調査（事業所交通調査、休日交通調査等）
パーソントリップ調査の中間年に実施する調査で、事業所の交通実態を把握する事業所交通調査や、休日の人の動きを把握する休日交通調査等が行われる。

d. 全国都市交通特性調査
5年に一度（直近では2010年度に実施）、道路交通センサスの実施年において、全国の都市交通の特性を把握する調査で、全国から都市圏規模ごとに都市を抽出し、交通手段等、平日・休日の1日の人の動きを把握する調査である。

e. 都市交通マスタープラン策定調査
都市交通実態調査に基づき、交通実態の分析や都市圏の将来交通量予測を行い、総合的な都市交通マスタープランを策定するための調査である。都市交通マスタープラン等の主な内容としては、都市圏構造と将来土地利用計画、道路計画（都市計画道路等）、公共

図4-7 総合的な都市交通計画を策定する調査（国土交通省による街路交通調査補助事業）[7]

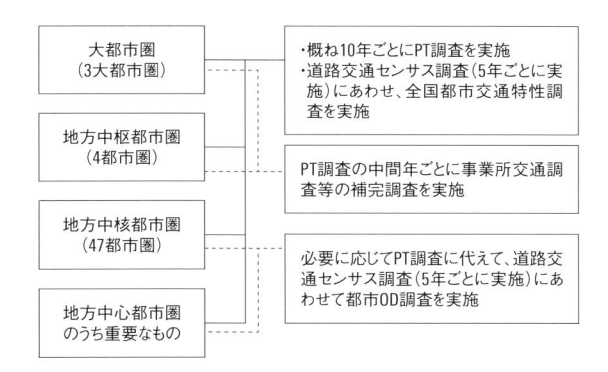

- 都市交通実態調査
  ・パーソントリップ調査
  ・都市OD調査
  ・中間年補完調査（物資流動調査、休日交通調査等）
  ・全国都市交通特性調査（国土交通省による直轄調査）
- 都市交通マスタープラン等の策定調査

大都市圏：東京都市圏、京阪神都市圏、中京都市圏
地方中枢都市圏：道央（札幌）都市圏、仙台都市圏、広島都市圏、北九州都市圏
地方中核都市圏：都市圏人口概ね30万人以上の都市圏
地方中心都市圏のうち重要なもの：都市圏人口概ね10万人以上の都市圏のうち、一般国道およびそれに準ずるネットワークの形成など国家的見地から支援が必要な事業の検討を行うもの

図4-8 都市交通実態調査の対象都市圏[7]

交通計画(地下鉄、新交通システム、LRT、バス等)、交通結節点計画(駅前広場、バスターミナル等)、TDM施策(パークアンドライド、時差出勤等)、交通施設整備プログラム等がある。

4.2.3　パーソントリップ調査

1｜パーソントリップ調査の実施状況
パーソントリップ調査(PT調査)は1967年に広島都市圏で大規模に実施されて以来、日本各地で実施されている。対象地域内における交通に関する最も基本的な調査であり、結果が公表されている。また、これに基づき計画が策定されている。

2｜トリップの考え方
PT調査を行うことによって、交通行動の起点(出発地:Origin)、終点(到着地:Destination)、目的、利用交通手段、行動時間帯等、1日の詳細な行動データ(トリップデータ)を得ることができる。「トリップ(Trip)」は、ある目的(例えば、出勤や買物等)をもって起点から終点へ移動する際の、一方向の移動を表す概念であり、同時にその移動を定量的に表現する際の単位となる。このトリップは、リンクトリップとアンリンクトトリップの二つに分類できる。

　図4-9のような「人の動き」について、自宅から勤務先までの移動を「出勤」という一つの「目的」を達成するためのトリップと捉える場合、この一連の移動をリンクトトリップ(目的トリップ)という。一方、徒歩・バス・鉄道・徒歩による各トリップは、一つの「交通手段」による移動を単位としており、これをアンリンクトトリップ(手段トリップ)という。つまり、図4-9の場合は、1リンクトトリップ(一つの目的)が4アンリンクトトリップ(4つの交通手段)で構成されていることになる。自動車交通等の一つの交通手段にターゲットを絞った調査に比べ、パーソントリップ調査ではリンクトトリップについても把握できる点に特徴がある。

3｜交通計画立案過程
交通計画の立案過程は概ね図4-10のようになる。まず、何のために交通施設整備や運用管理を計画するのかといった問題提起がなされなければならない。続いて、交通問題の分析を経て、問題解決策としての交通計画代替案の作成を行う。一方、計画年(計画が実現化される目標の年)における社会環境の変化を予測し、その条件下で交通需要を推計し、提示された交通計画代替案において交通問題がどのように変化するかを予測し、それを評価する。その評価(問題解決になったかどうか)に基づき、計画代替案を採択し、計画の決定となる。

　ここで、日本語で「計画」という場合には、計画案(英語ではplan)という意味と計画立案過程(英語ではplanning)という意味に使い分けられる。図4-10の全体は計画過程(planning)を示し、そこで最終的に計画案(plan)を策定する。

4｜交通需要の推計
交通需要推計の主な目的は、計画代替案における交通網の各交通手段の各断面に生じる交通量を推計

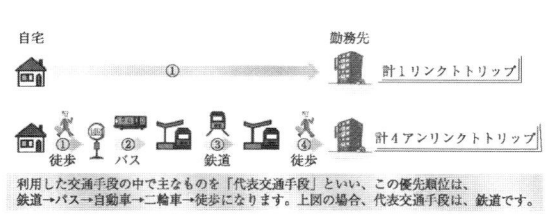

図4-9　リンクトリップとアンリンクトトリップ[8]

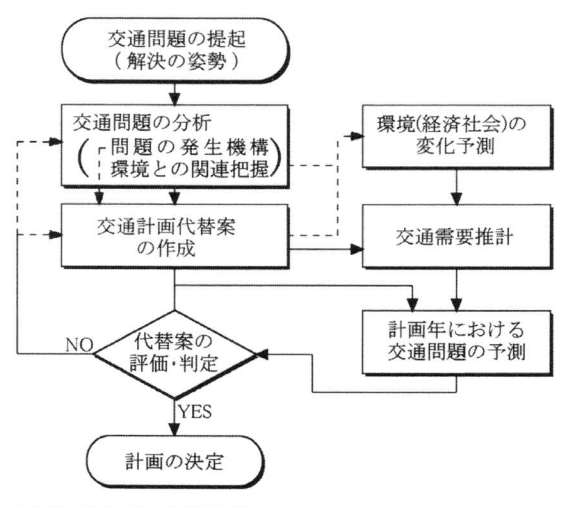

図4-10　計画立案の作業過程[9]

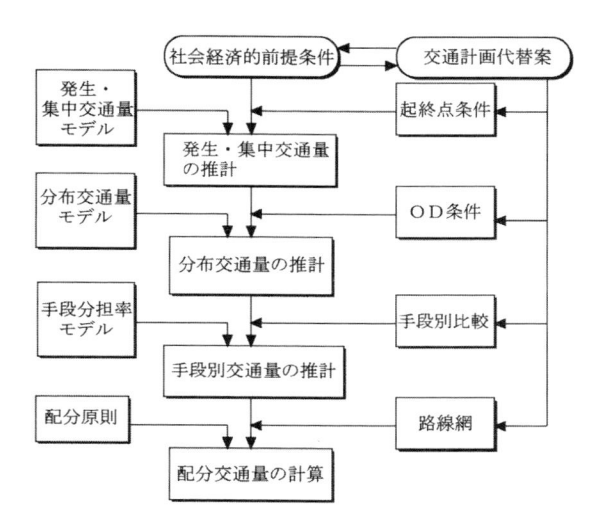

図4-11 4段階推計法[9]

し、その断面の計画交通容量が見合ったものになっているかを検証することにある。ここでは、交通需要推計の手法の中で最も一般的な4段階推計法について説明しておく[**図4-11**]。

① 発生・集中交通量の推計：各ゾーンの社会経済指標の推計値や計画交通網の条件等から、そのゾーンの発生交通量と集中交通量を推計する
② 分布交通量の推計：①で推計された発生・集中交通量をコントロール・トータルに用い、各ゾーン相互間の地理的条件や計画交通条件を説明要因として、各ゾーン間の分布交通量（OD交通量）を推計し、OD表をつくる
③ 手段別交通量の推計：②で推計されたOD表を、交通手段別の計画交通条件の比較や地理的条件により、交通手段別のOD表に分割する
④ 配分交通量の計算：こうして得られた交通手段別のOD交通量を計画交通網に一定の配分原則に従って割り付け、これを交通網の区間ごとに集計して、断面交通量が得られる

4.3 公共交通施設の計画

4.3.1 公共交通施設計画の考え方

都市内の公共交通機関としては、都市高速鉄道（郊外鉄道、地下鉄）と路線バスが一般的な交通機関である。かつては、路面電車が大都市内の公共交通機関の中心的役割を果たしていた時代があったが、いまでは一部の都市に残存する状態になっている。タクシーもまた都市内の公共交通機関として一定の役割を果たしている。必要に応じて新しいタイプの交通機関も検討されてきた。公共交通の計画は、これらの交通機関を適切に選択して、都市内の公共交通網を形成することである。

ここで、公共交通に関する都市施設としては、都市高速鉄道、自動車ターミナルがあり、これらの都市施設の計画は、すべての交通手段を含めた都市交通計画の部門計画として位置づけられる。

公共交通機関の計画は、モータリゼーションの進行の中にあって、自動車との適切な分担関係を維持し、相互に補完し合えるようなシステムを構築していくことを目標とすることが必要である。公共交通の計画にあたっては、次のような点に配慮しなければならない。

1│公共交通機関の選択

公共交通機関は、輸送需要に見合った容量をもつものを選択する必要がある。公共交通機関は、道路、公園等の都市施設と異なって、利用者負担による独立採算を前提にして経営される。このため、過大な容量の交通機関の選択はその後の経営を圧迫し、結果としてサービス水準の低下を招きかねない。都市高速鉄道は利便性の高い交通機関ではあるが、どこにでも採用できるものではなく、世界の都市を見ても、概ね人口100万人以上の都市（または都市圏）で、ようやく導入可能なものと考えられる。

2│公共交通路線網

公共交通路線網は、効率のよいものとする必要がある。このことが、結果的にサービス水準を向上させることになる。路線網を構成する交通機関は、公営、民営を問わず、一体として機能するようにしなければならない。

利用者の利便を考えると、できるだけ乗換えをしないで目的地に到達できることが望ましいが、これを配慮すると効率の悪い複雑な路線網になる。このため、需要の大きい区間には容量の大きい基幹的交通機関[**表4-4**]を選定し、それ以外の地域に機動性の高い、面的サービスのできる交通機関を配置し、基幹交通路線の拠点駅へ接続する2段階構成の路線網とすることが望ましい。後者の路線をフィーダー路線

表4-4 基幹的交通手段となりうるシステムの比較[10]

交通手段		特徴	走行路(一般部)	輸送力				建設費(純工事費)(億円/km)	事例	
				表示速度(km/時)	輸送容量(千人/時)	許容混雑率(%)	最大輸送量(千人/時)		国内	国外
地下鉄系	地下鉄	大都市の大量高速輸送機関として主として地下を走行するシステム	地下	30〜35	20〜45	150〜200	30〜90	150〜250	東京 大阪 名古屋	ロンドン(英) ニューヨーク(米) パリ(仏)
	小型地下鉄	地下鉄建設費の増大から、断面を小型化し、経済的な建設を目指したシステム	地下	30〜35	10〜25	150〜200	15〜50	120〜200	大阪(7号線) 東京(12号線)	ロンドン(英) グラスゴー(英) リール(仏)
中量軌道系	モノレール	一本の軌道に跨座または懸垂して走行するシステム	高架	25〜30	10〜20	150	15〜30	60〜100	東京(羽田) 鎌倉(湘南)	ブッペルタール(西独)
	中量軌道システム(新交通システム)	中量の需要に対し、新技術を活用して省電力化等をはかったシステム	高架	25〜30	10〜15	100〜150	10〜20	50〜80	神戸(ポートライナー) 大阪(ニュートラム)	バンクーバー(加)
	軽量鉄道(LRT)	路面電車に新技術を導入して高度化し輸送力アップをはかったシステム	高架または地上	15〜30	5〜10	100〜150	5〜15	5〜50	広島(路面)	サンディエゴ(米) ケルン(西独) マニラ(比)
基幹バス系	ガイドウェイバス(軌道バス)	専用のガイドウェイを走行するバスシステム	高架	25〜30	3〜8	100	3〜8	30〜50	名古屋	エッセン(西独) アデレード(豪)
	基幹バス	道路にバス専用レーンを確保し高速性、確実性を高めたシステム	地上	15〜25	3〜5	100	3〜5	2〜10	名古屋	クリチバ(ブラジル)

(支線)という。この場合、目的地までの交通に乗換えが必要となるため、乗換えのしやすさについて、ハードウェア、ソフトウェアの両面からの配慮が必要である。

3｜路面交通機関への配慮

フィーダー路線の主力としては路線バス等が選択されることになると考えられるが、バスは他の交通手段と混合して走行し、道路交通混雑等の影響をまともに受ける。路面交通機関の選択にあたっては、道路条件等に十分配慮し、自動車交通の影響を排除できるような施策(バスレーン等)の採用、路線系統の適切化等を合わせて計画することが必要である。一方、道路の整備にあたっては、路面公共交通の計画を支援する方向でその整備順位等を決定していくことが必要である。

4｜将来需要への対応

都市内公共交通システムは、将来の需要増に適切に対応できるものでなければならない。このため、あらかじめ需要の見通し等について十分な検討を行っておくと同時に、段階的に増強ができるような交通機関の選択と、変化可能な柔軟な路線網を形成しておくことが必要である。

5｜土地利用との整合

都市内公共交通機関の中でも、基幹的公共交通機関は、都市の骨格を形成し、土地利用に大きな影響を与えることを認識し、現状の土地利用、将来の計画土地利用等との整合を図らなければならない。

4.3.2　都市高速鉄道の計画

都市高速鉄道は、郊外鉄道と都市内の高架または地下の都市高速鉄道からなる。後者は一般に地下鉄といわれる。大都市において都市高速鉄道の、公共交通全体に占める割合は極めて大きく、公共交通の主力交通機関として重要な役割を果たしている。

ここで、高速の意味について触れる。かつては路面電車が都市交通の中心であったが、同じ道路空間を利用する自動車の交通量増加により、路面電車の走行環境は著しく悪くなった。そこで、路面電車より「高速」な交通機関として専用の走行空間をもつ都市高速鉄度が整備されるようになった。現に、都市交通事業者の名称には、「高速」の文字が多く使用されている。

都市高速鉄道の主な特色は、次のようである。
① 大量輸送機関であること：都市高速鉄道の輸送力は20,000〜50,000人/hといわれており、極めて大きな輸送力をもっている

② 道路交通の影響を受けないこと：高架または地下を走行する都市高速鉄道は、道路交通の渋滞等の影響をまったく受けない。路線バスの表定速度が13km/h前後であるのに対して、都市高速鉄道は30km/h以上の表定速度となっている
③ 建設費が高いこと：都市高速鉄道の建設費は極めて高く、最近では1km当たりの建設費は300億円に達する場合もある
④ 土地利用への影響が大きいこと：都市高速鉄道は大量の人数を輸送することから、その駅付近、特に結節点には商業・業務施設を集中させる機能をもっている。都市高速鉄道の路線の配置によって都市構造を変化させるほどの影響力がある

このような特色からわかるように、都市高速鉄道はどの都市においても建設できるものではない。現在、日本で地下鉄をもっているのは、東京、大阪、名古屋、神戸、横浜、京都、札幌、福岡、仙台の9都市のみである。大都市では、都市高速鉄道以外の交通機関では、大量の交通需要、特にラッシュ時の需要を処理することは不可能である。

都市高速鉄道の路線網の一般的基準は次のとおりである。
① 路線は都心を貫通すること
② 都市内の各地点を便利につなぐために多くの乗換え地点を設け、各路線相互に1回の乗換えですむようにすること
③ 路線網は放射状に適当な間隔で建設すること
④ 副都心を通過させることにより都心部と副都心の間の交通の便を図ること

都市高速鉄道は公共交通網の骨組みであり、他の交通機関との接続等に配慮する必要がある。それは、地下鉄と郊外鉄道との直通運転、郊外部の拠点駅にバスターミナルの設置、パークアンドライドのための駐車場の設置、さらには、バス等との共通切符、乗継割引料金制度の採用等である。近年、交通系ICカードの相互利用が可能になり、交通機関間の乗継清算は容易になっている。

また、都市高速鉄道は高架または地下であるため、階段等が多く高齢者等にとって必ずしも使いやすいものではない。このため、エスカレーターやエレベーターの設置を行うとともに、駅、車両の冷房化等も必要となろう。

都市高速鉄道は建設費が高いことから、現状は大都市においてもその整備が進まない。一方、幹線以外の地下鉄では、幹線と同様な規模は不必要と考えられ、小型地下鉄の検討が進められている。車両、諸施設の小型化により地下鉄構造物の断面の縮小を図るもので、建設費は全体として20〜30%安くすることができ、大阪市、東京都で導入されている。

小型地下鉄は幅員の狭い道路にも建設が可能と考えられる。また車両については、従来の回転型モーターに替え、リニアモーターを駆動装置に用いる方式についてもすでにバンクーバー（カナダ）、大阪市、東京都、横浜市、神戸市、福岡市で実用化されている。リニアモーター使用により、車両の低床化が図られ、トンネル断面を小さくできる。リニアモーターはまた、8%の勾配まで走行でき（従来の鉄道は3%）、急曲線の走行もできるので、柔軟性のある路線計画が可能である。

4.3.3 新しい都市交通システム

1 | 新交通システム・都市モノレール[11]

1970年代以降、モータリゼーションの進展によって道路交通の輻輳・渋滞が深刻化する一方、自動車交通需要の増大に対応する道路整備にも限界があることから、既存道路の空間を利用して道路交通の補助的役割を果たす新交通システムや、ガイドウェイバスシステムの新たな交通システムの整備が進められてきた。

新交通システム（Automated Guideway Transit）は、1972年に公布・施行された「都市モノレールの整備の促進に関する法律」に都市モノレールに準じて位置づけられている。この法律は、都市内道路の上下空間に都市モノレールの建設を促進することによって、通勤・通学を中心とする輸送需要に対応し、その他の交通機関とともに都市内の交通の円滑化を図り、公衆の利便の増進に寄与することを目的としている。その路線の建設については、都市計画決定を行うことが必要であり、その整備促進のために必要な資金については、国および地方公共団体に財政上の措置を講ずる義務を負わせるとともに、道路管理者に対しても都市モノレールの新設・改築に関し円滑な事業執行ができるよう配慮を義務づけることにより建設促進を図ることとしている。

千葉市、那覇市、北九州市、東京都多摩地区等で導入事例がある。

この法律を受ける形で、1975年度の道路整備予算

において、新交通システム（ガイドウェイシステム）に対してもインフラ部分を道路の一部として補助対象とする制度（インフラ補助制度）が拡充された。

新交通システム等の定義は、法律上の位置づけが無いものの、広義には、動く歩道・リニア地下鉄・LRT（Light Rail Transit）等も含めて新しい交通システムを指すものとして解釈できるが、狭義には上述のインフラ補助制度の対象となるガイドウェイシステムを指している。

また、「都市モノレールの整備促進に関する法律」に基づき定められている都市モノレールに準じ、
① 桁上に設置された走行路（床版）の上を、車両が案内レールに従って走行するシステムで、人または貨物を運送する施設であること
② 一般交通の用に供するものであること
③ 軌道桁は主として道路法による道路に架設されるものであること
④ その路線の大部分が都市計画区域内に存するものであること
の4つの要件のすべてに該当するものとされる。

日本の導入事例として、ポートアイランド線（神戸市）、南港ポートタウン線（大阪市）、六甲アイランド線（神戸市）、広島新交通（広島市）、金沢シーサイドライン（横浜市）、東京臨海新交通臨海線（東京都）、日暮里・舎人線（東京都）等がある。

ガイドウェイバスシステムは、バスに案内輪を装備し、走行路に設置された案内板に沿って高架の専用軌道を走行するガイドウェイシステムの一種である。使用するバスは既存のバスに若干の改良を加える程度であるが、バスと従来の新交通システム等の中間の輸送能力を有する。軌道区間外においては、既存のバスとして、面的なきめの細かいサービスを行うデュアルモード運転も可能である。導入事例として、名古屋市のゆとりーとラインがある。

2 | LRT（次世代型路面電車システム）[12]

LRT（Light Rail Transit）とは、車両や軌道等に新たな技術を採り入れた、従来の路面電車を大幅にグレードアップさせた交通システムである。LRTは、欧米先進諸国において、まちづくりの一環として積極的に整備が進められており、日本においても2006年に富山ライトレールが開業し、高齢者の外出増加、自動車から公共交通利用への転換等による利用者数の増加、沿線における住宅着工件数の増加、就業人口の増加等、LRTによる沿線まちづくりへの効果が発現されつつある。

日本国内の路面電車は、利用者の減少等に伴う経営環境が悪化している中で、施設の老朽化への対応やバリアフリー対策が急務となっている。このため、軌道事業者では、老朽化した車両等の施設更新や電停の拡幅等を積極的に取り組んでおり、経営安定化のための経費節減や増収対策が今後の課題となっている。

LRTは、路面を走行する交通システムであることから、その存在感や安心感から単なる移動手段としてだけでなく、まちづくりの核を担う「都市の装置」として位置づけられる。このため、LRTの車両や軌道、停留所等の軌道施設は、都市の景観や街並みを構成する要素であり、都市デザインの視点からも検討していくことが重要な視点である。

また、運行頻度を高めることで、利便性が向上し利用者の増加が見込まれ、中心市街地等の活性化が図られることとなる等、そうしたさまざまな視点から地域の活性化を考えることが重要である。

3 | BRT[13]

BRT（Bus Rapid Transit）は、連節バス、PTPS（Public Transportation Priority Systems：公共車両優先システム）、バス専用道、バスレーン等を組み合わせることで、速達性・定時性の確保や輸送能力の増大が可能となる高次の機能を備えたバスシステムであり、地域の実態に応じ、連節バス等を中心とする交通体系を整備していくことにより、地域公共交通の利便性の向上、利用環境の改善が図られる。

BRTのシステムとしての特色は、①車両・設備の高度化を図り、利便性・快適性を向上すること、②運行の効率化を図り、最適な交通ネットワークを構築すること、③走行環境の改善を図り、定時性・速達性を確保することである。①の具体策として、連節ノンステップバス（大容量、バリアフリー、快適性）、バス停のハイグレード化（雨天時の快適性、円滑な乗降）、バスロケーションシステム（バスの遅延による不満の解消）等がある。②の具体策として、急行運行、バス路線再編（幹線・支線）等がある。③の具体策として、専用走行路確保（廃線敷の活用等）、専用レーン、優先レーン確保（バスレーンのカラー塗装）、PTPS等による信号制御がある。

BRTのメリットとして、大容量の連節バスの導入により、通勤・通学時間帯の大量の旅客の効率的な運

送を実現できること、幹線にBRTを導入して魅力あるネットワークを形成することにより、都市部のバスネットワークを改善できること、大規模な団地やビジネス地区等の新規輸送需要にも対応できること、鉄軌道の廃線敷を有効に活用することにより、バス専用道によるBRTを実現できること、鉄軌道と比較して、低廉なコストで導入可能できることがあげられる。

道路を活用した神奈川県藤沢市・厚木市、東京都町田市、千葉市、岐阜市等の事例と、鉄道敷を活用した茨城県日立市、宮城県気仙沼市、岩手県大船渡市等の導入事例がある。

4.4 道路の計画

4.4.1 道路の役割と種類

1 | 道路の役割

都市内の道路は、都市住民のさまざまな活動のため、すべての人々が日常的に利用する施設であるとともに、生産、消費に伴う物資輸送等のための必要欠くべからざる施設である。道路が結び合ってできる道路網は、都市の骨格を形成し、建物への採光等の環境や敷地への出入りの確保、供給処理施設等の収容、防災や救急活動、避難のための空間確保、都市の景観形成等極めて多様かつ重要な機能を果たすものである。つまり、道路は通常人々が考える以上に広範な役割を果たしているものであるが、その機能を整理すると**表4-5**のようになる。

ここで、トラフィック機能とは出発点から到着点までの通行することに主眼を置き、アクセス機能とは、沿道の土地や建物に出入りすることに主眼を置くものである。

なお、都市内の道路は街路といわれることが多いが、街路についての厳密な定義はなく、都市内道路のうち、自動車専用道路以外の道路を街路という場合がある。すなわち、道路の機能の中で、アクセス機能を有することが、街路の必要条件であるといえよう。

2 | 道路の種類

道路の種類には、道路法上の分類と、都市計画上の分類がある。前者は道路の管理主体の区分に従った分類であり、後者は道路の機能に着目した分類であるが、計画論としては後者の方が重要である。

a. 道路法上の分類
①高速自動車国道、②一般国道、③都道府県道、④市町村道

b. 都市計画上の分類
①自動車専用道路、②主要幹線道路、③幹線道路、④補助幹線道路、⑤区画道路、⑥特殊道路(歩行者専用道、自転車専用道、モノレール等)

4.4.2 道路網の計画

1 | 道路のネットワーク

上述の各種の道路は、それぞれが結びついて全体として一つのネットワークを形成して初めてその機能を十分に発揮できる。特に、交通処理能力の高い多車線道路(4車線以上)で構成される幹線道路以上の道路によるネットワークは、交通処理能力を飛躍的に高める。このため、最も効率的なネットワークの形成を図るように計画することが必要である。

2 | 他の計画等との整合

都市内の道路網は、交通需要の量とその方向に適合させることが基本であることは当然であるが、他方

表4-5 都市内道路の機能 [14]

		道路交通機能	効果等
交通機能	トラフィック機能	・自動車、自転車、歩行者等の通行サービス ・公共交通機関(バス等)の基盤形成	・道路交通の安全確保 ・時間距離の短縮 ・交通混雑の緩和、輸送費の低減 ・交通公害の低減、エネルギーの節約
	アクセス機能	・沿道の土地、建物、施設等への出入りサービス	
市街地形成機能		・都市構造の誘導 ・都市の骨格形成 ・コミュニティ、街区の外郭形成	・都市の基盤整備 ・生活基盤の拡充 ・土地利用の促進
空間機能		・公共公益施設の収容 ・良好な居住環境の形成 ・防災機能の強化	・電気、電話、ガス、上下水道、地下鉄等の収容 ・都市の骨格形成、緑化、通風、採光 ・避難路、消防活動、延焼防止

で、広域都市計画、自然環境、歴史的風土、美観、地形、地物等と整合するよう計画しなければならない。幹線道路等の交通量の多い道路は、沿道に対して環境悪化をもたらす場合が少なくない。これに対し、道路そのものの構造等により対処することは必要だが、土地利用との整合に特に配慮する必要がある。

3 | 公共交通との整合

道路はそれだけで独立した体系を構成しているのではなくて、公共交通機関のネットワークと相まって都市内の交通需要を処理している。また、バス、地下鉄等多くの公共交通機関が路面や道路地下を利用しているのであり、公共交通機関のネットワークとの整合を図る必要がある。

4 | 道路の段階構成への配慮

自動車専用道路から区画道路にいたる5種類の道路は、その機能からみて、この順序で段階性を有している。すなわち、自動車専用道路や主要幹線道路は、トラフィック機能に特化しており、区画道路はアクセス機能を重視すべき道路である。したがって、これらの道路でネットワークを構成する際は、この順序により連結を図ることが望ましい。これにより長距離トリップが区画道路や補助幹線道路を通過することを排除することができ、良好な居住環境を確保できる。一方で、幹線道路等の効率は高まり、沿道への環境対策も立てやすくする。

5 | 道路の構造

道路は、その機能に応じた構造を備えていなければならない。道路の設計基準は、道路構造令に定められている。

4.4.3 道路網の構成と地区交通

道路はネットワークとして形成されてはじめて、その機能が発揮される。

既存都市の幹線的道路網を観察すると、次のような基本パターンが見られる。
① 放射環状型：地形等の制約条件が少なく、比較的順調に発展することのできた大都市に多く見られる型で、都心を中心にした放射線状とそれを環状に結ぶいくつもの環状線から成る。環状線はかつての城壁を破却した跡にもよくできることもよく見られる
② 格子（碁盤の目）型：計画的に整備された歴史的な都市に多く見られる型で、方角と地形に合わせた直交する平行線で構成される。道路の幅員を変化させることで、道路網の段階構成を示唆することが多い
③ 線型：線状または帯状に発展した都市に多く見られる型で、地形の影響もあるがむしろ幹線交通路に沿って街が発達した場合が多い。平行する何本かの道路のところどころに梯子状に横断する道路ができる
④ 斜型：比較的近い時代に計画的に整備された街に多く見られる型で、格子型の上に多極放射道路が加わったものと見ることができる。都市全域がこのパターンで整備されるよりも一地区の市街地（都心地区または郊外住宅地区）がこの型になることが多い

4.4.4 地区内街路の構成パターン

地区内を通過する交通を排除するためには、地区導入道路（補助幹線道路、集散街路、出入路等ともいう）を**図4-12**のようなパターンに配置するとよい。また、地区内街路の交差形態も、十字路は通行優先関係がわかりにくく交通事故も起こりやすいことが以前より指摘されている。そこで計画的に整備される住宅地等では地区街路の構成パターンとして**図4-13**に示すよ

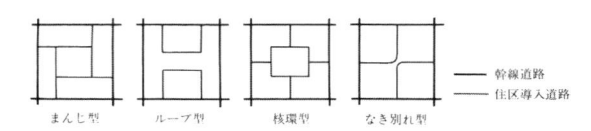

図4-12 地区導入道路の構成パターン[15]

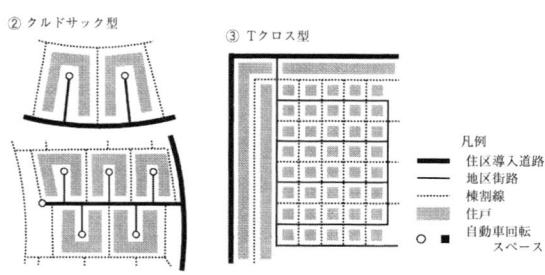

図4-13 地区街路の構成パターン[5]

うなクルドサック(袋小路)型やループ型が多用されるようになった。また、交差形態としてもT字型クロスがよいとされる。ただし、これらは街路網を複雑でわかりづらいものとするので、案内標識の配置等も含め、街路網として全体的観点からの計画的整備が必要である。

4.4.5 交通分離

歩行者と自動車(ときには自転車)の交通を分離することにより、安全性と快適性をもたらす対策が可能である。歩道路面の嵩上げのような道路構造による対策と、街路網の構成による対策との組み合わせから以下のような対策がなされている。
① 平面的分離：自動車用道路と歩行者用道路をネットワーク的に完全分離するもので、両者の交差点は立体化するか信号を設置する。全住戸の入口も2つ用意して施設へのアプローチから完全に分離したラドバーンの例(ニューヨーク郊外)等がある
② 立体的分離：都心部や駅前地区、ニュータウンの中心部等施設密度の高い地区で採用される方法で、歩行者空間と自動車の通る空間を階層で分離してしまう。一般に歩行者階が上層になって、ペデストリアン・デッキ等と呼ばれる
③ 時間的分離：主として既成市街地で交通規制等の方策を利用して一定時間、一定区域に自動車の進入を禁止し歩行者空間とするもの。ほぼ毎日定期的に実施されるもの(「都心モール」等と呼ばれる)と一定の曜日や臨時に行われるもの(「歩行者天国」と呼ぶ)がある。前者は道路構造的にも歩行者空間化した大規模なものが欧米各都市で見られるようになった[**写真4-1**]

4.4.6 歩車共存と交通静穏化

歩車分離だけでは自動車交通の生活道路への侵入に対応できない。そこで、歩車共存という考え方も登場した。1970年代に入ると、オランダで「ボンエルフ(woonerf)」、直訳すれば「生活の庭」という考え方が提唱された。そもそも道路は人の生活のためにあり、歩いたり、休んだり、遊んだりする「生活の庭」であるべきという発想に基づくものである。ボンエルフの施されている区間では車のスピードが出ないように意図的なカーブやクランク、路上にカマボコ型のこぶを設けたハンプ(hump)の設置、また路上駐車スペースや植栽の設置がなされている。これらは、ドライバーに「運転しづらさ」を認識させることで、速度制限を行わせるものである。このボンエルフの概念は、わが国では「コミュニティ道路」に組み込まれており、歩行者を優先させ、車との共存を図っている[**写真4-2**]。

このような歩車共存の考え方は、面的な広がりをもった地区の生活環境の向上のための方策としても取り入れられるようになった。1980年代後半になると、道路構造を変えるだけでなく、面的な対策を法制度面でも支援する必要が生じ、「ゾーン30」(エリアの自動車の制限速度を30km/h以下とするもの)がヨーロッパ各国で続々と誕生した。こうした一連の対策は、「交通静穏化(traffic calming)」と呼ばれるようになり、住宅地等の地区を対象とした住環境保全や交通安全のために、車の速度を落とし、通過交通をできる限り抑制することが試みられるようになった。具体的手法として、**図4-14**のようなものがある。

わが国の交通静穏化の取組みは、線的には1980年に大阪市で整備されたコミュニティ道路が最初であ

写真4-1 都心モール(アデレイド、オーストラリア)

写真4-2 コミュニティ道路(名古屋市)

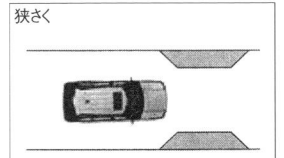

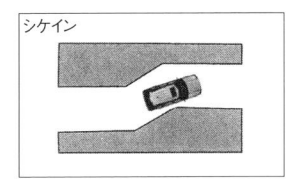

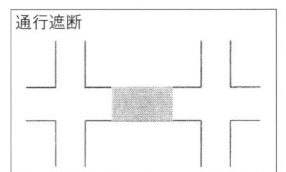

図4-14 通過交通の抑制手法（道路空間および交差点）[16]

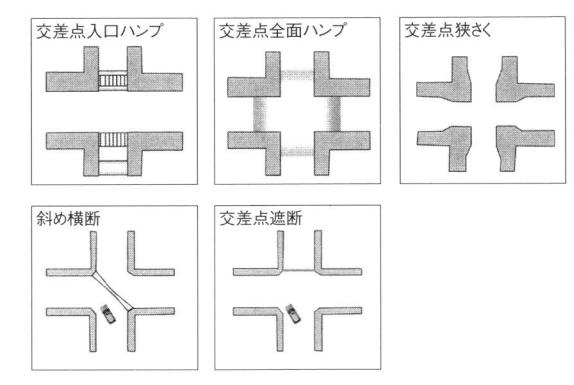

るが、コミュニティ道路事業は1996年に「コミュニティ・ゾーン」となって取組みが広げられ、面的な交通静穏化事業への大きな転換となった。また、2003年以降「くらしのみちゾーン」や「あんしん歩行エリア」も展開され、それぞれの地域に合った交通静穏化事業が実施されている。さらに、近年では、住民参加型のまちづくりの中で面的な交通静穏化が検討される事例も多く見られる。

一方、近年ヨーロッパ諸国では、以下に紹介するような高度速度抑制（Intelligent Speed Adaptation：ISA）や自動ボラード（Automatic Bollard）、共有空間（Shared Space）といった新しい手法も模索・導入されはじめており、交通静穏化策は進化し続けている。

① 高度速度抑制（Intelligent Speed Adaptation：ISA）：ITS技術を用いて自動車の走行速度の上限を自動的に設定するISAの検討・導入が北欧を中心に進められている。人工衛星を用いたGPSを利用する方法や交通標識に取り付けた発信器による速度制御等が検討されている

② 自動ボラード（Automatic Bollard）：住宅地や商業地域への自動車の出入り制限のために、許可車両（公共交通、居住者車両等）のみが出入りする際に自動で昇降する車止めが多くの都市で導入されている

③ 共有空間（Shared Space）：道路を歩行者、自転車、自動車等で共有する空間とする（自動車のための装置である信号、標識、ハンプ等も取り除く）ことで、交通事故や通過交通が減少するというオランダ発の新たな考え方が広がりつつあり、欧州各地で実験的・本格的な取組みが加速している

4.5 都市結節点の計画

4.5.1 駅前広場の計画

1｜駅前広場の意義

駅前広場は、鉄道駅に接して設けられる広場で、鉄道とバス、自家用車、タクシー、自転車等の他の交通手段と連絡するために設置される施設である。その連絡は通常徒歩によって行われるため、駅前広場の計画にあたって、中心となる対象は歩行者となる。

なお、駅前広場の都市計画決定には、道路の一部を構成する交通広場として「道路」に含めて決定される場合と、歩行者空間を中心とするもの等の交通広場として「その他の交通施設」で決定される場合とがある。

駅前広場においては、各種の交通手段の動線が錯綜することになるので、これらの動線の交差をできるだけ少なくするとともに、歩行の距離の短縮および安全性に十分な配慮をしなければならない。

駅前広場はまちづくりの核として諸機能の集積や

写真4-3 駅前広場（再開発によって整備された小幡駅前広場・名古屋市）

人々を集める重要な役割を果たしている。一方で、駅前広場は都市の、あるいは地域の玄関でもあり、初めてそこを訪れた人に強い印象を与える場所であることから、機能的な整備に加えて、都市景観上の配慮も重要な計画要素となっている。

都市内の鉄道駅には、原則として、駅前広場を設けることが望ましい。しかし、既成市街地の鉄道駅において駅前広場がないか、あっても極めて狭小なもので各種の交通手段が輻輳して混雑と危険を生み出しているところが少なくない。こうした駅前にも多くの場合都市計画駅前広場が計画決定されているが、空地が少なく、地価も高い地区でもあるため、計画の実現をみていないケースが多い。こうした地区における駅前広場の整備は駅前広場単独では困難であり、周辺を含めて都市再開発事業等によることが望まれる[写真4-3]。

2 | 駅前広場の計画手順

駅前広場の整備計画の策定にあたっては、現状に対する問題や背景を十分に認識するとともに、その駅の鉄道網上の性格と都市計画上の位置づけを正確に把握することが大切である。基本的には駅前広場の性格は、その利用者の多寡に影響されるものと思われるが、大都市圏の都心部に位置する駅と郊外住宅地を抱える駅では同じ乗降客数であっても、駅前広場の果たす役割は大きく異なる。また、街の玄関口となるような駅の駅前広場にはそれなりの対応が要求される。

駅前広場の計画手順を図示すれば、概ね**図4-15**のようになろう。

3 | 駅前広場の施設

駅前広場に必要な施設は、①歩道、②車道、③バス乗降場、④駐車場、⑤団体広場、⑥ロータリー、中央島、誘導島、隔離島等の交通管制施設、⑦公衆電話、交番、便所、ポスト等の公共施設、⑧緑地、モニュメント等の景観施設等である。これらの施設計画にあたって主に留意する点を簡単にふれておく。
① 歩行者の動線と、自動車類の動線の交差を避け円滑に処理する。鉄道駅が橋上駅または地下駅となっているときは、駅前広場をダブルデッキとすれば、この動線処理は楽になる
② 車道は右回り一方通行を原則とし、広場内での交差、合流を最小限にし、また接続道路の交通を乱

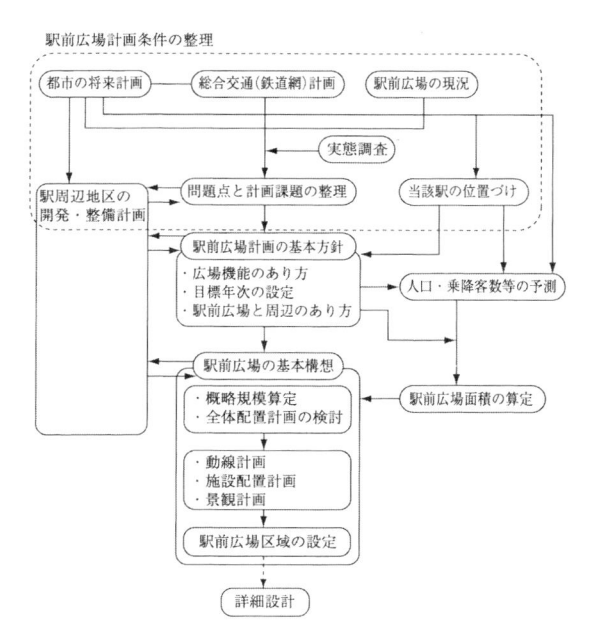

図4-15 駅前広場の計画手順 [5]

さないような出入口の配置とする
③ 広場の計画にあたっては、空間的広がり、広場内施設の配置、周辺建物との関連等に留意し、特に美観、修景について配慮する

4.5.2 自動車ターミナル

バスターミナルには、都市間バスターミナルや観光バスターミナルのように市外に向いているバスターミナルと市内バス用のターミナルがある。前者のターミナルは都市に一つ設置されるのが通例であるが、市内バスターミナルについては、1カ所に集中する方式と市内の地区中心または副都心に分散させる方式がある。当然のことながら、大都市では集中方式は長大バス路線をつくり出し、ターミナルの混雑が大きくなるので、分散方式がとられる。しかし、都市高速鉄道をもっていない中小都市では集中方式が優れている。

集中方式においては、その立地場所は中央駅の周辺か都心部である。前者においては鉄道との乗り換えが容易であり、ターミナルの位置も探しやすく外来者にとって便利である。したがって、地方の中小都市や衛星都市ではこの方式がよく用いられる。特に小さな都市では、駅前広場の中にターミナルを設置することも可能である。

しかし、都市規模が大きくなると、駅に集中する交

表4-6 ターミナル構成施設[5]

バスターミナル	車両関係施設	出入路、誘導路、車路、バス発着スペース、バス待機スペース、修理・洗車スペース等
	旅客関係施設	乗降プラットホーム、コンコース、待合室、洗面所、通路等
	管理関係施設	出札室、運転指令室、ターミナル管理事務室、乗務員休息室、洗面所、シャワー室等
	サービス関係施設	案内所、呼出放送室、食堂、喫茶室、売店、ロッカールーム等

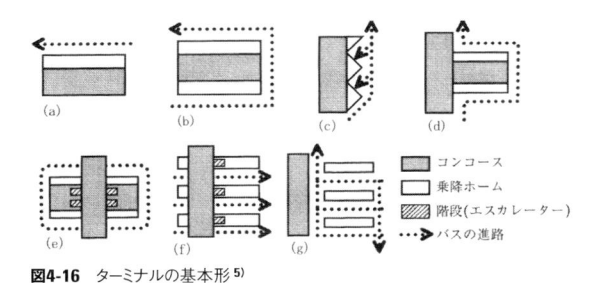

図4-16 ターミナルの基本形[5]

通の混雑が厳しくなり、市内バス路線を全部駅前に集めることは難しくなる。このような場合は、バスターミナルを駅から離れた都心地区に設置し、駅との間を地下鉄や一部のバス路線で結ぶ方式がとられる。この場合には、中央駅とは離れた都市形成を促進することもできる。

分散方式のバスターミナルは、副都心や地区中心の都市高速鉄道(地下鉄)駅等に併設されることが多い。この場合、バス路線網は全市をいくつかの区域に分けて編成されることになる、鉄道網と一体となって全市の輸送網を形成する。

バスターミナルの施設のうち主なものは、誘導車路・乗降用プラットホーム・配車運営スペース・乗客待合室(コンコース)等であり、その他に**表4-6**に示すような施設が考えられる。これらの配置は平面の場合、**図4-16**のような基本型がある。しかし、最近ではバスターミナルの立体化が進んでおり、集中方式では大きなビルの中の数階を用いるものがある。また、屋外平面にプラットホームを設置する場合でも乗客通路を地下道としたり高架橋としたりして、歩行者の車路横断を回避する配慮がなされるようになった。

4.5.3 自動車駐車場

1 | 駐車場の意義と分類

わが国のモータリゼーションの急激な進展は、自動車依存の都市活動を形成してきた。その結果、その起終点となる駐車場の配置や料金コントロール等のマネジメントは都市の活動を支える重要な要素となっている。特に地方都市においては、マイカー依存度の高さから、駐車場なくしては都市活動が成り立たないところまできているといえよう。また大都市において顕著な慢性的な駐車場不足は、都市活動の効率性、利便性を低下させているだけでなく、駐車場に指定されていない路上への駐車を発生させ、そのことが道路交通の一層の混雑と交通事故の危険性の増加をもたらしている。

したがって、駐車場整備は路外駐車場の建設を基本とし、路上駐車に対しては制限や禁止を強めるとともに、違法駐車があった場合の取締りの方法にも考慮しつつ、交通流の円滑化、安全化を図っていくことが必要である。ただし、路外駐車場の整備にあたっても、いわば豊潤な駐車需要に対してただ応えるというのではなく、限られた都市空間の中で、都市活動を支えるに足る駐車場をいかに適切に配置するか、そしてそれをいかに効率良く管理・運営するかが重要となる。その際、都市規模の相違に十分配慮した施策が必要である。

さて、駐車場には不特定多数が利用する公共用と利用者が特定される専用があり、公共用としては都市計画駐車場、届出駐車場、路上駐車場、路外駐車場、附置義務駐車場等が、また専用としては自家用車庫、附置義務駐車場等がある。このうち路外駐車場は「駐車場法」の定めにより次のように分類されている。

① 附置義務駐車場：駐車場整備地区内や商業地域、近隣商業地域内、および条例で定める地区内においては、駐車需要の大きい建物に対して、建物延べ床面積に応じた駐車施設の附置を義務づけている
② 都市計画駐車場：駐車場整備地区の都市計画決定

設置場所＼利用者	不特定多数		特定される
道路上	路上駐車場 [駐車場法]	パーキングメーター パーキングチケット [道路交通法]	なし
道路の路面外	路外駐車場 [駐車場法]	その他	附置義務駐車場 [駐車場法]
	構造等制限適用駐車場 [駐車場法]		附荷さばき附置義務駐車場 [駐車場法]
	届出駐車場 [駐車場法]		
	附置義務駐車場 [駐車場法]		
	都市計画駐車場 [都市計画法、駐車場法]		車庫など [車庫法]
			その他
道路の地下など	道路附属物駐車場 [道路法]		なし

図4-17 駐車場の分類

を行い、都市施設として整備する駐車場で、地方公共団体が設置するものと民間が設置するものとがある
③ 届出駐車場：都市計画区域内にあって500㎡以上の駐車スペースをもつ有料路外駐車場の管理者は、位置や規模等について都道府県知事に届け出ることが義務づけられている
④ 構造等制限適用駐車場：駐車スペースが500㎡以上の駐車場については、有料でないものについても、建築基準法等による技術基準が設けられ、構造等について制限が加えられている

以上が、「駐車場法」に定められた路外駐車場である。一方、路上駐車場については前述のように、路外駐車場が整備されるまでの段階的な駐車場と考えるべきであるが、都心部等における大きな駐車需要に対してはパーキングメーターを設置して、短時間に効率良く回転させることも考えられている。**図4-17**は上述の分類の概要を示したものである。

2│駐車の計画

ここでは、とりわけ問題となっている都心部の路外駐車場の計画について述べる。**図4-18**は路外駐車場の整備基本計画のフローを示している。駐車場整備にあたっては、以下の路外駐車場整備の計画手順に従って行う。
① 駐車需要や土地利用状況等駐車場に関わる現状における問題を整理しなければならない。都心部における駐車場問題は、路外駐車場の不足、荷物の積み下ろし等短時間の路上駐車等がある。これらへの対応の基本方針を立てる
② 単なる駐車対策ではなく駐車場も都市の一部と見て、まちづくりや総合交通体系整備を考慮した駐車施策の基本方針の検討を行う。例えば、まちづくりの観点から見ると、まとまった規模の駐車施設を整備することは、小規模な駐車場が点在するより合理的な土地利用が図られ、都心部の環境維持等につながる。また、駐車場へ出入りする交通の集約、合理的な駐車場利用の推進も図ることができ、交通環境の向上にもつながる
③ 重点的に整備しなければならない駐車場地区の検討を行う
④ 駐車施設整備に関する基本計画を立てる
⑤ 駐車場整備計画の実現に向けて、具体的な施設整備計画、配置計画を立てる

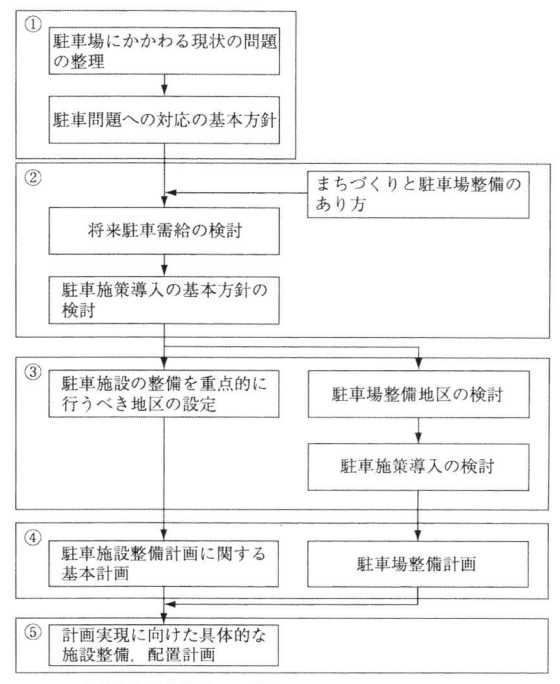

図4-18 路外駐車場整備計画の手順

なお、整備計画、配置計画に併せて、駐車需要をコントロールする料金体系、さらには路上違法駐車に対する取締り方法等についても考慮しておくことが肝要である。

4.6 公園緑地の計画

4.6.1 公園緑地の意義と効果

公園緑地は都市の中にあって快適な居住環境の形成、市民の健康、体力づくりの場、あるいは市民生活の安全性を確保するための防災上の役割等が期待される。公園緑地の効果については、大きく二つに分けることができる。その第一は、公園緑地が存在することによって周囲の都市環境の改善に資する等の「存在効果」であり、第二は、公園緑地を利用することにより健康の維持増進を図る等の「利用効果」である。**図4-19**に公園緑地の効果の内容を示す。

日本の公園緑地制度は1873年の太政官布告に始まる。これは、人々の集まる社寺境内地等を改めて公園としたものであり、東京浅草寺、寛永寺等をはじめ、1887年までに全国で60カ所余が開設された。

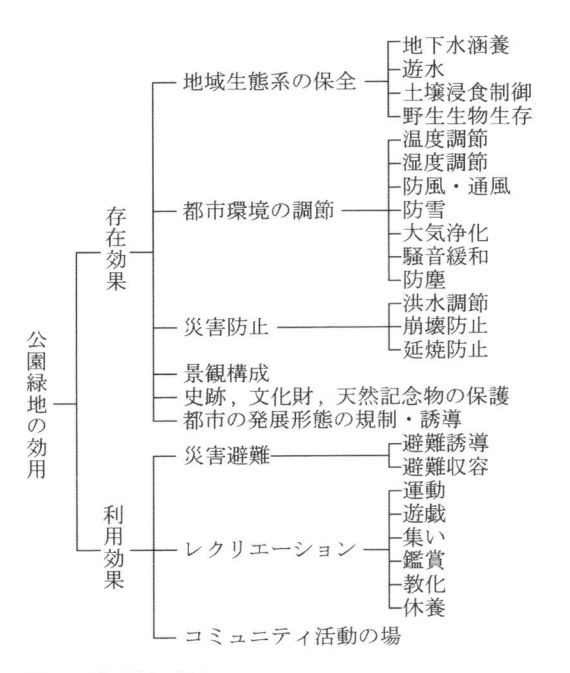

```
公園緑地の効用 ─┬─ 存在効果 ─┬─ 地域生態系の保全 ─┬─ 地下水涵養
                │            │                  ├─ 遊水
                │            │                  ├─ 土壌浸食制御
                │            │                  └─ 野生生物生存
                │            ├─ 都市環境の調節 ─┬─ 温度調節
                │            │                  ├─ 湿度調節
                │            │                  ├─ 防風・通風
                │            │                  ├─ 防雪
                │            │                  ├─ 大気浄化
                │            │                  ├─ 騒音緩和
                │            │                  └─ 防塵
                │            ├─ 災害防止 ─┬─ 洪水調節
                │            │            ├─ 崩壊防止
                │            │            └─ 延焼防止
                │            ├─ 景観構成
                │            ├─ 史跡，文化財，天然記念物の保護
                │            └─ 都市の発展形態の規制・誘導
                └─ 利用効果 ─┬─ 災害避難 ─┬─ 避難誘導
                              │            └─ 避難収容
                              ├─ レクリエーション ─┬─ 運動
                              │                    ├─ 遊戯
                              │                    ├─ 集い
                              │                    ├─ 鑑賞
                              │                    ├─ 教化
                              │                    └─ 休養
                              └─ コミュニティ活動の場
```

図4-19 公園緑地の効用

1888年には東京市区改正条例が公布された。これに基づいて49の公園が計画されたが、このうち近代的公園の第1号となったのが1903年開設の日比谷公園である。その後、1919年の旧都市計画法、1923年の関東大震災の復興計画により公園緑地の整備にはずみがついた。1923年の公園計画標準の決定、戦災復興計画に基づく緑地計画標準の策定を経て、1956年に都市公園法が制定され、都市公園の制度が確立するにいたった。

その後、1972年に制定された都市公園等整備緊急措置法に基づき、都市公園等整備5カ年計画が策定され、1972年当時約24,000haであった都市公園面積は、2010年度末で119,016haと整備が促進されてきた。なお、上記の都市公園等整備5カ年計画は2003年からは社会資本整備重点法に基づく社会資本整備重点計画の一部として統合されている。

緑地保全については、鎌倉、京都における緑地の開発問題が契機となり、1966年に制定された古都における歴史的風土の保存に関する特別措置法により現状凍結的な厳しい緑地保全制度が創設されたのを最初に、同年の首都圏近郊緑地保全法、1967年の近畿圏の保全区域の整備に関する法律、1968年の都市計画法改正、1973年の都市緑地保全法、1974年の生産緑地法、1976年に国営公園制度、1994年に緑の基本計画制度、1995年に市民緑地制度が相次いで創設され、2004年には都市緑地保全法が都市緑地法へと改称され、緑地保全地域制度・緑化地域制度と立体都市公園制度が創設され、今日の緑地保全制度が形成されている。

2017年に都市緑地法、都市公園法、生産緑地法が改正され、積極的な緑地の創出の促進、都市農地の適正な保全といった量的側面とともに、都市公園の活性化・魅力向上や老朽化対策といった質的側面からも施策を総合的に講じることとなった。

4.6.2　都市緑地法と緑の基本計画

1｜都市緑地法の概要

都市の緑の保全と緑化の推進は、国による「緑の政策大綱」や「社会資本整備重点計画」に基づく施策や、地方公共団体による「広域緑地計画」や「緑の基本計画」に基づく施策、住民やNPO団体等が行う緑化活動等のさまざまな施策によって支えられている。

その中心となる法律が都市緑地法であり、都市における緑地の保全および緑化の推進に関し必要な事項を定めることにより、都市公園法その他の都市における自然的環境の整備を目的とする法律と相まって、良好な都市環境の形成を図り、健康で文化的な都市生活の確保に寄与することを目的としている。施策の体系を**図4-20**に示す。

2｜緑の基本計画

緑の基本計画とは、市町村が、緑地の保全や緑化の推進に関して、その将来像、目標、施策等を定める基本計画である。緑のマスタープランとも呼ばれる。これにより、緑地の保全および緑化の推進を総合的、計画的に実施することができる。策定の際には、公聴会の開催等、住民の意見を反映する措置が必要であり、計画は公表される。計画では、概ね次の内容を定めるものとされている。

① 緑地の保全および緑化の目標
② 緑地の保全および緑化の推進のための施策に関する事項
③ 地方公共団体の設置に係る都市公園の整備方針その他保全すべき緑地の確保および緑化の推進に関する事項
④ 特別緑地保全地区内の緑地の保全に関する事項
⑤ 生産緑地地区内の緑地の保全に関する事項
⑥ 緑地保全地域、特別緑地保全地区および生産緑地

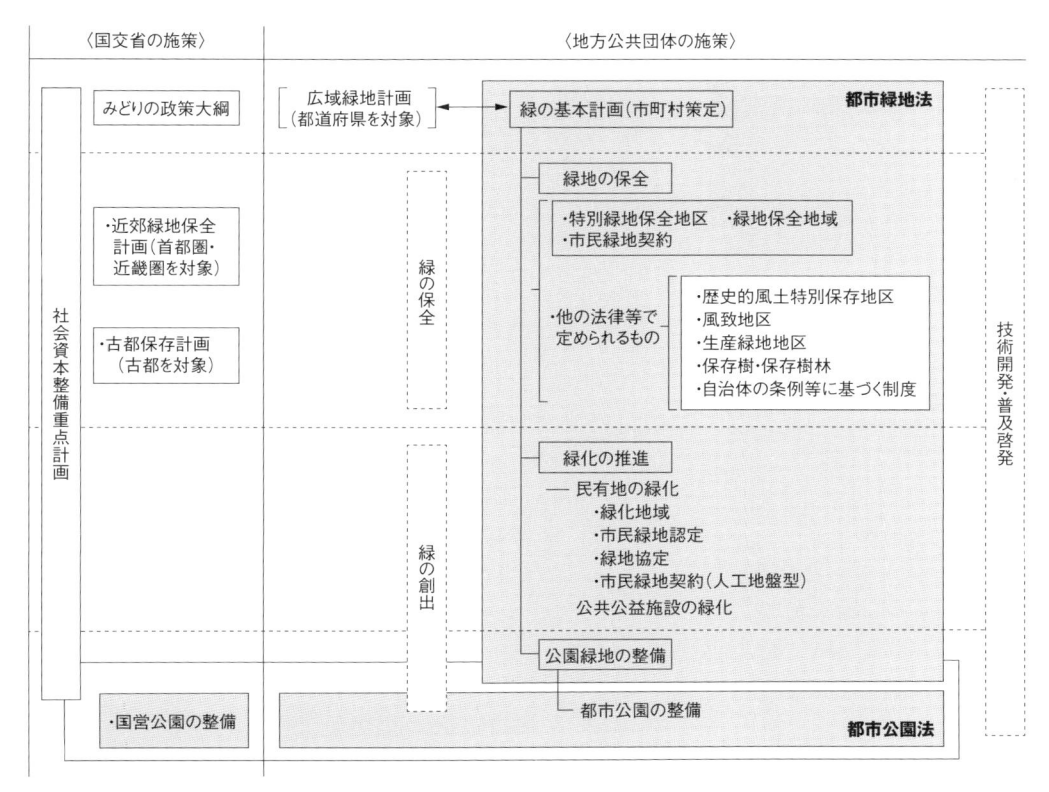

図4-20 都市の緑の保全と緑化に関する施策の体系 [17]

地区以外の区域であって重点的に緑地の保全に配慮を加えるべき地区並びに当該地区における緑地の保全に関する事項
⑦ 緑化地域における緑化の推進に関する事項
⑧ 緑化地域以外の区域であって重点的に緑化の推進に配慮を加えるべき地区（緑化重点地区）および当該地区における緑化の推進に関する事項

一般的に「緑の基本計画」の対象となる緑地は、**図4-21**に示すもので、大きく「施設緑地」「地域制緑地」に分類される。「施設緑地」には、都市公園や緑地が含まれる。「地域制緑地」には、法や協定、条例等により位置づけられている緑地が含まれる。

3｜緑の基本計画の事例

愛知県刈谷市の緑の基本計画（第2次、2011年制定）における整備目標を紹介する[**表4-7**]。計画の期間は、2011年度から10年間としている。なお、計画期間中においても、社会情勢の変化や法律の改正等により、必要に応じて見直すこととなっている。

計画の対象とする緑地は、都市公園や公共施設の緑地のみならず、住宅の植栽地や工場の緑地等の民間施設の緑地、農地や森林等の緑の地域も計画の対

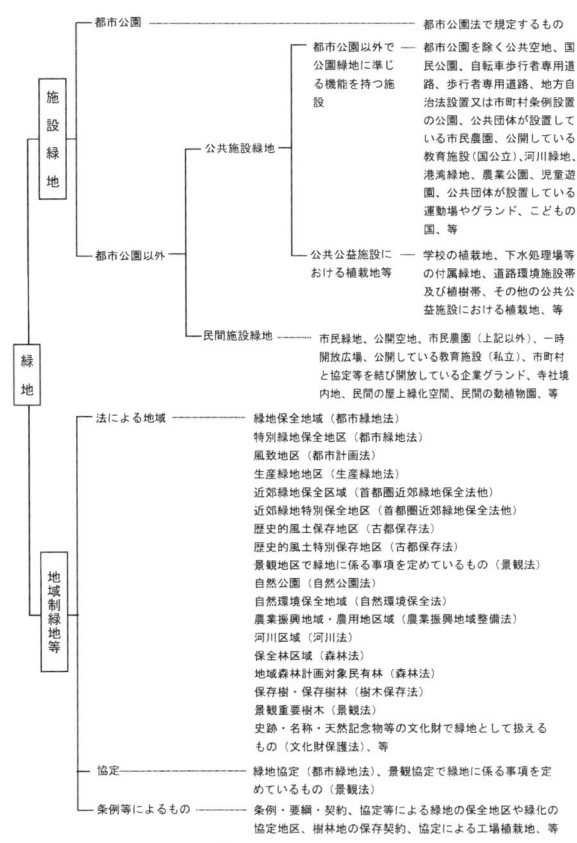

図4-21 緑地の種類と分類 [18]

表4-7 緑の基本計画の事例(愛知県刈谷市)

基本方針	内容	整備目標	現況値(2009年)	目標値(2020年)
緑を「まもる」	本市の健全な自然環境や生活環境を支える緑を守り、育てていきます	・刈谷市内の緑地面積	1,986ha	1,990ha
		・緑地保全制度を活用した緑地面積	0 ha	7ha
緑を「つくる」	市域それぞれの特色や状況に合わせ公園緑地の整備・改修を進めるとともに、安全・安心で潤いの感じられる都市景観を形成する緑の空間を創出します	・住民1人当たりの都市公園面積	8.6㎡/人	9㎡/人
		・市街化区域の身近な公園緑地の配置率	73.80%	75%
		・市街化区域の緑被率	9.90%	10%
緑を「つなぐ」	動植物の生息・移動空間の形成やレクリエーション機能などを強化するため、河川や道路などを活用し、市全体を緑でつないでいきます	・緑の軸となる「緑のみち」の緑化区間延長	23.9 km	27 km
		・緑の軸となる「桜のみち」の整備区間延長	0.75 km	2 km
緑を「たかめる」	緑に関する「まもる」「つくる」「つなぐ」という3つの取組みを、市民・事業者・行政・専門家の協働によって推進し、みんなで緑の質の向上をめざします	・本市の緑に満足している市民の割合	38.20%	50%
		・市民協働により管理されている公園緑地の数	121カ所	140カ所

象としている。

「緑の将来像」を実現していくため以下の4つの基本方針を定め、これに基づき成果指標としての数値目標と具体的な施策を設定し、計画を実施していく。なお、本計画の対象区域は刈谷市全域(5,045ha)としている。

4.6.3 都市公園法と都市公園制度

1 | 公園の種類

一般に「公園」と呼ばれるものは、「営造物公園」と「地域制公園」とに大別される[表4-8]。営造物公園は、都市公園法に基づく都市公園に代表され、国または地方公共団体が一定区域内の土地の権原を取得し、目的に応じた公園の形態をつくり出し、一般に公開する営造物である。一方、地域制公園は自然公園法に基づく自然公園に代表され、国または地方公共団体が一定区域内の土地の権原に関係なく、その区域を公園として指定し、土地利用の制限・一定行為の禁止または制限等によって自然環境や景観を保全するものである。

営造物公園が都市公園であるが、これは国または地方公共団体により設置される。表4-9にその種類を示す。国設置の営造物公園は国営公園と呼ばれる。都市公園は、街区公園をはじめとする公園と緩衝緑地等の緑地に区分されるが、公園は4.4.1で述べた公園緑地の効果のうち、「利用効果」が主目的となるのに対して、緑地は「存在効果」が主目的となる。なお、緑地は、地域制緑地と区別するため施設緑地という。

2 | 都市公園整備の状況

公園の整備水準を表す指標として住民1人当たりの公園面積がよく用いられる。表4-10に主要都市の整備水準(2011年度末)を比較してある。都市公園法では住民1人当たりの都市公園面積を10㎡以上と定めている。これを満足しているのは神戸市、岡山市、仙台市、札幌市、北九州市であるが、人口規模の巨大な都市でははるかにおよばない状況となっている。また、海外における主要都市の整備状況を表4-11に示す。

3 | 都市公園の計画

都市公園はその種別ごとに設置の基準に従って体系的に計画していかなければならない。都市公園のうち住区基幹公園は公園の設置基準の対象区域として住区を、対象人口として市街地人口をとるのに対して、都市基幹公園は都市全体を対象区域とし、都市計画区域人口を対象人口とする。特殊公園は対象区域はないが、設置目的に応じ機能を十分に発揮できるものとし、広域公園は市町村の区域を越える広域の区域を対象として設置を計画する。

表4-8 公園の種類[19]

公園	営造物公園	国の営造物公園	国民公園(皇居外苑・新宿御苑・京都御苑)	環境庁設置法
			国営公園	都市公園法
		地方公共団体の営造物公園	都市公園	
			その他の公園(特定地区公園等)	
	地域制公園	自然公園(国立公園・国定公園・都道府県立自然公園)		自然公園法

表4-9 都市公園の種類[19]

種類	種別	目的等	規模（1ヵ所当りの面積の標準など）	配置（誘致距離など）
住区基幹公園	街区公園	もっぱら街区に居住する者の利用に供することを目的とする	0.25ha	誘致距離250m以内
住区基幹公園	近隣公園	主として近隣に居住する者の利用に供することを目的とする	2ha	誘致距離500m以内（近隣住区当たり1ヵ所）
住区基幹公園	地区公園	主として徒歩圏内に居住する者の利用に供することを目的とする	4ha（都市計画区域外の一定の町村における特定地区公園（カントリーパーク）は4ha以上）	誘致距離1km以内
都市基幹公園	総合公園	都市住民全般の休息、観賞、散歩、遊戯、運動等総合的な利用に供することを目的とする	10～50ha（都市規模に応ずる）	
都市基幹公園	運動公園	都市住民全般の主として運動の用に供することを目的とする	15～75ha（都市規模に応ずる）	
大規模公園	広域公園	主として一の市町村の区域を超える広域のレクリエーション需要を充足することを目的とする	50ha以上	地方生活圏等広域的なブロック単位ごと
大規模公園	レクリエーション都市	大都市その他の都市圏域から発生する多様かつ選択性に富んだ広域レクリエーション需要を充足することを目的とする。総合的な都市計画に基づき、自然環境の良好な地域を主体に、大規模な公園を核として各種のレクリエーション施設が配置される一団の地域である	全体規模1,000ha	大都市圏その他の都市圏域から容易に到達可能な場所
国営公園		主として一の都府県の区域を超えるような広域的な利用に供することを目的として国が設置する大規模な公園である。国家的な記念事業等として設置するものにあっては、その設置目的にふさわしい内容を有するように配置する	300ha以上	
緩衝緑地等	特殊公園	風致公園、動植物公園、歴史公園、墓園等特殊な公園である		目的に則し配置する
緩衝緑地等	緩衝緑地	大気汚染、騒音、振動、悪臭等の公害防止、緩和若しくはコンビナート地帯等の災害の防止を図ることを目的とする緑地である		公害、災害発生源地域と住居地域、商業地域等とを分離遮断することが必要な位置について公害、災害の状況に応じ配置する
緩衝緑地等	都市緑地	主として都市の自然的環境の保全並びに改善、都市の景観の向上を図るために設けられている緑地である（都市計画決定を行わずに借地により整備し都市公園として配置するものを含む）	0.1ha以上（既成市街地等において良好な樹林地等がある場合あるいは植樹により都市に緑を増加または回復させ都市環境の改善を図るために緑地を設ける場合にあってはその規模は0.05ha以上）	
緩衝緑地等	緑道	災害時における避難路の確保、都市生活の安全性および快適性の確保等を図ることを目的として、近隣住区または近隣住区相互を連絡するように設けられる植樹帯および歩行者路または自転車路を主体とする緑地である	幅員10～20m	公園、学校、ショッピングセンター、駅前広場等を相互に結ぶよう配置する

注）近隣住区＝幹線街路等に囲まれた概ね1km四方（面積100ha）の居住単位

表4-10 主要都市の住民1人当たり都市公園面積（㎡/人）[20]

神戸市	16.98	広島市	7.64
岡山市	16.65	名古屋市	6.93
仙台市	12.77	静岡市	5.87
札幌市	12.20	さいたま市	5.11
北九州市	11.88	横浜市	4.80
新潟市	9.38	京都市	4.32
福岡市	9.12	相模原市	4.10
千葉市	9.07	川崎市	3.83
浜松市	8.35	大阪市	3.52
堺市	8.22	東京特別区	3.05

表4-11 諸外国の主要都市の公園[21]

国名	都市名	都市計画対象人口1人当たり面積	調査年
日本	東京区部	3.1㎡	2011年度末
		（概ね20㎡）	（21世紀初頭における目標）
	全国	9.9㎡	2011年度末
英国	ロンドン	26.9㎡	1997年
ドイツ	ベルリン	27.9㎡	2007年
フランス	パリ	11.6㎡	2009年
米国	ワシントンD.C.	52.3㎡	2007年

住区レベル（1近隣住区）
標準面積：100 ha（1 km×1 km）
標準人口：10,000人
街区公園 4 箇所
近隣公園 1 箇所

街区公園：標準面積 0.25 ha
　　　　　誘致距離 250 m
近隣公園：標準面積 2 ha
　　　　　誘致距離 500 m

地区レベル（4近隣住区）
標準面積：400 ha
標準人口：40,000人
街区公園 16 箇所
近隣公園 4 箇所
地区公園 1 箇所

地区公園：標準面積 4 ha
　　　　　誘致距離 1 km

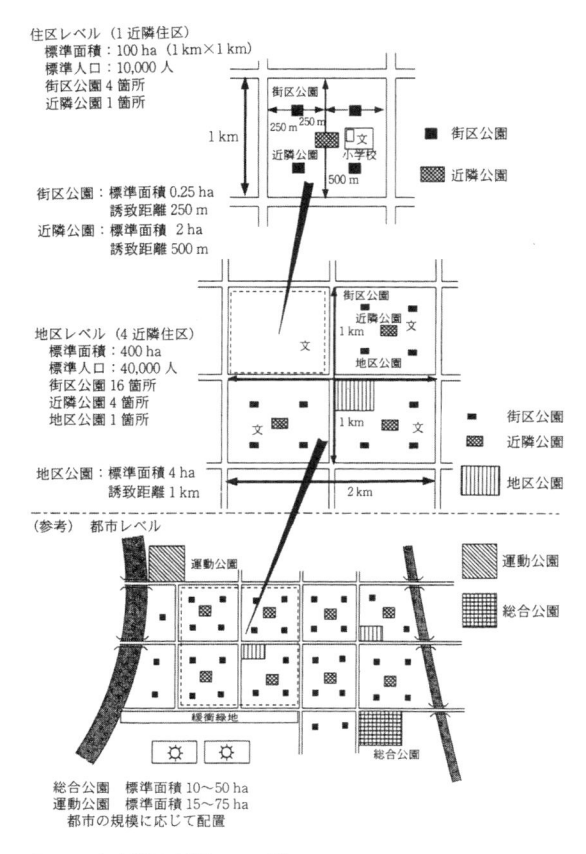

（参考）都市レベル

総合公園　標準面積 10〜50 ha
運動公園　標準面積 15〜75 ha
都市の規模に応じて配置

図4-22 都市公園の配置パターン[22]

各公園の規模、誘致距離を**表4-9**に、また都市公園の配置パターンを**図4-22**に示す。

4.6.4 都市緑地保全・緑化推進制度

1｜緑地保全地域制度

緑地保全地域制度とは、里地・里山等都市近郊の比較的大規模な緑地において、比較的緩やかな行為の規制により、一定の土地利用との調和を図りながら保全する制度である。指定の要件は次のいずれかである。
① 無秩序な市街化の防止または公害もしくは災害の防止のため適正に保全する必要があるもの
② 地域住民の健全な生活環境を確保するため適正に保全する必要があるもの

　緑地保全地域は、都市計画法における地域地区として、都道府県（市の区域内にあっては、当該市）が計画決定し、緑地保全計画を定める。緑地保全計画では行為の規制または措置の基準等を定める。

2｜特別緑地保全地区制度

特別緑地保全地区制度は、都市における良好な自然的環境となる緑地において、建築行為等一定の行為の制限等により現状凍結的に保全する制度である。これにより豊かな緑を将来に継承することができる。指定の要件は次のいずれかである。
① 無秩序な市街化の防止、公害または災害の防止のため必要な遮断地帯、緩衝地帯または避難地帯として適切な位置、規模および形態を有するもの
② 神社、寺院等の建造物、遺跡等と一体となって、または伝承もしくは風俗習慣と結びついて当該地域において伝統的、文化的意義を有するもの
③ 次のいずれかに該当し、かつ、当該地域の住民の健全な生活環境を維持するために必要なもの
・風致または景観が優れているもの
・動植物の生息地または生育地として適正に保全する必要があるもの

　特別緑地保全地区は、都市計画法における地域地区として、市町村（10ha以上かつ2以上の区域にわたるものは都道府県）が計画決定する。

3｜地区計画等の活用による緑地の保全

屋敷林や社寺林等、身近にある小規模な緑地について、地区計画制度等を活用して現状凍結的に保全することができる。条例を定めることにより、緑地の保全のための規制をかけられる区域は、地区計画等（「地区計画」、「防災街区整備地区計画」、「沿道地区計画」、「集落地区計画」）において、現に存する樹林地、草地等で良好な住環境を確保するため必要なものの保全に関する事項が定められる。市民緑地制度を併用することにより地域の自然とのふれあいの場として活用を図ることができる。

4｜市民緑地認定制度

市民緑地認定制度とは、民有地を地域住民の利用に供する緑地として設置・管理する者が、設置管理計画を作成し、市区町村長の認定を受けて、一定期間当該緑地を設置・管理・活用する制度である。対象となる地区は緑化地域および緑の基本計画に定められた緑化重点地区で、市民緑地を設置する土地等の区域の周辺地域において、良好な都市環境の形成に必要な緑地が不足している場所である。対象となる土地等の面積は300㎡以上、緑化面積の敷地面積に対する割合は20％以上、管理期間は5年以上である。

5 | 緑化地域制度

緑化地域制度とは、緑が不足している市街地等において、一定規模以上の建築物の新築や増築を行う場合に、敷地面積の一定割合以上の緑化を義務づける制度である。都市計画法における地域地区として市町村が計画決定を行う。指定の要件は「用途地域が指定されている区域内」で「良好な都市環境の形成に必要な緑地が不足し、建築物の敷地内において緑化を推進する必要がある区域」である。建築後も緑化施設の良好な管理が義務づけられる。

2008年に名古屋市が全国で初めて導入し市域全域を指定した。敷地面積が300㎡以上の建築物の新築の場合と床面積の1.2倍を超える増築を行う場合に緑化を義務づけた[表4-13]。ただし、建ぺい率60%超の用途地域では500㎡以上の敷地が対象となる。また、市街化調整区域も1,000㎡以上の敷地が対象となる。緑化率の最低限度は各用途地域の指定建ぺい率に応じて10～20%の範囲で規定している。

緑化面積の計算は、樹木、芝等の地被植物、池・水流等、花壇等、園路・土留等、屋上緑化、壁面緑化の緑化施設で被われている部分について、原則として上から見た水平投影面積を合計する。

6 | 緑地協定制度

緑地協定制度とは、土地所有者等の合意によって緑地の保全や緑化に関する協定を締結する制度である。協定には次の2種類がある。

① 都市緑地法45条による全員協定

すでにコミュニティの形成がなされている市街地における土地所有者等の全員の合意により協

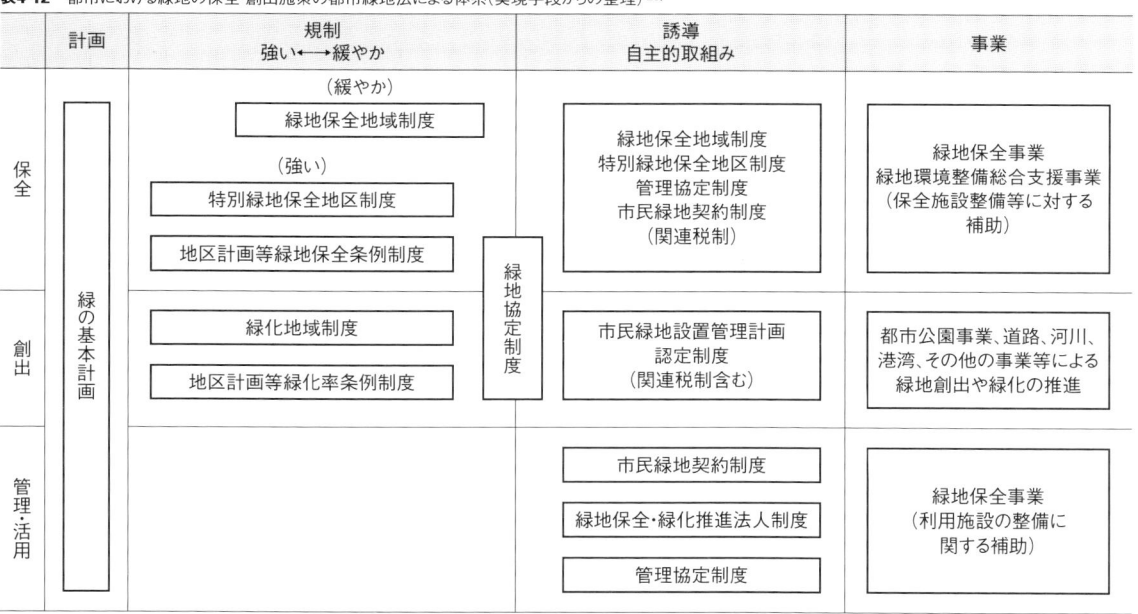

表4-12 都市における緑地の保全・創出施策の都市緑地法による体系(実現手段からの整理) 23)

計画	規制 強い←→緩やか	誘導 自主的取組み	事業
緑の基本計画	(緩やか) 緑地保全地域制度 / (強い) 特別緑地保全地区制度 / 地区計画等緑地保全条例制度	緑地保全地域制度 特別緑地保全地区制度 管理協定制度 市民緑地契約制度 (関連税制)	緑地保全事業 緑地環境整備総合支援事業 (保全施設整備等に対する補助)
緑の基本計画	緑化地域制度 / 地区計画等緑化率条例制度	緑地協定制度	市民緑地設置管理計画認定制度 (関連税制含む)	都市公園事業、道路、河川、港湾、その他の事業等による緑地創出や緑化の推進
緑の基本計画		市民緑地契約制度 / 緑地保全・緑化推進法人制度 / 管理協定制度	緑地保全事業 (利用施設の整備に関する補助)

注1) 上記のほか、都市の緑地の保全・創出事業に寄与する側面をもつ制度として風致地区等都市計画関連制度、近郊緑地保全制度、歴史的風土保存制度、生産緑地制度、保存樹・保存樹林制度、農業関連制度、森林関連制度、自然公園関連制度など多様な内容がある
注2) 上記のほかに、地方公共団体の条例等による独自の取組みもある

表4-13 緑化地域制度の規制内容(名古屋市) 24)

区域・建ぺい率の最高限度		対象となる敷地面積 注2)	緑化率の最低限度	根拠法令
市街化区域	50%以下	300㎡以上	20%	都市緑地法
	50%を超え60%以下	300㎡以上	15%	都市緑地法
	60%を超え80%以下	500㎡以上	10%	都市緑地法
	80%超、指定なし 注1)	500㎡以上	10%	緑のまちづくり条例(名古屋市)
市街化調整区域		1,000㎡以上	20%	緑のまちづくり条例(名古屋市)

注1) 建ぺい率が80%の区域で角地緩和が適用される場合や、防火地域内で耐火建築物を建築する場合等
注2) 建築確認申請上の敷地面積

定を締結し、市町村長の認可を受けるもの
② 都市緑地法54条による一人協定
　開発事業者が分譲前に市町村長の認可を受けて定めるもの（ただし、3年以内に複数の土地の所有者等が存在することになった場合に効力を発揮）

7 ｜ 緑地保全・緑化推進法人（みどり法人）制度

地方公共団体以外のNPO法人やまちづくり会社などの団体が「みどり法人」として緑地の保全や緑化の推進を行う制度である。これにより、民間団体や市民による自発的な緑地の保全や緑化の推進に対する取組みを推進することができる。みどり法人となりうる法人は、一般社団法人、一般財団法人、特定非営利活動法人（NPO法人）、その他の非営利法人または都市における緑地の保全および緑化の推進を目的とする会社で、市区町村長が指定する。

　みどり法人が特別緑地保全地区内の土地を買入れる場合、地方自治体が買入れるのと同様の優遇措置がある。地方公共団体以外のNPO法人やまちづくり会社などの民間主体が緑地の保全や緑化の推進に広く参加することが可能になる。

8 ｜ 市民緑地契約制度

地方公共団体またはみどり法人が、土地等の所有者と契約を締結して、市民緑地（土地または人工地盤、建築物その他工作物に設置される、住民の利用に供する緑地または緑化施設）を設置管理する制度である。都市計画区域内の300㎡以上の土地または人工地盤、建築物その他の工作物が対象となる。特別緑地保全地区および緑地保全地域内の土地等も対象となる。契約期間は5年以上である。

　所有者側のメリットとして、緑地の管理の負担の軽減、優遇税制による土地の所有コストの軽減があげられる。また、一定面積以上の市民緑地については緑地の公開に必要な施設の整備が社会資本整備総合交付金の対象となる。

9 ｜ 生産緑地制度

良好な都市環境を確保するため、農林漁業との調整を図りつつ、都市部に残存する農地の計画的な保全を図ることを目的として、生産緑地制度が設定されている［3.3.3参照］。

10 ｜ 風致地区制度

風致地区は、都市における風致を維持するために都市計画法に規定する地域地区として定められる。「都市の風致」とは、都市において水や緑等の自然的な要素に富んだ土地における良好な自然的景観であり、風致地区は、良好な自然的景観を形成している区域のうち、土地利用計画上、都市環境の保全を図るため風致の維持が必要な区域について定めるものである。

　風致地区は、10ha以上は都道府県・政令市が、10ha未満は市町村が指定し、風致地区内における建築等の規制に係る条例の制定に関する基準を定める政令（風致政令）の基準に従い、地方公共団体が条例（風致条例）を制定することとしている。

4.7　供給処理施設

4.7.1　上水道

1 ｜ 上水道と水資源

水は、日常生活に1日として欠かすことができないばかりでなく、産業の発展にも不可欠な要素をもっている。水道施設は、日本の都市の近代化の中で、比較的早くから整備されてきた都市施設であり、2011年において全国普及率は97.6％に達している。しかし、戦後の人口の都市集中に伴って、特に大都市圏域では、常に安定的に供給されているとは限らない。近年でも、ほとんど毎年、渇水期に各地で水不足が発生している。

　日本の水資源は比較的恵まれているとはいうものの、降雨量の季節的変動、急流河川等により、利用できる水量は決して多いとはいえない。水源の種類としては、河川表流水、伏流水、湖沼水、地下水等があるが、人口集積の大きい都市域では、遠隔地に水源を求めている。

　上水道計画は、都市計画的観点からはあまり問題もなく、上水道施設を都市計画決定しているのはわずか5都市にすぎない。上水道計画の主要な課題は、安全でおいしい水の供給、地震、渇水時における安定供給と更新時期を迎えた施設の整備である。水資源に関しては、水源の水質保全、水資源の確保、水の有効利用の促進等の課題がある。このため、地域によっては、節水型の機器を導入する等水使用量の減少を

図る一方、下水の処理水(中水や雑用水と呼ばれる)を工業用水、冷却水、水洗便所用水、消火用水、公園の噴水等に再利用する等、資源の有効利用が図られている。

2｜上水道の種類および施設

水道事業は水道法により次のように区分される。
① 水道事業：給水人口5,001人以上の水道
② 簡易水道事業：給水人口101〜5,000人までの水道
③ 専用水道：寄宿舎や社宅、学校等特定の利用者が使う一定規模以上の水道
④ 水道用水供給事業：水道により、水道事業に用水を供給する事業

水道を構成する施設は、水の流れに従って、取水施設、貯水施設、導水施設、浄水施設、送水施設、配水施設に区分され、各施設は水源の種類によっていろいろな形式に分かれる。図4-23に浄水施設の各種方式を示す。

3｜上水道の計画

上水道において重要な要素は、水量、水質である。次の基本事項に配慮して計画される。
① 計画年次：計画策定時より15〜20年間を標準とする
② 計画給水区域：計画年次までに配水管を敷設し、給水しようとする区域
③ 計画給水人口：計画給水区域内人口に計画給水普及率を乗じて決定
④ 計画給水量：原則として生活用、業務・営業用、工場用等の用途別使用水量をもとに決定

計画有効率は、今後の給・配水整備計画等を反映して設定する。

計画負荷率は、過去の実績値や他の類似都市と比較して決める。

$$計画1日平均給水量 = \frac{計画1日平均使用水量}{計画有効率}$$

$$計画1日最大給水量 = \frac{計画1日最大使用水量}{計画負荷率}$$

なお、計画1日最大給水量は水道施設の規模決定の基礎となり、計画1日平均給水量は薬品、電力等の使用量の算定、維持管理費、水道料金の算定等水道の財政計画に必要な水量である。

4.7.2　下水道

1｜下水道の役割

都市において、下水道は健康で快適な生活環境の確保と公共用水域の水質の保全を図る上で不可欠の施設となっている。しかし、日本における下水道整備は西欧先進国に比べてスタートが遅れており、その整備水準にはいまだに大きな差が見られる。近年、下水道整備には重点的な投資がなされているが、ここ当分は最優先で整備されるべき都市施設であろう。

下水道の果たす役割は次のようなものがある。
① 雨水の排除による浸水の防除
② 汚水の排除による周辺環境の改善
③ 便所の水洗化
④ 公共用水域の水質保全
⑤ 下水処理水の再利用、下水汚泥の有効利用等資源の有効利用
⑥ 水循環の創出

2｜下水道の施設

下水道の施設は、①下水管渠、②ポンプ場、③終末処理場、で構成されている。家庭汚水や工場排水は、各

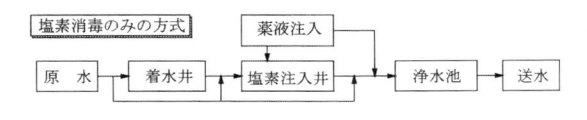

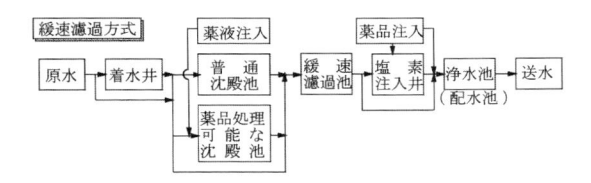

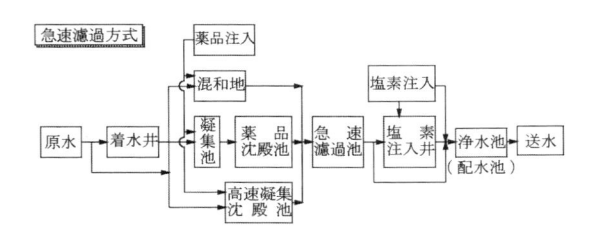

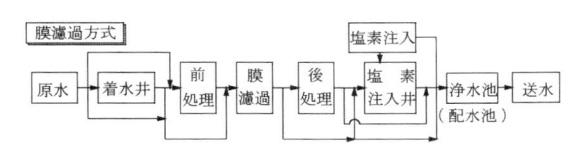

図4-23　浄水施設の方式[25]

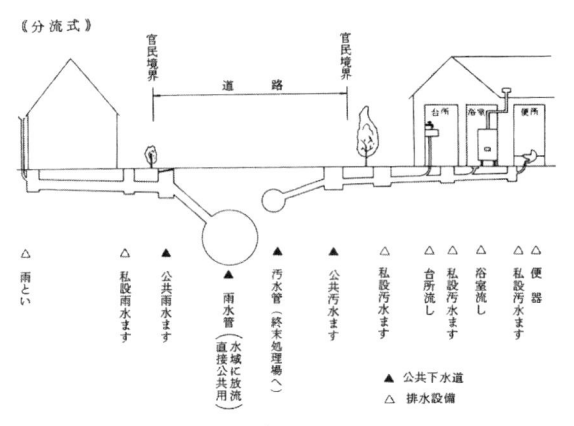

図4-24 分流式下水道の断面図 [26]

敷地内の排水設備から汚水ます(桝)に流入し、道路の下に埋設された下水管渠を経て終末処理場に流入し、そこで処理された後、河川等の公共用水域に放流される。雨水も、雨水ますから下水管渠を経て、公共用水域に放流される。地形等により、下水管渠を自然流下させられない場合は、ポンプにより強制的に流下させることになる。

下水の排除方式には、①汚水と雨水を同じ管渠で排除する合流式と、②汚水と雨水を別の管渠で排除する分流式がある[**図4-24**]。下水道整備の初期の頃には合流式が多かったが、近年、公共用水域における水質汚濁防止の要請の高まりを受けて、分流式が主流となってきている。分流式では汚水と雨水を独立のシステムで処理することになるので、建設費、維持管理費は、合流式より高額である。

終末処理場における処理法の中心となるものは活性汚泥法である。活性汚泥法は、活性汚泥を下水と混合し、長時間空気を吹き込むことによって、酸素の供給を行い、活性汚泥に含まれている微生物の働きによって、下水中の有機物を分解するものである。処理場に入った下水は、まず、沈殿池で土砂や固形物を沈殿させ(一次処理)、ついでばっ気槽(エアレーションタンク)に送られ、活性汚泥法による処理が行われる(二次処理)。処理水は消毒されて公共用水域に放流されるが、二次処理によって処理された水の水質をさらに向上させるための処理が行われる場合がある(三次処理または高度処理)。これは、窒素やリンといった富栄養化の原因物質を多量かつ確実に除去できる方法であり、三大湾(東京湾、伊勢湾、大阪湾)や湖沼等の閉鎖性水域や水道水源域等での推進が急務である。

下水から分離された汚泥は、濃縮、消化、脱水、焼却等の処理をしたうえで、海上や陸上に埋立て処分されるが、最近では処分場の確保が困難なこともあって、肥料、土壌改良材、建設資材等への有効利用が図られている。

3 | 下水道の種類

下水道は、下水道法により次の3種類に区分されている。

a. 公共下水道

公共下水道とは、主として市街地における下水を排除し、または処理するために地方公共団体が管理する下水道で、終末処理場を有するもの(単独公共下水道)または流域下水道に接続するもの(流域関連公共下水道)であり、かつ、汚水を排除すべき排水施設の相当部分が暗渠である構造のものをいう。公共下水道の設置・管理は、原則として市町村が行うが、2以上の市町村が受益し、かつ、関係市町村のみでは設置することが困難であると認められる場合には、都道府県がこれを行うことができる。広義には以下のものも含む。

① 特定公共下水道：公共下水道のうち、特定の事業者の事業活動に主として利用されるもの。これは、特定の事業者の事業活動に起因する(または附随する)計画汚水量が概ね3分の2以上を占めるもの。なお、1971年以前は特別都市下水路事業として実施

② 特定環境保全公共下水道：公共下水道のうち市街化区域(市街化区域が設定されていない都市計画区域にあっては、既市街地およびその周辺の地域をいう。俗にいう白地の都市計画区域の人口密集地域を指す)以外の区域において設置されるもので、自然公園法第2条に規定されている自然公園の区域内の水域の水質を保全するために施行されるもの(自然保護下水道)、または、公共下水道の整備により生活環境の改善を図る必要がある区域において施行されるもの(農村漁村下水道)および、処理対象人口が概ね1,000人未満で水質保全上特に必要な地区において施行されるもの(簡易な公共下水道)

b. 流域下水道

流域下水道とは、「専ら地方公共団体が管理する下水道により排除される下水を受けて、これを排除し、および処理するために地方公共団体が管理する下水道で、2以上の市町村の区域における下水を排除するものであり、かつ、終末処理場を有するもの」または

「公共下水道(終末処理場を有するものに限る)により排除される雨水のみを受けて、これを河川その他の公共の水域または海域に放流するために地方公共団体が管理する下水道で、2以上の市町村の区域における雨水を排除するものであり、かつ、当該雨水の流量を調節するための施設を有するもの」である。流域下水道の設置・管理は、原則として都道府県が行うが、市町村も都道府県と協議してこれを行うことができる。

流域下水道が整備された背景には、都市化の進行に伴う市街地の連担、水質保全への必要性の増大といった社会情勢の変化を受け下水道事業を従来の市町村単位で実施するのみでなく、河川等の流域単位に基づく行政区域を越えた広域的な観点から計画立案し、実施することの必要性が強く認識されるようになったためである。

c. 都市下水路

都市下水路は、主として市街地(公共下水道の排水区域外)において、専ら雨水排除を目的とするもので、終末処理場を有しないものをいう。

なお、下水道法上の下水道と同様に汚水を処理する類似施設としては、コミュニティ・プラントや農業集落排水事業、合併処理浄化槽等がある。これらの施設については、それぞれの施設の特徴を活かしつつ、連携して整備・管理を行うことが重要であり、地域毎の特性を踏まえ、汚水処理施設全体として、計画的かつ効率的な整備・管理に努める必要がある。

図4-25に都市規模別汚水処理人口を示す。

4 │ 下水道の計画

下水道計画の基本となるのは、汚水量、汚濁負荷量および雨水量の推計である。これらの量をもとに管渠、処理場、ポンプ場等の計画を決定することになる。

a. 計画汚水量および汚濁負荷量の推計

計画汚水量および汚濁負荷量決定フローを**図4-26**に示した。

① 水道が完備している区域では、上水道計画の1人1日最大給水量を1人1日最大生活汚水量とする
② 営業汚水量は、用途区域ごとの割増係数により生活汚水量を割増して求める
③ 工場排水量は、水質とともに実態調査により推計するのがよい。それが難しい場合には、業種ごと

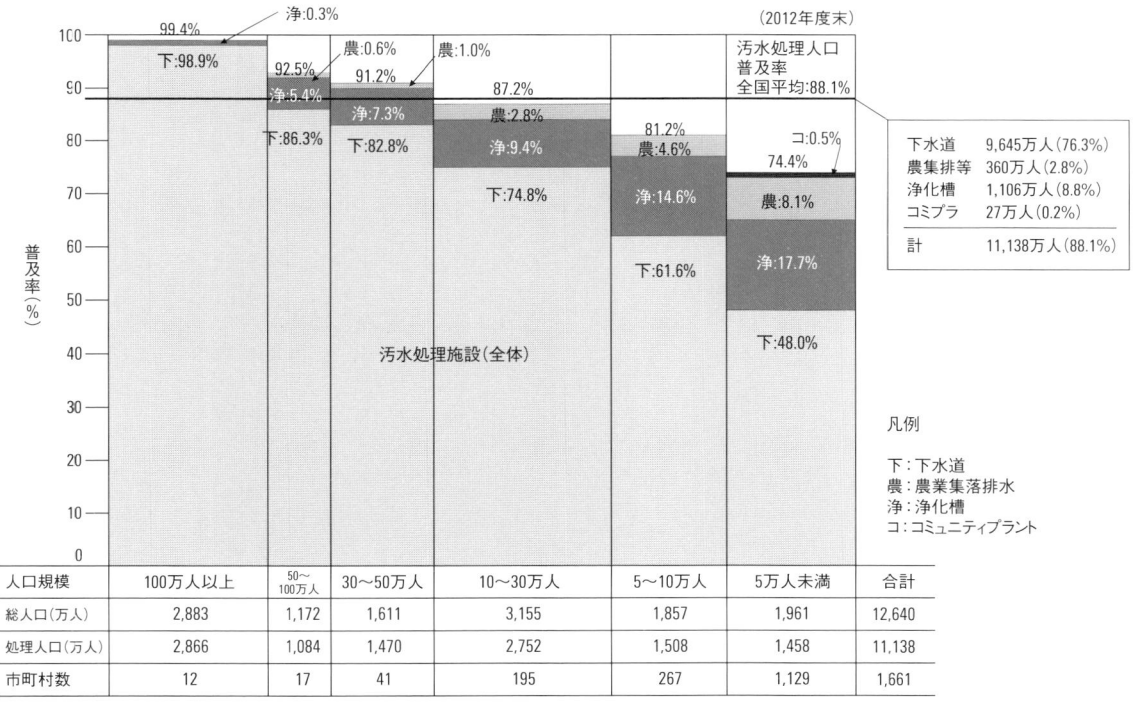

人口規模	100万人以上	50〜100万人	30〜50万人	10〜30万人	5〜10万人	5万人未満	合計
総人口(万人)	2,883	1,172	1,611	3,155	1,857	1,961	12,640
処理人口(万人)	2,866	1,084	1,470	2,752	1,508	1,458	11,138
市町村数	12	17	41	195	267	1,129	1,661

注1)総市町村数1,661の内訳は、市777、町715、村169(東京都区部は市数に1市として含む)
注2)総人口、処理人口は1万人未満を四捨五入した
注3)都市規模別の各汚水処理施設の普及率が0.5%未満の数値は表記していないため、合計値と内訳が一致しないことがある。
注4)2012年度末は、福島県において、東日本大震災の影響により調査不能な市町村があるため公表対象外としている。

図4-25 都市規模別汚水処理人口普及率[27]

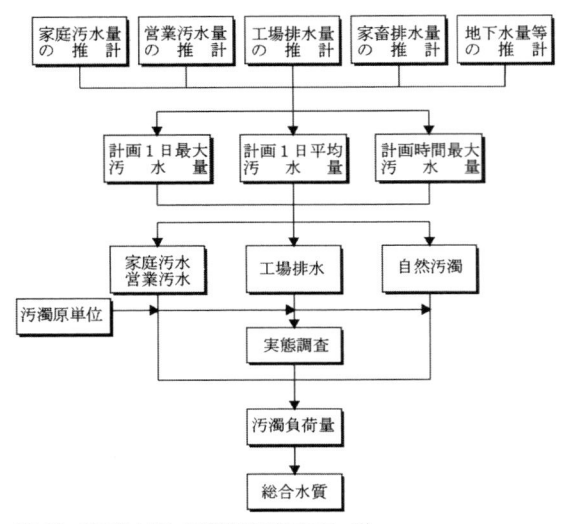

図4-26 計画汚水量および汚濁負荷決定フロー[28]

表4-14 工種別基礎流出係数の標準値[29]

工種別	流出係数	工種別	流出係数
屋根	0.85～0.95	間地	0.10～0.30
道路	0.80～0.90	芝、樹木の多い公園	0.05～0.25
その他の不透面	0.75～0.85	勾配の緩い山地	0.20～0.40
水面	1.00	勾配の急な山地	0.40～0.60

表4-15 愛知県春日井市・土地利用別総括流出係数[30]

土地利用	採用値
商業	0.8
住居	0.65
準工業	0.65
工業および工業専用	0.65

の出荷額あるいは敷地面積当たりの用水量と回収率に基づき推計する
④ その他排水量として観光人口による汚水量や畜産排水量等を推計する
⑤ 地下水量は生活汚水量と営業汚水量の和に対する1人1日最大汚水量の10～20%を見込む
⑥ 計画1日最大汚水量は、終末処理場の設計に用い、[1人1日最大汚水量×計画人口]に、工場排水量、その他排水量、地下水量を加えたものとする
⑦ 計画1日平均汚水量は、年間総汚水量を365日で除したもので、使用料収入の予測等に用いる。生活汚水と営業汚水の日平均値は、日最大値の70～80%とする
⑧ 計画時間最大汚水量は計画1日最大汚水量発生日におけるピーク時1時間汚水量の24時間換算値であり、管渠やポンプ場の設計に用いる。生活汚水と営業汚水の時間最大値は日最大値の1.3～2.0倍とする。また、工場排水の時間最大値は日最大値の2倍とする
⑨ 汚濁負荷量は、汚水の種別ごとに汚濁負荷量原単位を設定することにより求める
⑩ 総合水質は、汚濁負荷量(g/日)を計画1日平均汚水量で除して求める

計画雨水量:計画雨水量の算定には、合理式による方法、実験式による方法等がある。実験式による方法は、観測データによって統計的に求めるが、合理式による方法は次のとおりである。

$$Q = \frac{1}{360} C \cdot I \cdot A$$

ここで、
Q:最大計画雨水量(m^3/sec)
C:流出係数
I:流速時間内の平均降雨強度(mm/h)
A:排水面積(ha)

流出係数は降雨量に対する管渠に流入する雨水量の比率をいうが、地勢、地質、地表面等の状態によって異なる。工種(地表面の状況)別基礎流出係数の標準値は**表4-14**に示すとおりである。また、降雨強度として、5～10年確率の降雨を対象とする。これを参考にして対象地域の具体的な土地状況に応じた総括流出係数を算定する。

愛知県春日井市では、**表4-15**に示すように設定している。

4.7.3 廃棄物処理施設

廃棄物は、市民生活、産業活動に伴って必然的に発生するものであるが、人口の大都市集中、生活水準の向上等により、廃棄物の量は増大しており、質的には複雑化し、その処理は自治体にとって大きな問題となってきている。

事業活動に伴い生じる廃棄物を産業廃棄物、それ以外の主として家庭から排出されるごみを一般廃棄物といい、前者については事業者の責任において処理され、一般廃棄物は、市町村の責任で収集、運搬、処理・処分されている。

1│ごみの収集、運搬

現状では、家庭から排出されたごみは、戸別に、あるいはごみステーションから収集車により収集されるのが一般的である。この際、市民の協力により、ごみを、可燃ごみ、不燃ごみ、粗大ごみ等に分別して収集するケースが増えている。また、回収後、資源として再利用可能なものを資源ごみとして分別する場合もある。これは、地球環境問題への配慮と、ごみの処理に莫大な費用を要しつつある今日、望ましい方向である。

収集運搬車は、ごみ専用の特殊な構造をもった車が多いが、収集および中間処理施設・焼却施設もしくは最終処分場までの運搬について、自動車交通量の増大による収集車の効率低下、運搬車による交通環境の悪化等の問題がある。

2│ごみの処理・処分

ごみの処分には、埋立て処分と焼却処分がある。従来は埋立て処分が一般的であったが、都市内における埋立て処分場の確保が困難となってきており、近年、焼却処分の割合が増加している。さらに再利用可能な廃棄物の有効利用が進められている。

廃棄物処理施設は、いわゆる迷惑施設であり、次のような点に留意することが必要である。
① 搬出入のための主な道路が整備されているか、整備されることが確実であることが望ましい
② 市街化区域および用途地域が指定されている区域においては、工業系の用途地域に設置することが望ましい
③ 災害の発生するおそれの高い区域に設置することは望ましくない
④ 敷地の周囲は、緑地の保全または整備を行い、修景および敷地外との遮断を図ることが望ましい。また、最終処分場は、必要に応じ緑地化し、処分終了後に整備すること等により自然的環境の回復を図ることが望ましい
⑤ ごみ焼却場等については、必要に応じ地域における熱供給源として活用することが望ましい。この場合は、関連する地域冷暖房施設等についても一体的に定めることが望ましい

4.7.4　と畜場

と畜場法において、牛、馬、豚、めん羊、山羊を人間の

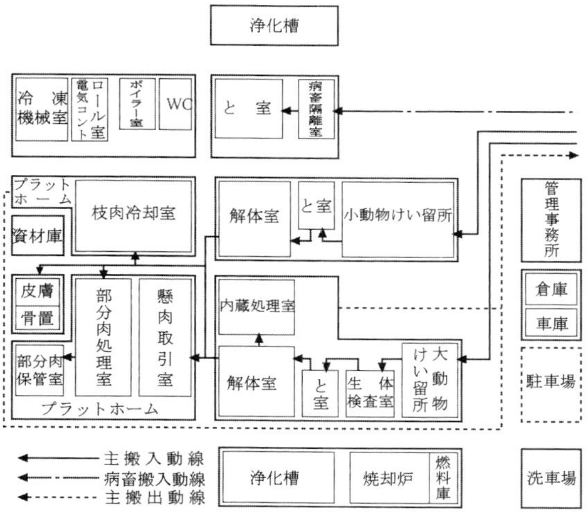

図4-27　と畜場の機能構成例[28]

食用にする目的でと殺・解体する場は、と畜場以外で行うことを禁止している。と畜場の設置には都道府県知事の許可が必要である。と畜場の機能構成例を**図4-27**に示す。

と畜場設置場所の選定にあたっては、次のような点に留意することが必要である。
① 鉄道または道路による輸送の便がよい
② 近くに適当な排水路がある等排水が容易である
③ 主な搬出入経路は繁華街または住宅街を通らない
④ 将来市街化するおそれがない
⑤ 付近100m以内に学校、病院または住宅街がない

4.7.5　火葬場

墓地埋葬等に関する法律により、火葬を火葬場以外の施設で行ってはならないとされている。また、火葬場の設置には都道府県知事の許可が必要である。火葬場の位置の検討においては、次のような点に留意することが必要である。
① 恒風の方向に対して市街地の風上を避ける
② 山陰、谷間等地形的に人目に触れにくくする
③ 主な搬出入経路は繁華街または住宅街を通らない
④ 幹線道路または鉄道に直接接しない
⑤ 市街地および将来市街化の予想される区域から500m以上離す
⑥ 付近300m以内に学校、病院、住宅街または公園がない

4.8 その他の施設

4.8.1 卸売市場

卸売市場法において、卸売市場とは、生鮮食料品等の卸売のために開設される市場であって、卸売場、自動車駐車場、その他の生鮮食料品等の取引および荷捌に必要な施設を設けて、継続して開場されるものをいうとしている。卸売市場は都市住民の基本的な日常生活を支える上で極めて重要な施設の一つであるが、直接市民が利用するものではない。卸売市場には、毎日、大量の入出荷が行われ、特に早朝の短時間に、大量の貨物自動車が集中するので、交通処理についての配慮が計画上の主要課題となる。卸売市場の機能構成例を図4-28に示す。

　設置にあたっての主な留意点は次のようである。
① 市街地内または市街地周辺で鉄道、港湾または道路による輸送の便がよく、かつ商業地域等集荷搬出に便利であること
② 主な出入口が交通量の多い幹線道路に直接接しない
③ 主な搬出入路にあたる道路は標準幅員11m以上とする
④ 繁華街を避ける
⑤ 付近100m以内に学校、病院または住宅街がない

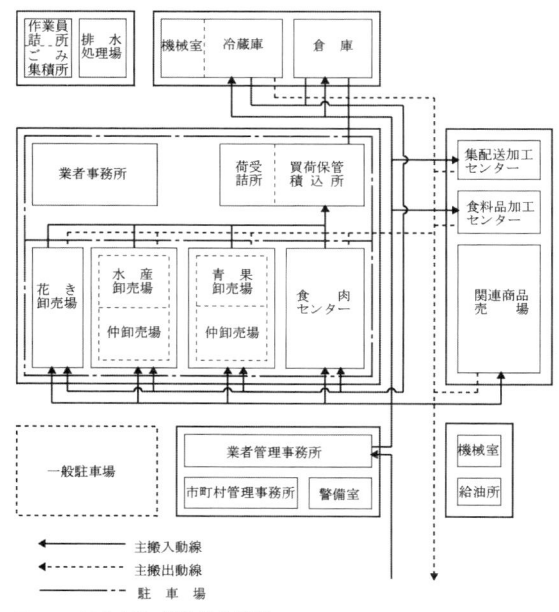

図4-28 卸売市場の機能構成例[28]

4.8.2 流通業務団地

流通業務市街地は地域地区である「流通業務地区」および都市施設である「流通業務団地」により構成される。流通業務地区は、当該都市における流通機能の向上および道路交通の円滑化を図るため、流通業務市街地として整備すべき地域について、都市計画に定めるものであり、地区内では、流通業務に関連する施設以外の設置が規制される。この流通業務地区内で、その中核として特に一体的・計画的に整備すべき区域として、流通業務団地に係る都市計画が定められる。流通業務団地の都市計画については以下により取り扱うべきである。

1│位置
流通業務団地を定めうる区域としては、流通業務地区内であることに加えて、二つの要件を満たすことが必要である。
① 流通業務団地は、流通業務地区の中核として機能を果たすべく決定されるものであるため、流通業務地区外の幹線道路、鉄道等の交通施設の利用が容易であることや、良好な流通業務団地として一体的に整備される自然的条件を備えていること、当該区域内の 土地の大部分が建築物の敷地として利用されていないことを条件としている
② 流通業務団地が流通業務地区の中核としての機能を果たすため、トラックターミナル、鉄道の貨物駅または卸売市場といった大量の物資の集配・保管のための中核的な施設を中心として、その他の関連施設が一体として立地することが必要であり、これらの施設の敷地が、これらの施設における貨物の集散量およびこれらの施設の配置に応じた適正な規模のものであることを条件としている。ここで、その他の関連施設とは、トラックターミナル、鉄道の貨物駅または卸売市場と密接な関連を有している物資の保管、荷捌、集配等の用に供する倉庫、上屋、卸売業の店舗等が含まれる

2│構造等
流通業務団地に関する都市計画は、下記に従って定める必要がある。
① 道路、自動車駐車場その他の施設に関する都市計画が定められている場合には、これら既存の都市計画の内容に適合すべきこと

② 流通業務施設の敷地、公共施設については、流通業務地区の中核として一体的に構成されることを目的として、流通業務施設が適正に配置され、かつ、各流通業務施設を連絡する適正な配置および規模の道路その他主要な公共施設を備えるよう、流通業務団地の都市計画を定めるべきこと

4.8.3　面的な開発・復興事業における都市施設

1│一団地の住宅施設

一団地の住宅施設とは、1ha以上の一団地における50戸以上の集団住宅および付帯する通路その他の施設をいう。一団地の住宅施設は、住宅の不足の解消に資し、都市の総合的な土地利用計画に基づき、良好な居住環境をもつ集団住宅とそれに必要な施設の総合的整備を図り、公益的な住宅供給と市民の住生活の向上を目的として計画される。

団地は原則として、住宅系の地域内に設定し、交通施設、上下水道、ガス等供給処理施設を完備し、高燥な（高台で乾いている）土地を選び、教育施設、公園および共同施設を適正に配置し、近隣住区を形成するようにしなければならない。

2│一団地の官公庁施設

一団地の官公庁施設とは、行政の能率化と住民の利便、建築物の不燃化、土地の高度利用を図るため、地方公共団体および国家機関の建築物およびこれに付帯する施設を都市内の特定の区域に機能的に集中配置し、一団地として総合的に計画するものである。

一団地の官公庁施設は、これが完成すればその都市にとって一つの象徴的地区となるので、場所の選定にあたっては、それにふさわしい環境のところとしなければならない。また、各建築物はできる限り合同建築とし、不燃化、高層化することによりオープンスペースを多く確保するとともに、全体として秩序ある景観形成に努める必要がある。

3│一団地の津波防災拠点市街地形成施設

一団地の津波防災拠点市街地形成施設とは、津波による災害の発生のおそれが著しく、かつ、当該災害を防止し、または軽減する必要性が高いと認められる区域（当該区域に隣接し、または近接する区域を含む）内の都市機能を津波が発生した場合においても維持するための拠点となる市街地の整備を図る観点（いわゆる事前復興）から、当該市街地が有すべき諸機能に係る施設を一団の施設としてとらえて一体的に整備されるものである。津波防災地域づくりに関する法律（2011年）の制定に伴い、都市計画に組み入れられた。都市計画においては位置と構造が定められる。

当該市街地が有すべき機能に応じて住宅施設、特定業務施設、または公益的施設を組み合わせるとともに、これらと一体的に確保する必要のある公共施設とを併せたものとして構成される。一団地の津波防災拠点市街地形成施設の都市計画決定にあたっては、津波発生時の都市機能維持の拠点として当該市街地がどのような機能（住宅・業務・公益）を有すべきかをあらかじめ明確にするとともに、当該機能が十分に確保されるよう、公共施設も含めた各施設の組み合わせならびにこれら施設の配置および規模において、適切な計画とすることが望ましい。

また、実際に津波により甚大な被害を受けた地域をはじめとして、津波による浸水を受け得る土地の区域を含んで都市計画決定する場合には、住宅・業務・公益・公共の各施設の位置および規模ならびに建築物の高さ等の制限を都市計画に適切に定めることのみならず、必要に応じて、被害の防止・軽減のため

［業務系整備手法の例］公共団体等は全体の用地の取得・造成、道路および防災センター等の公共施設や産業団地を整備し、民間が貸借する

［住宅・公益系整備手法の例］公共団体等は全体の用地の取得・造成、道路および行政施設等の公共施設を整備し、民間が借地または譲渡を受ける

図4-29　一団地の津波防災拠点市街地形成施設[31]

の措置をあわせて講じることにより、津波発生時の都市機能維持の拠点となる市街地としての機能を確保することも考えられる。

4｜一団地の復興拠点市街地形成施設

著しく異常かつ激甚な非常災害であって、災害対策基本法に規定する緊急災害対策本部が設置されたものを「特定大規模災害」という。一団地の復興拠点市街地形成施設とは、特定大規模災害を受けた区域（当該区域に隣接し、または近接する区域を含む）内の地域住民の生活および地域経済の再建のための拠点となる市街地を形成する一団地の住宅施設、特定業務施設または公益的施設および特定公共施設をいう。大規模災害からの復興に関する法律（2013年）の制定に伴い、都市計画に組み入れられた。

以下の条件を満たす場合に都市施設として都市計画決定される。

① 円滑かつ迅速な復興を図るために当該区域内の地域住民の生活および地域経済の再建のための拠点として一体的に整備される自然的経済的社会的条件を備えていること
② 当該区域内の土地の大部分が建築物（特定大規模災害により損傷した建築物を除く）の敷地として利用されていないこと

定める内容は、住宅施設、特定業務施設または公益的施設および特定公共施設の位置および規模、建築物の高さの最高限度もしくは最低限度、建築物の延べ面積の敷地面積に対する割合の最高限度もしくは最低限度または建築物の建築面積の敷地面積に対する割合の最高限度である。

なお、留意事項として、当該区域内の地域住民の生活および地域経済の再建のための拠点としての機能が確保されるよう、必要な位置に適切な規模で配置すること、再度災害を防止し、または軽減することが可能となるよう定めることが示されている。

第4章　出典・参考文献
注）官公庁を出典とするものは、特記ない限りウェブサイトによるものとする

1) 国土交通省「都市計画現況調査」2011年
2) 国土交通省「都市計画現況調査」2008年
3) 中京都市圏総合都市交通計画協議会「第3回中京都市圏パーソントリップ調査」1991年より作成
4) 中京都市圏総合都市交通計画協議会「第5回中京都市圏パーソントリップ調査結果の概要」2013年
5) 竹内伝史、川上洋司、磯部友彦、島田喜昭、三村泰広『地域交通の計画』鹿島出版会、2011年
6) 小牧市「小牧市総合交通計画」2011年
7) 国土交通省 都市・地域整備局都市計画課都市交通調査室「総合都市交通体系調査の手引き（案）」2007年
8) 国土交通省「PT調査とは」
9) 竹内伝史、本多義明、青島縮次郎、磯部友彦『交通工学』鹿島出版会、2000年
10) 名古屋市交通問題調査会『市営交通事業のあり方と経営健全化方策第三次答申』名古屋市、1987年より作成
11) (公社)日本交通計画協会ウェブサイト「新交通システム」2013年
12) LRT等利用促進施策検討委員会ウェブサイト「LRT等利用促進ガイダンス」2013年
13) 国土交通省「BRTの導入促進等に関する検討会資料」2014年
14) 建設省都市局監修『活力ある都市と道路整備』大成出版社、1987年
15) 住区内街路研究会『人と車　おりあいの道づくり——住区内街路計画考』鹿島出版会、1989年
16) (一社)交通工学研究会ウェブサイト「生活道路のゾーン対策マニュアル」2011年
17) 国土交通省都市局公園緑地・景観課「公園とみどり／制度の概要」
18) 国土交通省都市地域整備局監修『新編 緑の基本計画ハンドブック』(一社)日本公園緑地協会、2007年
19) 国土交通省都市局公園緑地・景観課「公園とみどり／都市公園／都市公園の種類」
20) 国土交通省都市局公園緑地・景観課「都市公園データベース」2013年
21) 国土交通省「平成24年度国土交通白書」2013年
22) (公社)日本都市計画学会『都市計画マニュアル』丸善、2002年
23) (一社)日本公園緑地協会『都市緑地法活用の手引き』2008年
24) 名古屋市「緑化地域制度について」
25) (公社)日本水道協会『水道施設設計指針』より作成
26) 国土交通省水管理・国土保全局「下水道施設の構成と下水の排除方式」
27) 国土交通省水管理・国土保全局下水道部 2012年度資料
28) 日本都市計画学会『都市計画マニュアル』ぎょうせい、1985年
29) (公社)日本下水道協会『下水道施設計画・設計指針と解説 2009年版』2009年
30) 愛知県春日井市「下水道基本計画書」2012年
31) 国土交通省「津波防災地域づくりに関する法律について」2011年

5
市街地整備の計画

5.1 市街地整備事業の系譜

5.1.1 震災復興

関東大震災後(1923年)の復興事業において、土地区画整理事業は一気に普及した。一部は民間の組合施行で行われたが、大部分は東京市が中心となって行った。道路の整備、公園の確保等高い水準の計画が立てられ、実施された。墓地の郊外移転による公共用地を確保し、減歩率の緩和を行う等、その後の技術に影響を与えた。この事業は今日の東京都心部の基盤整備に寄与したが、一方で郊外開発に対する都市計画的な対策が遅れたこと等のマイナスの影響もある。

5.1.2 戦後復興期（概ね1945年から1955年）

第二次世界大戦では、215都市が戦災を受け、64,500haが焼失した。現在の市街地整備事業は、戦災のために荒廃した市街地の復興整備が基礎となっている。区画整理等による復興事業が102都市で実施され、

表5-1 主な戦災復興区画整理の実施都市 [1]

都市名	施行面積	都市名	施行面積
青森市	439ha	和歌山市	464ha
東京都区部	1,233ha	岡山市	351ha
横浜市	794ha	広島市	1,093ha
川崎市	614ha	福山市	382ha
長岡市	313ha	高松市	358ha
岐阜市	477ha	高知市	366ha
名古屋市	3,452ha	北九州市	386ha
津市	301ha	福岡市	329ha
大阪市	3,529ha	長崎市	431ha
神戸市	2,210ha	鹿児島市	1,044ha
西宮市	512ha		

注）施行区域面積300ha以上

施行面積は合計28,200haに達した。特に名古屋市、大阪市では、東京都区部をはるかに超える3,500ha前後の事業が集中的に実施された。名古屋市、仙台市、広島市等で、広幅員の道路等、後世に残る良好なストックが形成されたのはこの頃である。一方で、復興事業が実施されなかった都市・地区では、基盤整備がなされないままとなり、その後の人口集中により老朽密集市街地が形成される原因となった。

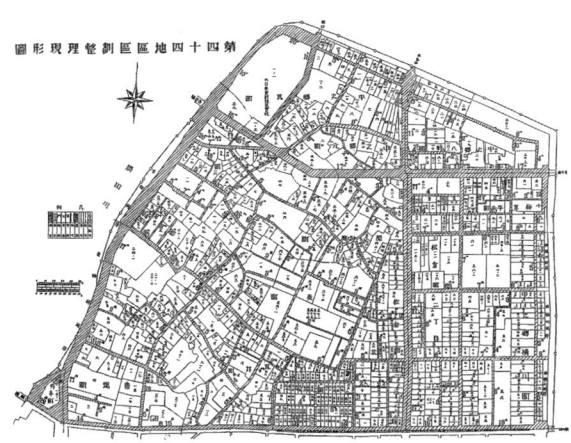

図5-1 関東大震災の復興計画（東京市）[2]

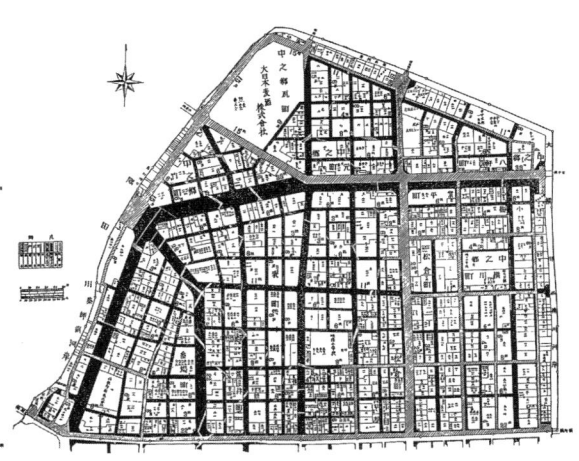

戦前の街路網　　　　　　　　　　　　　　　　　　　戦後の街路網

図5-2　戦災復興都市の例（名古屋市）[3]

5.1.3　高度成長期（概ね1955年から1973年）

三大都市圏をはじめ、都市部への人口流入が活発化[図5-3]したことで、市街地が急速にかつ無秩序に広がっていった（スプロール化）。1960年代後半から自動車保有台数が急速に増大し、モータリゼーションの時代が始まった。都市に流入する人口の受け皿として、土地区画整理事業とともに、土地収用を伴う新住宅市街地整備事業（以降、「新住事業」という）が導入され、計画的な住宅市街地の整備が拡大した。一部の大規模な都市では、駅周辺等の既成市街地において土地区画整理事業による整備が始まったが、郊外の開発に比べて、既成市街地の整備は相対的に立ち後れ、密集市街地が形成される一方、将来、中心市街地が空洞化する原因がつくられた。

5.1.4　安定成長期（概ね1973年から1986年）

大都市への人口流入は沈静化したものの、本格的なモータリゼーションの時代が到来し[図5-4]、団塊世代の住宅需要を背景に、郊外部において区画整理、新住事業等による住宅地開発は拡大した。こうしたいわゆるニュータウンにおいて、同一世代が一斉に入居したことから、後に急速な高齢化等の課題を抱え

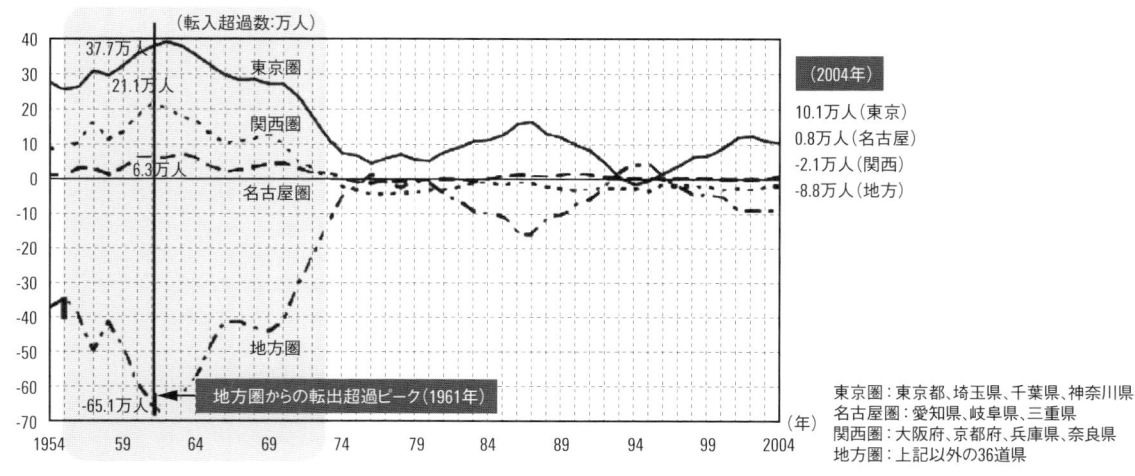

図5-3　三大都市圏への人口流入 [4]

東京圏：東京都、埼玉県、千葉県、神奈川県
名古屋圏：愛知県、岐阜県、三重県
関西圏：大阪府、京都府、兵庫県、奈良県
地方圏：上記以外の36道県

（2004年）
10.1万人（東京）
0.8万人（名古屋）
-2.1万人（関西）
-8.8万人（地方）

る原因となった。一方で、沿道型の商業立地や公共施設の郊外移転に伴い、中心市街地の疲弊が進行した[図5-5]。主要駅周辺や都市中心部においては、高度成長期末期に導入された市街地再開発事業が区画整理による基盤整備とともに活発に実施され、都市の機能更新による新たな拠点形成が進んだ。都市部の密集市街地では、木造賃貸住宅地区総合改善事業等が導入され、住環境改善の努力が進んだ。

5.1.5 バブル期（概ね1986年から1991年）

産業構造の転換や旧国鉄操車場跡地の民間払下げ等により、都市部に大型の遊休地が発生した。これらの遊休地の活用のため、民間企業の活力を呼び込みつつ、市街地再開発や区画整理により、商業、業務、宿泊等の高次の都市機能を有する大規模開発が実施された。旺盛な床需要により地価が高騰した[図5-6]ことで、いわゆる地上げによる大量な空地が発生、都心の空洞化が進んだ。こうした傾向は、大都市から地方部に波及し、需要を超えたオフィスビルの建設により空室率が上昇していった。一方、大都市を中心に郊外部では大量な住宅需要を受けて、大規模な住宅市街地の整備が進んだ。特に、東京では都市部の大規模開発と郊外の住宅地開発により、人口と都市機能の一極集中が進み、東京と他地域との経済格差が一気に広まった。

5.1.6 バブル崩壊から現在（概ね1991年から）

バブル崩壊により長期の不況が到来し、地価下落が進行した。都市部には銀行やデベロッパーがバブル期に抱えた空地等の不良資産が残され、都市の再生が課題となったため、規制の合理化等により民間開発を呼び込む仕組みづくりが進んだ。一方、バブル期までの郊外部の住宅開発に伴い、大規模商業施設等の郊外化が進み、中心市街地の疲弊が深刻化した。このため、郊外での立地規制や中心市街地活性化のための施策の導入が進んでいる。大都市、中核市等の一部地域では、高齢化等を背景に郊外から都心部への回帰現象が生じ、マンション建設が活発化している。

一方で、郊外では住宅需要が沈静化し、地価が下落する中で、実施中、計画済みの区画整理や再開発の成立が難しくなっており、市街地整備は岐路に立っている。高度成長期までに形成されたニュータウンで

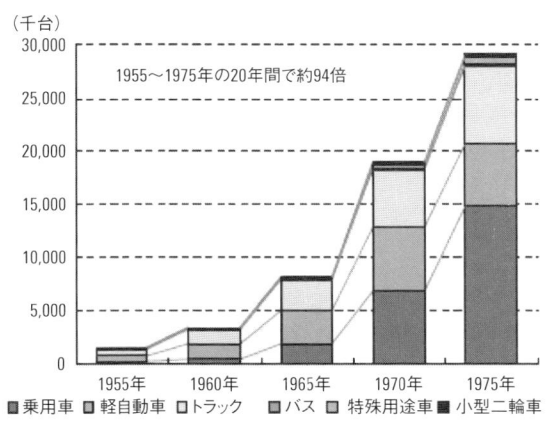

図5-4 自動車保有台数の推移[5]

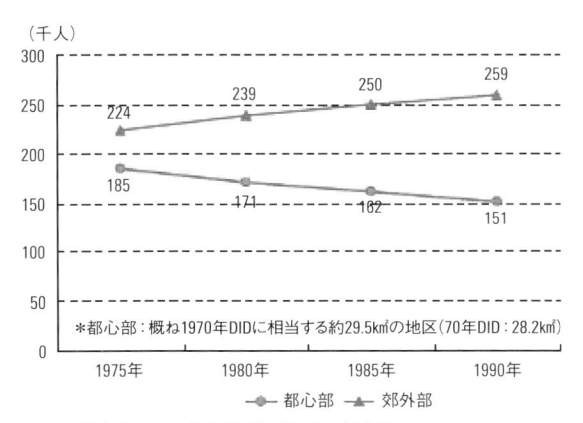

図5-5 岐阜市における都心部・郊外部の人口推移[6]

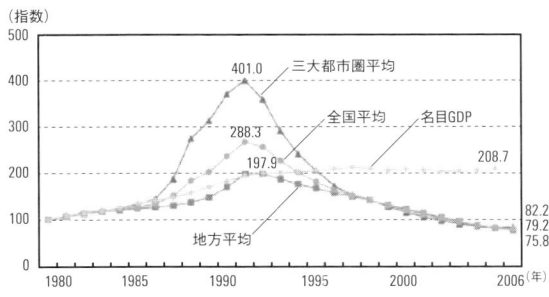

図5-6 公示地価の推移（1980-2006年。1960年を0とする）[7]

は、施設の老朽化が進む一方で、住民の高齢化が一気に進み、活力の再生が大きな課題となっている。老朽密集市街地の改善の取組みでは、阪神・淡路大震災を契機として、類似の事業を密集市街地整備促進事業に統合し、現在も続いている。

次節からは、代表的な市街地整備事業として、土地区画整理事業、都市再開発事業、密集市街地整備促進事業を取り上げ、説明する。さらに、市街地整備事業の新たな展開、現在の大きな課題である中心市街地の活性化と郊外住宅地の再生を取り上げ、われわれが直面している都市構造の再編の問題を考える。

5.2 土地区画整理事業

5.2.1 事業の特徴

1 | 事業の目的
土地区画整理事業の目的は、「公共施設の整備」と、「宅地の利用増進」である。これは土地区画整理法第2条に規定されている。すなわち、宅地開発を公共施設整備と一体的に行う市街地整備手法の一つである。

ニュータウンのように、新たな都市を生み出す手法として用いられる[図5-7]一方、戦災や震災からの復興、基盤が未整備な地域の機能更新といった再開発の手法としても用いられる[図5-8、図5-9]。

2 | 事業の仕組み
事業の仕組みの特徴は、①複数の土地の権利者(所有者と借地権者)が協力して、②開発する土地の面積を有効な規模にし、③所有する土地の位置を計画に沿って置き換えること(換地)、④各権利者が土地を提供し合うこと(土地を減らすという意味で「減歩(げんぶ)」という。**5.2.3**で後述)を通じて、⑤道路や公園等の公共施設を整備するとともに、⑥宅地の配置と形状を整えることによって、良好な市街地の基盤整備を行うものである。

3 | 事業の対象とする地域像
土地区画整理事業が対象とする地域は、新しく開発

写真5-1 区画整理によるニュータウンの事例(高蔵寺ニュータウン)[8]

写真5-2 区画整理による都市開発の事例(愛知県春日井市勝川地区)[8]

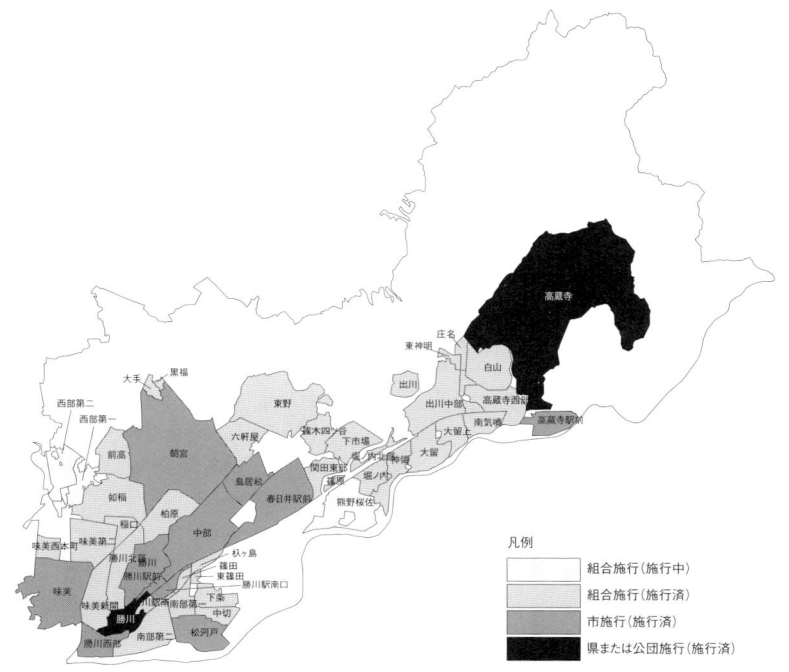

(2018年4月現在)

	地区数	面積(ha)	市街化区域に占める割合
市施行	11	1,140.50	24.2
県施行	1	42.28	0.9
組合施行	40	1,731.52	36.8
公団施行	1	702.15	14.9
合計	53	3,616.44	76.8

図5-7 愛知県春日井市における区画整理の実施状況。同市は市街化区域の75%超を区画整理により整備している全国有数の区画整理実施都市[8]

する市街地(特に住宅地)と再開発が必要な既成の市街地である。再開発の場合には戦災や震災・大火災の被害に遭って焼失した市街地の再生を目指すものも含まれる。

5.2.2 土地区画整理の事業計画と設計

事業計画の主な内容は、①施行区域、②設計の概要、③事業施行の期間、④資金計画である。このうち事業の内容を示す設計の概要は、設計説明書と設計図書からなっている。

1｜設計説明書
事業の目的、土地の現況、施行前に対する施行後の宅地の地積の比率、保留地の予定地積、公共施設の整備改善の方針等を記載する。

2｜設計基準と設計図の内容
設計の基準項目と設計図の主要内容は以下のようである。

a. 設計基準
① 近隣住区を想定して計画する
② 道路の機能的段階構成(幹線道路とその他道路の交差の回避、区画道路の幅員、通過交通の排除)
③ 道路の安全性の確保(交差部等の隅切り)
④ 公園の確保(3㎡/1人以上、地区面積の3%以上)
⑤ 排水施設、樹木・表土の保存等の計画

b. 設計図の主要内容
① 街区の構成と敷地割りの計画
② 施行する公共施設(道路、公園緑地、上下水道施設等)
③ 鉄道、軌道、官公署、学校等の位置と形状

5.2.3 土地区画整理の換地計画と減歩

計画されたとおりの公共施設と宅地の配置を実現するためには、「換地」(土地の所有境界を移動させる手続き)と、「減歩」(土地を公平に提供し、公共用地と事業費を生み出すための用地を確保する手続き)が必要である。この二つの手続きが土地区画整理の最大の特徴である。

1｜換地計画の定義
換地計画は次のように定義される。
① 事業計画で定められている道路・公園・広場等の公共施設計画を枠組みとして、個々の宅地の再配置を行う計画である
② 土地に関する権利を売買等民事上の権利移動によらないで、換地処分により「施行前と施行後の土地を同じものとみなしつつ、施行前の土地の権利関係をそのまま施行後の土地に移行させる」という内容を「前もって公定させる」ものである

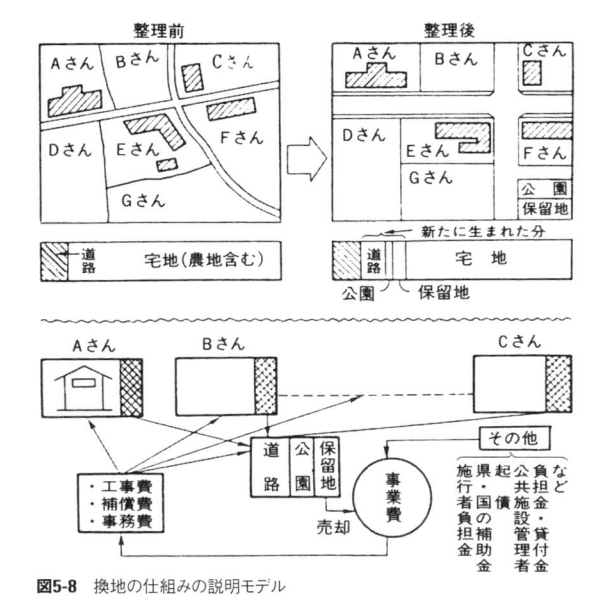

図5-8 換地の仕組みの説明モデル

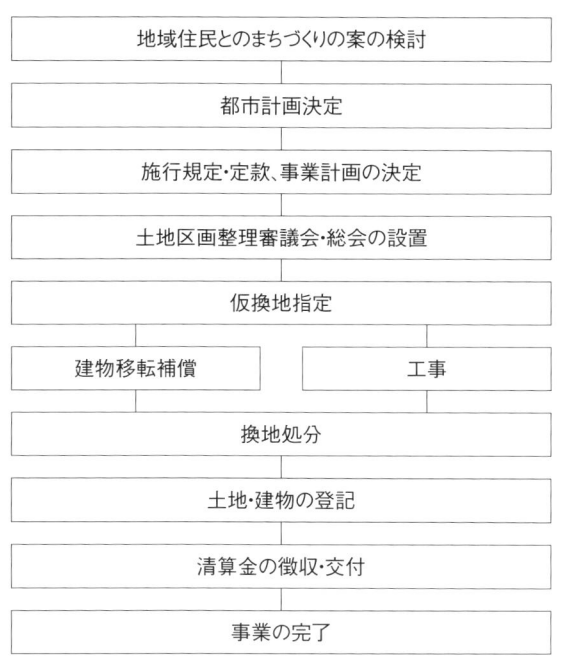

図5-9 区画整理の施行の流れ

2 | 換地の解説：民間組合施行の場合
a. 個別の土地所有者の換地
図5-8において、例えば、Aさんの敷地は、従前は不整形で広い道路に面していなかったが、換地計画では、やや小さくなったものの、広くなった道路に接して整形の土地になった。建物は敷地の移動に合わせて移動した。

Bさんは、換地計画により従前の不整形な土地から整形の土地に移動した。建物はなかったから、土地だけの移動である。

b. 計画地区全体としての換地と減歩
AさんからBさん……Gさんまで全員の換地が行われると、そこには道路や公園の用地が確保され、また保留地が生み出される。保留地は売却することにより事業費を生み出すための土地である。公共施設の用地と保留地は、従前の公共施設用地と土地の権利者から提供された土地によるものである。

事業費は厳密にいえば、道路管理者(地方公共団体等)の負担金、国や都道府県からの負担金等も含まれることから、施行者の負担は軽減されるものの、多くは保留地の売却による。

3 | 減歩と減歩率
土地の権利者が、公共施設用地等を生み出すために土地を提供することを「減歩」という。土地区画整理の前身は、耕地の区画整理であったことから、耕地の単位である「歩」が用いられている。

施行区域全体の面積のうち、権利者の従前の土地の合計(施行区域全体から従前の公共用地等権利者以外の土地で、公共用地に編入される土地を除いたもの)に対する減少した土地の面積の合計の割合を「平均減歩率」という。それぞれの権利者の従前の土地に対する減歩した土地の割合は、各個人の減歩率である。

$$減歩率 = \frac{減歩した面積}{従前の宅地の面積}$$
$$= \frac{従前の宅地面積 - 換地面積}{従前の宅地の面積}$$

平均減歩率は、自治体の基準、地域の状態や地価の動向等によってかなり幅をもっている。通常は30%前後であるといわれている。

かつての名古屋市では道路や下水道等の設計や負担の基準が厳しく、減歩率は50%にも達したという。高蔵寺ニュータウンは土地区画整理事業でつくられたが、丘陵地であり、未使用地が多く公共施設率が高いことから平均減歩率は50%になったといわれている。

4 | 換地の計算
換地では、従前と従後の土地の価値を正確かつ公平に評価することが必要となる。土地評価は路線価式土地評価法が一般的である。換地の設計は照応の原則(換地の従前と従後の土地がほぼ同じ位置、同じ条件下にあるようにする)に基づいて行われてきた。

① 面積式：従前の宅地面積から平均減歩率によって換地の面積を決める方法。減歩率は公平になるが、土地評価が従前と従後で差が大きい場合には、不公平是正のための精算金が大きくなる

② 評価式：各条件が土地評価に反映したものとして土地評価額を主とする決め方で、精算金を少なくするように換地を決める。精算金は少なくなるが、減歩率の差が大きくなる

③ 折衷式：面積式、評価式の両方を併用した方法で、減歩率のバランスと精算金を考慮しながら換地を決める

5.2.4　事業の主体と手続き

1 | 事業主体
事業主体は次の二つが主なものである。
① 民間施行(組合施行および一人または数人の個人施行がある)

民間施行は宅地開発を目指すものが多く、権利者が多い場合には組合をつくって、これを意思決定機関とするものが多い。

② 公共団体・行政庁施行(公的機関の施行も準ずる)

公共団体施行は通常は市町村長が行うことが多いが、事業の広域性や重要性に応じて都道府県知事が施行する場合もある。公共団体施行の場合には公共施設の整備や公的住宅団地の建設が主となる場合が多い。

2 | 計画の決定手続き
a. 民間組合施行の場合
民間組合施行における事業計画の決定では、①発起人会による施行区域の設定、事業計画の作成とその

同意書の取りまとめ（3分の2以上の同意）を得て、組合設立の認可申請を行い、②事業計画の縦覧と意見書の提出等のプロセスを踏まえた事業計画の知事の審査を得て、組合設立、総会における事業の議決にいたる。事業の計画と組合の設立は一体的に進むことになる。

b. 公共団体施行の場合

公共団体施行の場合は、まず、都市計画決定の手続きが必要である。一般には都市計画地方審議会の審議を経て都市計画決定される。これが終わってから事業計画の作成に入り、都市計画地方審議会の審議を経て知事が認可し、事業計画は決定される。公共団体施行の場合は、権利者の選挙による代表からなる土地区画整理審議会を設けて、その審議を得ることになる。審議会の審議の主要な課題は、換地計画の決定と土地評価委員の選定である。審議会には施行者の推薦により専門委員を置くことができ、また委員のリコールができる。

3│事業の終了までの手続き

a. 仮換地

「換地」を行う際、事業区域内のすべての画地について同時に行われることが法的には必要である。しかし事業は数年にわたるのが通例で、したがって「換地」が完了する前でも、新しく移る先の画地での建設はできるだけ可能にしておく必要がある。そのための実質的な措置が「仮換地の指定」である。仮換地といっても、実質的には施行後の画地であるから、通常の建設活動と居住には支障はない。

b. 特別の換地

換地計画は、照応の原則に即して行われることが望ましいが、事業計画や街区全体によっては特別な扱いをする必要が生じる場合がある。また、従前と従後の画地面積が違いすぎる場合（従前が小規模敷地である場合等）にも、救済のために特別な扱いをした方がよい場合もある。例えば、次のような扱いである。
① 小規模な画地の減歩率を減らし、狭小化を防ぐ
② 小規模画地は減歩しないで精算金による
③ 従前から離れたところへ換地する（飛び換地）
④ 特に広い画地で施行後は実際の評価より小さく換地し、精算金で対応する
⑤ 学校等大規模な用地が必要な場合に、従前にはなかった施設用地を特別に確保する（創設換地）

c. 精算金

街区の設計による減歩率と評価の差は細かい調整が困難なものである。調整を細かい敷地割りで行うよりも、金銭で調整する方が実質的である場合が多い。調整のために出し入れする金銭を「精算金」と呼ぶ。精算金が多くなることは特別の理由のない限り好ましくないが、若干の精算金は事業遂行上やむを得ない。

d. 移転と移転補償

従前の画地に存在している建物や庭木等については、移転するか除却することができる。この場合移転または除却によって与えた損失を施行者は補償しなければならない。通例では、移転可能なものは移転させることにしている。

e. 換地処分、精算、登記

仮換地の指定が行われ、工事が終了すると新しい画地の決定（換地）を権利者に通知する。これが「換地処分」である。「換地処分」の公告があった翌日には、新しい土地の権利が発効し、従前の権利は消滅する。

　精算金の額、飛び換地や創設換地の帰属、保留地の帰属等も確定する。

　公共施設の帰属もそれぞれの公共機関に決定する。精算金は換地処分の公告の次の日から、それぞれの権利者に施行者に対して支払う義務が生じる。換地処分後、新しい権利が発効したそれぞれの土地について「登記」が行われるが、施行者が申請または嘱託することになっており、通常は一括申請する。これをもって、土地区画整理事業は終了する。

5.2.5　土地区画整理事業の成立過程

ここでは、農地の区画を整理する耕地整理から、都市計画のための土地区画整理事業への発展過程を見てみよう。

1│名古屋市に見る区画整理の変遷

図5-10に示す名古屋市の市街地整備図（都市計画概要より）を見ると、市域のほとんどが耕地整理事業と土地区画整理事業によって整備されている。中央に戦災復興土地区画整理事業区域があり、その外にそれと少し重なる区域を含めて「耕地整理事業地区」がある。さらにその外側に旧法による土地区画整理事業地区がある。ここまでがほぼ第2次世界大戦終了までの名古屋市域である。そのさらに外側が戦後の新しい土地区画整理法による土地区画整理事業の区域

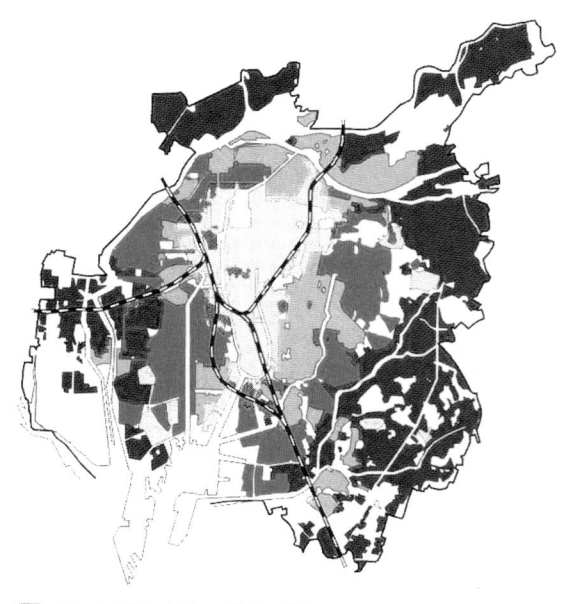

図5-10 名古屋市の区画整理事業の変遷 9)

凡例：
- 新法の組合施行土地区画整理
- 旧法の土地区画整理
- 耕地整理
- 公共団体等施行土地区画整理

図5-11 初期の耕地整理（東郊耕地整理事業区域）10)

図5-12 土地区画整理事業（名古屋市惟信町土地区画整理組合整理図）

である。戦後の新市域の耕地整理事業地区が北部や南部にあるが、この市域外の耕地整理事業は農地の整理事業であるために、市内における初期の耕地整理と同様に都市基盤の整備は遅れている。

2｜耕地整理から土地区画整理へ

土地区画整理の前身は耕地整理事業である。明治時代の末期から大正時代にかけて、日本の都市が工業化していく過程で、都市開発の手法として発達したものである。初期の耕地整理の設計は、**図5-11**のように農地の基盤整備を基準とした60間（約100m）四方を道路で区切り、中央に水路を配したものであった。多くの事業はその水路を道路に替えたものであり、敷地の割り方は耕地の割り方になっていた。

名古屋市では、農地整理型の耕地整理を隅切りをとる、農道を広げる、水路を埋め立てる、道路部分を削り取り耕地より低く下げる、という工夫によって次第に宅地化していった。

3｜都市開発型の耕地整理

1919年の都市計画法は、耕地整理法の運用によって、土地区画整理事業が実施できることを規定していた。この規定を用いて各大都市で事業が実施されたが、名古屋市はそれまで計画していた耕地整理事業をすべて計画変更し、都市開発のための土地区画整理に見合った設計内容とした。この結果、都市計画道路の完全な受け入れ、6～8mと6～4mによる長辺と短辺をもつ街区の構成、背割り線のある敷地割り設計等が実現した。ないものは公園だけであった。この設計は旧名古屋市内に限定されていた。

4｜耕地整理から土地区画整理へ

名古屋市内では土地区画整理と耕地整理事業との水準の違いは少なかったが、全国的には大きな違いがあり、都市開発は耕地整理ではなく、土地区画整理で行うことになった（1931年）。名古屋市では県の都市計画課からの働きかけもあって、この時期から土地区画整理事業へと転換した。初期の土地区画整理事業は公園の存在価値が評価されず、地主からは嫌われたが、やがて区画整理が買い手市場になるに従い、公園は設計に個性をもたらす役割を担うようになり、やがて定着していった[**図5-12**]。

5.2.6　土地区画整理事業の評価

土地区画整理事業の効用および課題について次のとおり評価する。

① 土地区画整理事業は、複数の地主の協力が得られれば、大規模な区域で一定水準以上の都市基盤が整備される点で優れている
② 主として未開発の地域の開発に有効。また災害後の復興事業のような建物の少ない地区の再整備に向いている。ただし密集した市街地の再開発には単独では有効でなく、建物の再開発が可能な他の制度と合併で実施することが必要となる
③ 権利者（地主）は早急な土地の売却を望まないために、市街化（ビルドアップ、建物の建設）が遅くなる。そして住宅宅地の大量供給にはならない
④ このため、長期にわたって住宅建設が行われるので、戸建住宅の建設から共同住宅へと住宅の供給形態が次第に居住者の階層も変わる。人口密度の計画が狂い、学校施設の計画等に支障が生じるおそれがある
⑤ さらに市街化が遅いために、公共施設の供給が非効率となり、店舗等の立地の遅れ、公共交通施設整備が遅れる等、長期にわたって不便な市街地が存続するおそれがある
⑥ 設計基準が厳しいことは環境面ではプラスであるが、反対に画一的な市街地を形成するおそれがある。また、経済効率を求めるために、丘陵地を平坦にしてしまう等、自然を破壊するおそれがある
⑦ 大規模な利権者にとっては有利な資産運用となっても、小規模な土地所有者、借地借家人にとっては有利とはいえない。また商店街等の再開発事業においては、商業者にとって街路整備が商店経営に有利に働くとはいえない場合がある
⑧ 事業の仕組みや技術がわかりにくいために、行政職員やコンサルタントに任せることが多く、真の住民参加のまちづくりになりにくい
⑨ さらに、土地価格の安定下落傾向から、地価の上昇を基本とした本事業制度は今後成立しにくいとの指摘がある

こうした弱点を克服するために、他の事業との合併施行、柔軟な設計、公的な事業との併用等が行われている。

5.3　市街地再開発事業

5.3.1　事業の概要

1｜事業の目的
都市における土地の合理的で健全な高度利用と都市機能の更新を図るため、建築物の共同化や公共施設の整備を行うものである。

2｜対象とする地区（施行する地区の条件）
① 第一種市街地再開発事業地区：土地利用上、高度で効果的な土地の利用を主とすることを目的とする地区。耐火建築が少ないこと、公共施設が少ないこと、土地利用が細分化しており、高度な土地利用が望まれる地区
② 第二種市街地再開発事業地区：災害上支障のある建物が密集していること、災害が発生したときに避難するための駅前広場、公園等の重要な公共施設を整える必要がある地区

3｜施行者と手続き
a. 民間が施行する場合
① 施行者：個人施行（一人または数人の共同）、組合施行（複数の土地権利者による）で行う事業である（第一種市街地再開発事業）
② 手続き：組合の設立（土地所有者、借地権者のそれぞれの3分の2以上、土地面積の3分の2以上の権利者の同意が必要）、都市計画の決定（高度利用地区の指定があること、市街地再開発促進地区の決定が行われること）
③ 権利の変換：従前の土地建物の権利を事業後の資産に権利変換する手続きを行う。事業費を生み出すために保留床を確保する

b. 公共的機関が施行する場合
① 施行者：地方公共団体、都市基盤整備公団、地方住宅供給公社等公的機関が施行する（第一種、第二種再開発事業）
② 手続き：都市計画決定（高度利用地区が指定してあること、市街地再開発促進地区の指定）を行うこと。事業計画の2週間の縦覧（権利者は意見書を提出できる）、第二種事業では土地収用権と先買い権の行使ができる。土地権利者は買取り請求権が行使できる
③ 権利の変換または管理処分：第一種事業では権利変換手続きを、第二種事業では管理処分手続きを

行う。管理処分手続きは、土地の売買により行うものであり公共事業としての性格上、税務処理等に支障がないためにこれができる

5.3.2 権利の変換の概要

土地区画整理事業における換地処分が市街地再開発事業の権利変換に該当する。従前の権利を従後の土地建物の統一された床の権利に置き換えることを権利変換という。以下にその概要をモデルによって説明する[図5-13]。

1 | 従前の権利者

A：土地所有権者、B：土地・建物所有権者、C：土地所有者・貸地している、D：土地所有権者・貸地している、E：土地・建物所有権者（貸し家している）、F：借地・建物所有者、G：借地・建物所有者（貸し家している）、H：借家権者、I：借家権者である。

2 | 事業後の権利者

① 従前の権利者が、事業後の土地・建物の権利を取得することに同意すれば、権利変換を行う
② それに同意しない権利者は、権利を売却（譲渡）して事業には参加しない
③ 事業後の保留床を確保することに前もって同意している機関は参加組合員として事業に参加できる

3 | 権利の変換

権利としての土地建物の価値は、価格で表現しないで点数（ポイント）として表現する。

① 土地の価値の計算：従前の土地の価値（以下ポイント）を所有者と借地権者で分配する。土地の所有者：借地権者は標準的には4:6の配分率である（通常は借地権者の比率が高いが地域や場所によって異なる）。貸地していない場合はすべて土地所有者のポイントになる
② 地上権と底地権の算定：地上権とは他人の土地においてこの建物を所有するためにその土地を使用する権利であり、物権である。底地権は地上権つきの土地の所有権である。底地権には直接の使用収益機能がないため通例1割の評価で、地上権

図5-13 市街地再開発事業の権利変換モデル[12]

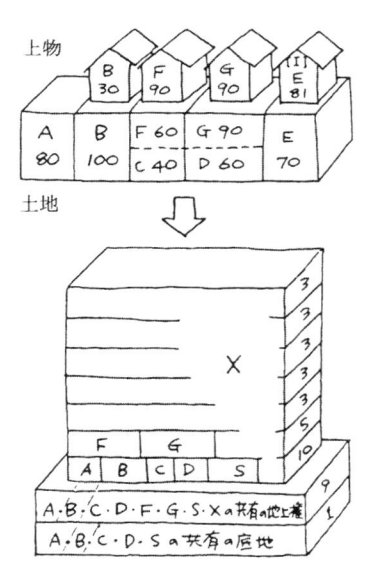

注）土地の総価額は500、地上権割合は90％、地上権価額は500×0.9＝450、施設建築物は7階建で各階等面積とすれば、
1階の地上権価額の持ち分は、

$$450 \times \frac{10}{10+5+3+3+3+3+3} = 450 \times \frac{10}{30} = 150$$

1階当りの上物の価額は、2100÷7＝300
したがって、1階の上物価格と地上権価格の比率は300:150
すなわち2:1

図5-14 市街地再開発事業の権利変換の計算[12]

が9割である。この結果として各権利者の土地に関する権利のポイントが確定する。

③ 従前の建物の権利の算定：従前の建物に関する権利はその所有者のみに帰属する。借家権者には与えられない。したがって、家屋評価された建物のポイントはそのまま所有者に加算される

④ 土地と建物の価値算定：以上の地上権と建物のポイントの合計が各権利者の事業後の床を取得する権利のポイントとなる。底地権はそのまま従前土地所有者の権利として残り、このポイントとは無関係である

⑤ 新しい事業後の床の価値：新しい事業後の建物床の価値は土地と建物を一体化した価値である。現在の分譲マンションの価格と同じと考えてよい。この価値の算定は、新しい建物の設計により各階の用途や地域の様子等による価値評価で決まるが、多くの権利者や市場価格で合意されるところに落ち着くであろう。ここではその結果としての各階の価格を算定する

各階の床の価値は「土地の各階への配分価値ポイントとかかった建設費によって決まる」とする。建設費は客観的に決まるとして、土地の価値（ポイント）の配分を検討する。これも地域の状態と各階の機能と市場価値で決まるから、皆が納得する割合で行われる。

このモデルでは、1階：10、2階：5、3階から8階までは3という割合で土地の価値（ポイント）を決めることにする。

この数値を決めると、単純に全体の土地の価値を各階に配分する計算をすればよい。

1階の土地の価値配分は(10/10 + 5 + 3 + 3 + 3 + 3 + 3) = 10/30となり、全体の土地のポイントの1/3である。同様に2階は1/6となり、3階から8階は各階1/10となる

⑥ 各個人の床の配分：各個人A、B、C……の事業後の床の配分は各階のポイントのうち、どの割合を取得できるかということになる

Aの取得床 =［Aのポイント数］÷［取得する階の全体の床のポイント数］である。

5.3.3 市街地再開発の事業事例

図5-15の名古屋市泥江地区は、密集した古い市街地

当該地区は名古屋駅に近く、都市計画街路（幅員50m）が予定されているが、明治以前より続いている下町の非戦災地区である。幹線道路沿いの3ブロックを再開発事業化した。国際センタービル（A地区小島ビル）と住宅（B地区那古野ビル）が主な機能となっている。

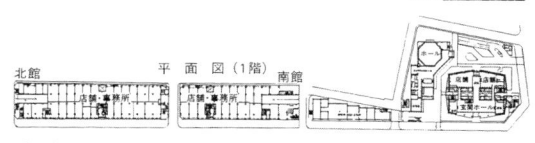

ⓐ 施行区域図

ⓑ A地区の旧建物分布

ⓒ 建築物全体の断面図および平面図

図5-15 泥江市街地再開発事業

表5-2 権利変換表[12]

	従前			従後			
	上物	土地	計	上物	地上権(共有)	底地(共有)	計
総資産価額	291	500	791	2,100	450	50	2,600
A	0	80	80	48	24	8	80
B	30	100	130	80	40	10	130
C	0	40	40	20	10	10	40
D	0	60	60	30	15	15	60
E	81	70	151	0	0	0	0
F	90	(60)	150	120	30	0	150
G	90	(90)	180	144	36	0	180
S	0	0	0	96	48	7	151
小計	291	500	791	538	203	50	791
X	0	0	0	1,562	247	0	1,809

注 （ ）内は借地権価額

写真5-3　再開発された泥江地区

である。名古屋市はこの市街地の一部にかかる都市計画道路の拡幅と、この密集市街地の近代化を目指して、市街地再開発事業を行った。

①道路の用地を確保する、②密集した市街地の土地と老朽化した建物を買収し、従前の居住者のための住宅と店舗（一部は事務所）のスペースを確保する、③それとともに、新しいビルを建設してそれを売り、この事業の資金とする、この3点を目標とした設計がなされた。

新しいビルは国際センターとして、国際連合やアメリカン・センター等の国際機関が使用する機関が買い取ることとなった。

こうして、巨大な公共施設と民間施設の集合する施設が多くの人の共同作業ででき上がった。

5.4　密集市街地の整備

5.4.1　密集市街地の整備の系譜

密集市街地の整備は不良住宅地区の全面的改造から始まり、近年では一般密集住宅地の修復、あるいは良好な住宅地の保全や歴史的な町並み保存にまで、広がりを見せている。

1｜不良住宅地区の全面的改造

a. 不良住宅地区改良事業

1927年、不良住宅地区改良法が成立した。極めて劣悪な住宅が密集している地区で、それを全面的に買収除却（クリアランス）し、良好な住宅等に建て替えることを目的としたものであった。この法が成立した背景としては、当時の社会運動、特に水平社運動への対策をさまざまな福祉的、生活改善的な施策とともに立てる必要性があったことがあげられる。この法による事業は全国で7地区が試行的に行われたが、第2次世界大戦の激化とともに終息し、他地区への適用は戦後に持ち越された。

b. 戦後の住宅地区改良事業

大戦の後、日本には低質な住宅の地区が数多く残されていた。従来の都市の貧困層の居住地、戦災で家を失った人々の仮住まい住宅、引揚者住宅や越冬用応急簡易住宅等、低水準の公的住宅が多く、「住宅地区改良法」が成立した1960年においても、集団的に存在する20万戸の不良住宅の解消が課題であった。①地区面積0.15ha以上、②不良住宅戸数50戸以上、③不良住宅率80％以上、④住宅密度80戸/ha以上、の地区を対象とし、希望する従前居住者が全員入居できる低廉な賃貸住宅、店舗・作業所・集会所等地区施設等も含めた総合的な地区の整備がその後、この制度によって積極的に行われた。

c. 住宅地区改良事業の事例（名古屋市王子地区）

王子地区は、不良住宅地区改良事業を実施した地区であるが、戦中および戦後の管理が悪く再スラム化した。この地区を再び改良したのが1970年代からである［図5-16］。

名古屋市が地区全体の土地と建物を買い取って除却整地し、改良住宅（市営賃貸住宅）を建設した。高層高

施工前現況図

図5-16　名古屋市王子地区の改良事業

写真5-4 改良住宅完成後の王子地区[13]

写真5-5 美しい農村づくりを進めている長浜市高月町雨森地区

密度の住棟計画は、オープンスペースを生み出す予定であったが、時代の経過とともにその多くは入居者のための駐車場となった［**写真5-4**］。

2｜住環境整備

1960年以降の高度経済成長期に日本の都市住宅地は変化した。不良住宅地は改善されるか、自然に消滅するものが多かった。住宅地区改良法による改善の対象となる地区は少なくなり、また小規模であるために対象から外される地区が目立った。これらの地区採択要件の基本条件は低質住宅（当時は不良住宅と呼ぶ）の多いことである。住宅地区改良事業やその延長上にある小集落地区等の事業は「大多数の住宅が不良住宅であること」となっていたが、一般住宅地の基準では「半分以上」としてその条件を緩和した。1978年「住環境整備モデル事業」制度要綱による事業が開始された。また1982年には、三大都市圏に多く供給された木造のアパートの建替えを促進し住宅供給を目指す事業が「木造賃貸住宅地区総合改善事業」制度要綱によって行われることになった。両者は1997年に統合され「密集住宅市街地整備促進事業」制度が成立し、さらに2004年に他の類似事業と統合され「住宅市街地総合整備事業（密集住宅市街地整備型）」となり、現在にいたっている。

3｜良好な住宅地の保全と町並み保存

既存の土地利用制限に上乗せ規制をかけて良好な住宅地を創出・保全する地区計画制度の適用や建築協定等については、第3章の土地利用計画で触れ、古い歴史的町並みの保存を目指す地区、あるいは優れた都市景観を創出しようとする地区については、第7章で触れるため、ここでは詳述しないが、それらの地区において、修景事業や地区施設整備を伴う事業制度として大きな役割を果たしている「街なみ環境整備事業」は、「まちづくり協定」を結んだ住民と市町村が協力して美しい景観の形成、良好な居住環境の整備を支援、誘導するため、「地区住環境総合整備事業」と「街なみ整備促進事業」を統合し、1993年に創設された［**写真5-5**］。

5.4.2　密集住宅市街地の改善事例

1｜全面的な道路整備と住宅の一部改良、一部保全（千葉県浦安市猫実5丁目地区）

旧漁村の一角をなしていた地区の一部であり、狭隘道路（幅員2.4m）がわずかにある程度の、老朽住宅が多く密集した地区である。埋立てにより市域を拡大してきた市にとって、新しい市街地と古い市街地の格差が目立つようになり、旧市域の改善を行うことになった。その最重点地区として猫実（ねこざね）5丁目地区が位置づけられ、住環境整備モデル事業が行われることとなった［**図5-17**］。

事業計画は、地区内に4.5m、6m幅員の道路を新設すること、従前の狭隘道路はそのまま残すこと、一戸

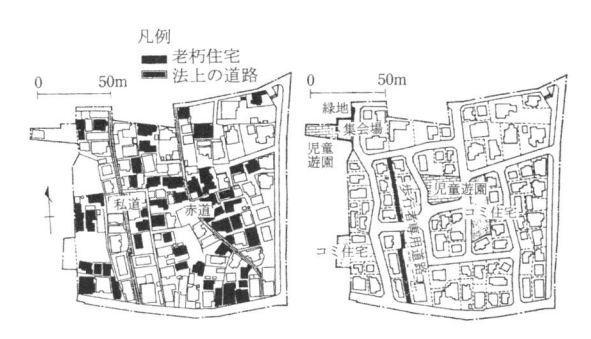

図5-17　浦安市猫実5丁目地区の従前と計画[14]

建住宅が多いことから、できるだけ一戸建住宅で良住宅は残し、不良な住宅は解消すること、中央に児童遊園と借家人のためのコミュニティ住宅を建設すること、が中心的な計画である。施設の整備を充実したことから、地区外へ移転する世帯がやや多くなった。住民の意見を聞き、ゆっくりと事業を進めていることが、水準の高い計画実現をもたらしている。

2｜道路の拡幅整備中心型（兵庫県伊丹市荒牧地区）
阪神・淡路大震災の復興事業として密集事業が兵庫県各地で行われた。荒牧地区は、古い農村集落であり、住宅は老朽化しているが、敷地が大きく、持ち家が多いために問題とされていないが、道路の狭さが問題となっていた地区である。土地区画整理事業が市内で進んでいた伊丹市では、この地区は震災以前から狭隘道路地区として問題になっており、狭隘道路の拡幅整備の計画が立てられていた。そこに震災があり、これを機会に道路拡幅が具体的な進展を見た。敷地が大きいために、また狭隘ではあるが基本アクセスとしての道路網はあったために、既存道路の拡幅が計画の基本となった［図5-18］。

この整備事業のために、道路にかかる建物と塀等の補償がなされ、一部の被害のあった（老朽化した）住宅の再築や曳き家も行われた。比較的順調に事業は行われ、整然とした街が出現した。従前からの計画があったこと、事業制度を先に決めずに計画にふさわしい方法を探した結果、密集事業がこれにふさわしいことがわかり、活用したことが有効な結果を生んだといえよう。

3｜狭隘道路の拡幅事例（茨城県神栖市東仲島地区）
古くからの漁村であるとともに、旧波崎町の中心的な市街地として発展してきた地区である。船主が所有する南北に長い短冊状の敷地の一部を船員が借り受けて次々に家を建てていき、ついに木造住宅の密集地区となってしまった。住宅が接する道路の不備と建物の老朽化が進み、地区外への人口流出が進んでいた。地区の活性化と再生が住環境整備事業の目的であった。

住民の参加を重視し、住民の話し合いで優先整備の路線を決め、可能なところから徐々に事業を進める「修復型」で着実に事業を進めている。

既存道路の拡幅の方法は、一方の拡幅（道路の片側だけを拡幅する方法、交渉相手が両側の場合より半分になる）」である［図5-19］。

4｜土地区画整理事業との合併施行の事例（名古屋市大曽根北地区）
国道の拡幅整備を主なねらいとした土地区画整理事業の導入に際して、借家居住者の継続居住のためのコミュニティ住宅の供給、老朽住宅の買収除却、小規模な遊び場の整備と集会所の建設等を行い、地区の居住水準を高める密集事業との合併施行が採用された。

図5-18 伊丹市荒牧地区の道路拡幅と住宅対策[14]

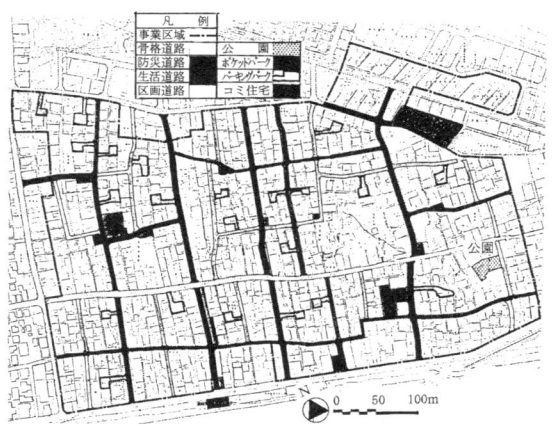

図5-19 神栖市（旧波崎町）東仲島地区の計画[14]

集会所と小公園の設置が、地域の人々の日常活動を緩やかにつなぎ、地域のコミュニティの形成に大きく寄与している。遊び場のデザインはワークショップで住民が設計し、その管理の一部まで行っている。密集事業は区画整理という物理的な事業を暖かい空間づくりへと変身させる効果をもったようである［図5-20、写真5-6］。

5｜市街地再開発事業との合併施行の事例（埼玉県上尾市仲町愛宕地区）

この地区は古い街道沿いの細長い短冊型の敷地に母屋と借家とが並べられた伝統的な建物配置の街である。JR駅に近く商業地域にあることから、高層住宅が建ち、相互に日照被害が起こっていた。その対策としていくつかの敷地を合同して、共同で住宅を建て替える提案が行政からなされた。市街地再開発事業やそのやや小規模な事業である優良建築物等整備事業（優良再開発型）等によって、数人の地主が合意して共同建替えに踏み切った。道路や小公園用地を密集事業により市が取得することで建設資金の一部に充当され、従前の賃貸住宅戸数以上の戸数が建築できることで、家主は従前借家人に安い家賃で提供することができている。このことによって、周辺と調和した共同住宅と公共の負担による道路、公園等の基盤整備が実現した。

上尾市仲町愛宕地区の事例は、密集した市街地を共同で再開発していくことの大切さを教訓として残した。

5.5 市街地整備手法の多様化

土地区画整理事業や市街地再開発事業は、代表的な市街地整備手法であるが、制度が導入されてから長い時間が経過する中で、事業の適用方法が硬直化し、経済社会状況の変化に対応できていないという実態から、事業が円滑に進まない状況が生じている。

このため、これまでの事業の適用方法を見直し、柔軟な考え方で多様な取組みを進めようとする動きがある。「柔らかい区画整理」「身の丈にあった再開発」と呼ばれる考え方である。

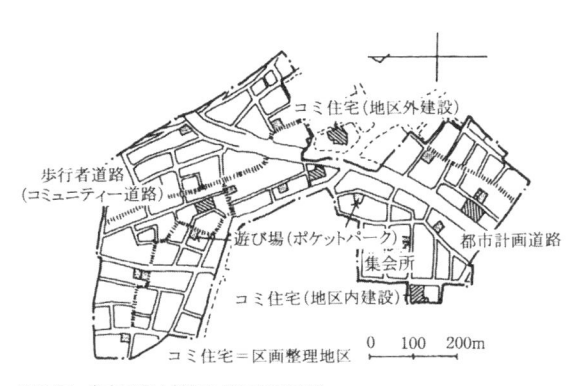

図5-20 名古屋市大曽根北地区の計画[14]

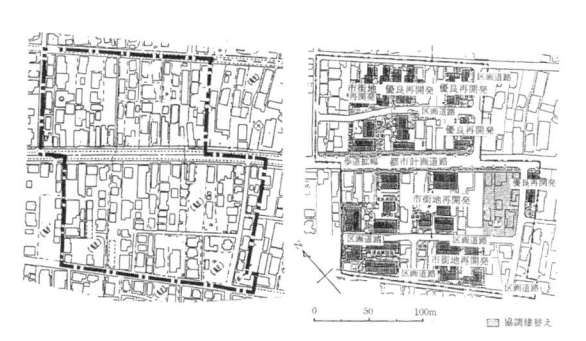

図5-21 上尾市仲町愛宕地区の共同建替えを目指した市街地再開発等の事業と密集事業による道路と公園整備の計画

写真5-6 大曽根北地区の道路拡幅と老朽住宅

写真5-7 再開発で建てられた住宅[15]

5.5.1 柔らかい区画整理

区画整理には、既成の概念として、「必ず減歩を行うものである」「道路で囲まれる等の一体の施行区域が必要である」「現在の位置での換地が原則である」といったものがある。

「柔らかい区画整理」では、小規模・短期間・民間主導の事業展開を図るために、これらの既成概念を打破して、柔軟な考え方を適用している。

例えば、公共減歩を行わず、公共施設の再配置と土地の交換分合のみで実施する事業、保留地減歩と負担金を柔軟に選択できるようにする事業等である。

図5-22は、滋賀県彦根市の彦根本町の区画整理の例である。施行区域を柔軟に設定し、現在位置にこだわらない集約換地を行って、散在していた商店をまとめて商店街街区等を創出したものである。

図5-23は、長期未着手地区・事業停滞地区において、事業計画の再点検を行い、必要性・緊急性の観点から大幅な計画変更を行った事例である。このような場合に、「柔らかい区画整理」の考え方を用いることも有効である。この事例では、事業費が半額程度にまで圧縮されている。

5.5.2 身の丈にあった再開発

再開発事業においても同様に、「いまは保留床が売れないので再開発は成立しない」「一街区一棟に共同化することが必須である」「容積の極大化が求められる」といった既成概念からの脱却が図られている。「身の丈にあった再開発」では、「適度な規模と複数連鎖的な事業展開」を目指して、高度利用よりも地域の環境改善や景観への適合を重視し、地域の床需要に応じた柔軟な保留床の設定によるリスクの最小化等を図っている。

図5-24は、過剰に機能を盛り込んだ当初計画を見直し、現行敷地を活かした建替え型のプランに変更した

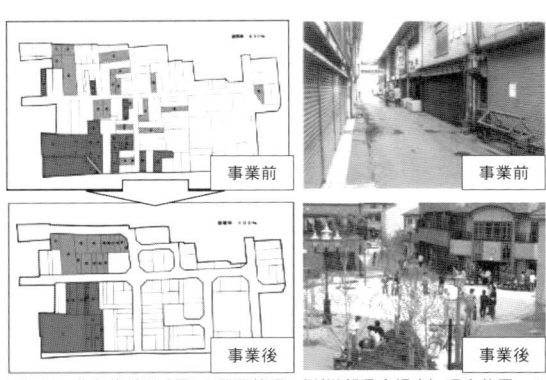

図5-22 集約換地を活用した区画整理の例(滋賀県彦根市)。現在位置への換地にこだわらない集約換地の手法により、散在する商店の集約等を通じてまとまりのある街区を形成 [16]

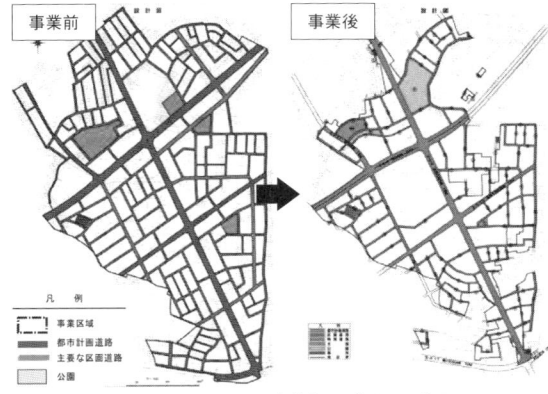

面積 58.5ha→36.8ha / 事業費 185億円→96億円

図5-23 事業停滞地区の計画変更の例(埼玉県桶川市)。長期間、事業が停滞していた地区において、必要性・緊急性の観点から計画を大幅に見直し、都市計画道路、公園等の根幹的な公共施設の整備に重点化 [16]

〈当初計画〉
市役所を含むツインタワーと開閉式 アトリウム等4つのゾーンで構成

地区面積 約11ha
延べ面積 約73,000m²

見直し

〈見直し後の計画〉
商店街、病院等既存機能を活かした 建替え型による再生プランに見直し

地区面積 約1.2ha
(約89%縮小)
延べ面積 約30,000m²
(約59%縮小)

図5-24 山形県酒田市・中町3丁目地区の例 [16]

写真5-8 柳ケ瀬通北地区の再開発の事例。中心市街地の再生のため、アーケード商店街に隣接して、高齢者の安定居住を目指したまちなか居住の促進と医療・介護機能の充実を図ったコンパクトな再開発 [17]

「身の丈にあった」再開発計画の見直しの例である。
　また、**写真5-8**は、岐阜市の繁華街・柳ケ瀬のメインストリートにおいて、高齢者向けの賃貸住宅を含む居住機能の回復と商業・医療の充実を図った事例である。

5.5.3　都市のスポンジ化対策

多くの都市で発生している都市のスポンジ化(小さな低未利用地が散在して発生する現象)対策として、「敷地整序型土地区画整理事業」や「空間再編賑わい創出事業」(都市再生特別措置法に基づく集約換地の特例を活用した事業)といった柔軟な区画整理手法が導入されている。これらの事業を活用して、小規模な空き地等でも素早く集約して、医療・福祉施設、子育て施設などの導入を図ることが有効である。

5.6　中心市街地の活性化と郊外住宅地の再生

5.6.1　中心市街地の衰退の状況

かつて多くの人々が居住し、買物客等で都市の「顔」ともいえるにぎわいを見せていた都市の中心部、すなわち中心市街地は、「シャッター通り」という言葉で代表されるように、多くが衰退している。高度成長期にモータリゼーションが進展し、活発に郊外住宅地の開発が行われ、中心部の人口空洞化、商業施設・公共公益施設の郊外化が進んだ結果である。

　図5-25のとおり、市街地を示す人口集中地区の人口の伸びに対し、面積の伸びが大きく、人口密度が低下してきている。広く薄く(分散・低密度に)都市が拡大(スプロール)してきたことがわかる。

　図5-26のように、大規模商業施設の立地は、周辺部、郊外部で進み、中心部の商業は厳しい環境におかれている。

　図5-27のように、中心市街地では、土地利用が停滞し、空き地の発生が進んでいる。こうした中心市街地では、高齢化が進んでおり、空き家・空き地の増加に拍車をかけている。

　さらに、都市の分散・低密度化は、地球環境問題にも影響を及ぼしている。**図5-28**のとおり、世界の主要都市を比較すると、人口密度が低くなるほど、1人当たりの二酸化炭素排出量が高くなる傾向があることがわかる。広く薄く居住地域が広がると、自動車での移動が多くなり、地球温暖化に負の効果をおよぼすことになる。

　図5-29は、わが国の主要都市について同様の比較

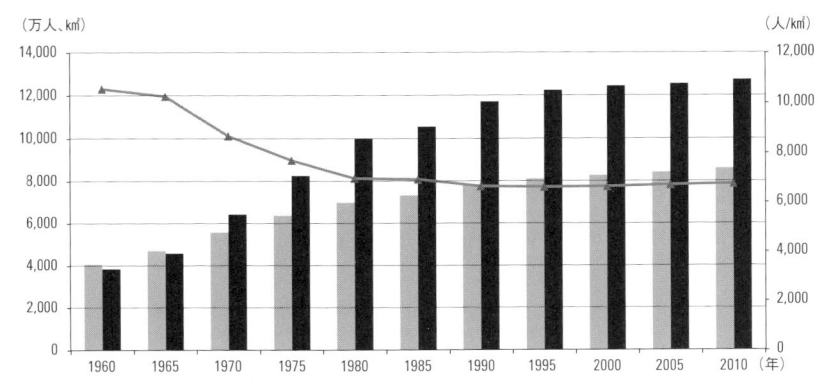

図5-25　人口集中地区の人口・面積・密度の推移[18]

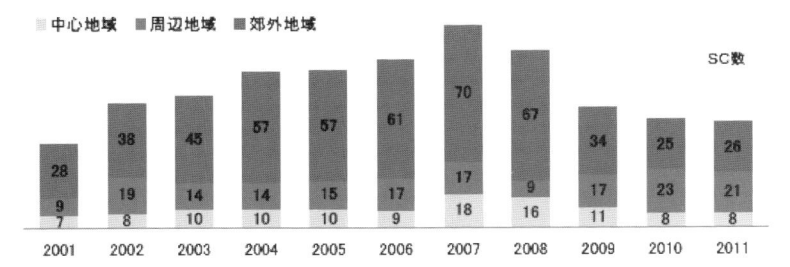

図5-26　地域別ショッピングセンターの立地数の推移[19]

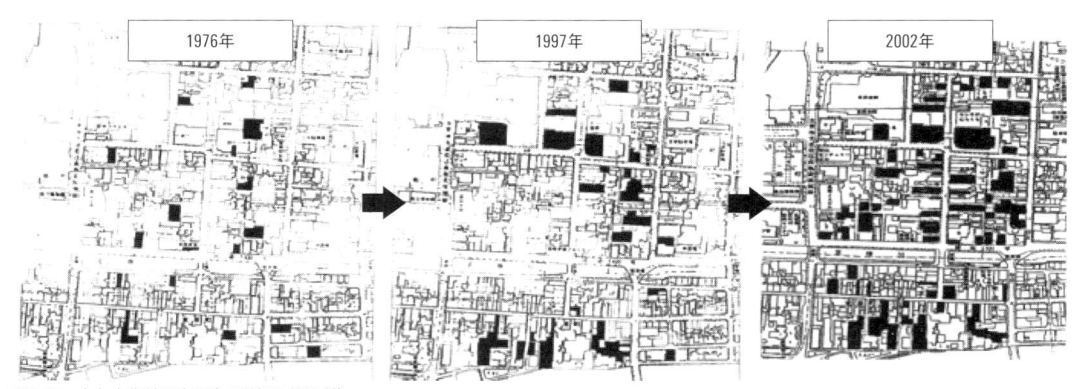

図5-27 中心市街地の空き地の増加の状況 [20]

をしたものである。岐阜市、金沢市等のように、地方都市において、低い人口密度と高いガソリン消費量という関係が生じていることがわかる。

ここまで見たように、中心市街地の問題は、都市中心部の商業機能の衰退だけではなく、高齢化の進展、地球環境問題への対応等の複数の課題が重なっていることがわかる。

5.6.2 コンパクトシティの概念の普及

モータリゼーションの影響を受けて、市街地は低密度に拡大し、居住の郊外化と中心部の空洞化を招いた。中心市街地の衰退の問題は、当初、都市の経済活力の低下の問題として扱われたが、人口減少社会、超高齢社会を迎えるに伴って、広範囲を対象としたインフラの維持管理や社会サービスの提供といった自治体の財政負担の問題、自動車に乗らなくなった高齢者の移動や社会参加の問題、さらには、自動車依存社会における地球環境への負荷の増大という問題等、多様な問題との深い関連が見出せるようになった。

このため、将来の人口規模を考慮して居住や業務等の機能を集約し、自動車依存を脱して、公共交通機関の活用が可能となる都市、すなわち、コンパクトシティ(集約型都市構造)を目指そうという考え方が普及するようになった。

コンパクトシティを目指した都市の事例として、青森市の事例が有名である[図5-30]。中心部から同心円状に都市のエリアを区分して、開発の限界線を設けるものである。

もう一つの代表例としては、富山市の例がある[図5-31]。「串とお団子の都市構造」というコンパクトシティの概念を導入し、一定水準以上のサービスレベルをもつ公共交通である「串」が、駅やバス停からの徒歩圏内を表す「お団子」を結びつけていく都市構造を目指している。

青森市が一点集中型であるのに対し、富山市は多

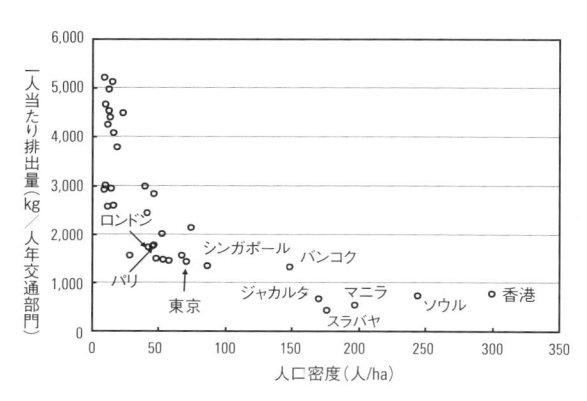

図5-28 世界の主要都市の人口密度とCO_2排出量の関係(1990年) [21]

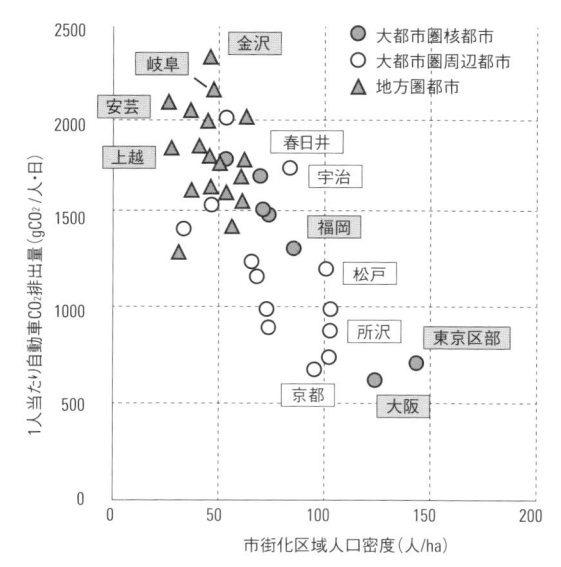

図5-29 日本の各都市の人口密度とガソリン消費量の関係 [22]

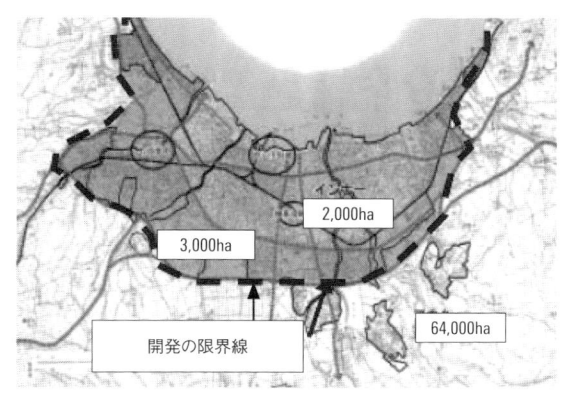

図5-30 青森市のコンパクトシティの概念図 [23]

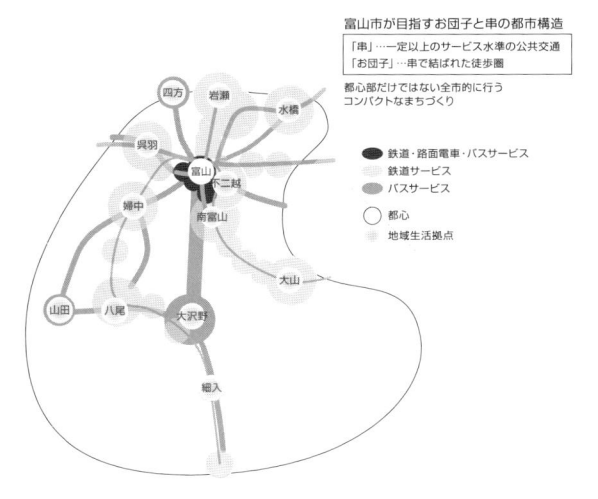

図5-31 富山市のコンパクトシティの概念図 [24]

図5-32 名古屋市の「駅そば生活圏」。駅から概ね半径800mの圏域に、地下鉄の環状線で囲まれる部分を含めて「駅そば生活圏」を設定し、その中に拠点を位置づける [25]

極分散型である。コンパクトシティといっても捉え方は多様である。

コンパクトシティの概念は、国土形成計画から各地の都市マスタープランにいたるまで、さまざまなレベルで普及している。

名古屋市の都市マスタープランでは、目指すべき都市構造として「集約連携型の都市構造」をかかげ、市内の駅を中心に概ね半径800m圏を基本とするゾーンを「駅そば生活圏」と位置づけて、都市機能のさらなる強化と居住機能の充実を図ることとしている[図5-32]。

5.6.3 中心市街地活性化の取組み

1 | 中心市街地活性化施策の変遷

高度成長期の中で空洞化しつつあった中心市街地の対策として、1974年に大規模小売店舗法(大店法)が施行され、1980年代を通じて、出店しようとする大規模小売店舗に地元商業との調整を求める規制が強化されていった。1990年代に入ると、内需拡大を求める日米構造協議の影響から、商業調整のための規制は次第に緩和され、1998年に、新たなまちづくり三法の枠組みが導入され、2000年には大店法(商業調整の仕組み)は廃止された。

新たに導入されたまちづくり三法とは、大規模店舗の出店に際して環境保持の側面から配慮を求める「大規模小売店舗立地法」、都市計画による土地利用規制により大規模店舗の立地の適正化を図る「改正都市計画法」、市街地の整備改善と商業の活性化を一体で推進する「中心市街地活性化法」である。しかし、大規模店舗の郊外立地に対する抑制は進まず、また、中心市街地の振興策も駐車場整備等の商店街振興に留まり、中心市街地の衰退は進行していった。

このため、2006年にまちづくり三法が改正され、より強力な規制手段を設けるとともに、コンパクトシティの考え方に基づき、まちなか居住、公共交通機関の整備、公共公益施設のまちなかへの移転等の市街地整備をより一体的に支援する枠組みを整えた。

2 | 中心市街地活性化施策の構成

中心市街地施策の体系は、まちづくり三法と呼ばれる3つの法律に基づく施策が基本である。

このうち、郊外における大規模店舗の拡散を抑制する規制的な手法を担うのが、「都市計画法」と「大規模小売店舗立地法」である。2006年の法改正により、床面積1万㎡以上の大規模集客施設が立地できる用途地域を限定する等の厳しい規制が導入された。

もう一つの「中心市街地活性化法」は、都市機能の増進を図る誘導的な手法である。新たな法律では、内閣総理大臣を長とする省庁横断的な組織で中心市街地の対策を進めることを明らかにし、自治体が策定した中心市街地活性化計画を国が認定することにより、さまざまな事業手法を適用できるようにした。

5.6.4 コンパクト＋ネットワークに向けた取組み

コンパクト＋（プラス）ネットワークの考え方を推進する観点から、2014年度に都市再生特別措置法の改正により、立地適正化計画制度[**3.4.3参照**]が導入された。立地適正化計画は、中心市街地だけでなく都市全体を視野に、居住機能や都市機能の立地と公共交通の充実を図るために、市町村が定める包括的なマスタープランである。計画では、市街化区域内に、居住の誘導を図り人口密度を維持する「居住誘導区域」、その区域内に、医療・福祉・商業等の都市機能の立地促進を図る「都市機能誘導区域」が設定される[**図5-33**]。それぞれの区域外における機能立地には、届出制度により市町村が緩やかに働きかけを行う一方、区域内への機能誘導には、補助・税制・容積率特例による支援が行われる。都市機能誘導区域には、都市計画に特別用途誘導地区を定めて、誘導すべき施設について容積率・用途制限の緩和を行うことができる。2019年7月までに全国で272都市が計画を策定公表している。

岐阜県岐阜市では、2017年度に立地適正化計画を

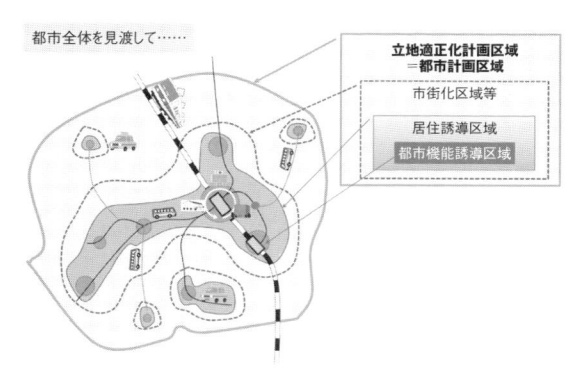

図5-33 都市機能誘導区域の設定 [26]

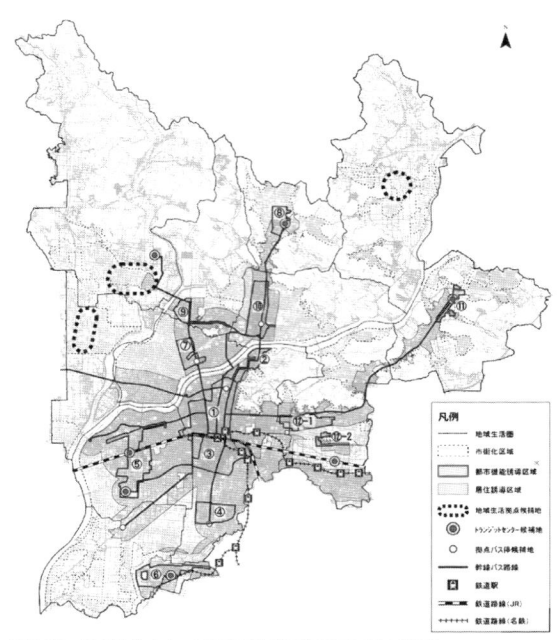

図5-34 岐阜県岐阜市、立地適正化計画(2017年度)の例 [27]

策定し、幹線バス路線沿線に居住誘導区域（市街化区域の57%）を設定し、区域外人口の20%に当たる3.3万人の居住誘導を図ることとし、バスの利便性の向上、まちなかでの住宅建設プロジェクトの推進等の取組みを進めている[**図5-34**]。

5.6.5 郊外住宅団地の再生に向けた取組み

戦後の住宅不足の時期から高度成長期を通じて、都市の郊外では、大規模なニュータウン建設をはじめとして住宅団地の建設が進んだ。これらの郊外住宅団地では、急速に高齢化が進み、都市機能を維持するための地域の活力の低下が懸念される。

およそ半世紀前に、当時の旺盛な住宅需要を背景に、新住宅市街地整備事業や土地区画整理事業により整備され、一斉に居住者を受け入れた各地のニュータウンでも、一斉に高齢化が進み、活力低下が懸念される状況となっている。初期のいわゆる三大ニュータウン（千里、高蔵寺、多摩）をはじめ、ニュータウンの再生・活性化のための計画・方針策定が行われ、これに基づく取組みが進んでいる。郊外住宅団地再生を支援するため、団地建替のための市街地再開発事業の合意要件の緩和(2016)、団地再生に関する都市計画等の諸手続きの一元化のため地域再生法の改正(2019)などの支援措置が導入されている。

愛知県春日井市の高蔵寺ニュータウンでは、2016

7つの基本理念
① 成熟した資産の継承
② 公共施設・生活利便施設の集約とネットワークの構築
③ 暮らしと仕事の多様性の確保
④ 住民・事業者・市の協働の推進
⑤ 持続可能な都市経営の仕組みの構築
⑥ ニュータウンを核とした周辺・広域との連携強化
⑦ まちの新たなブランド力の創造と発信

施策の構成

先導的な主要プロジェクト	課題に応じた主要な施策
旧小学校施設を活用した多世代交流拠点の整備	住宅・土地の流通促進と良好な環境の保全・創造
民間活力を導入したJR高蔵寺駅周辺の再整備	身近な買い物環境の整備と多様な移動手段の確保
交通拠点をつなぐ快適移動ネットワークの構築	多世代の共生・交流と子育て・医療・福祉の安心の向上
センター地区の商業空間の魅力向上と公共サービスの充実	既存資産（ストック）の有効活用による多様な活動の促進
スマートウェルネスを目指した団地再生の推進	高蔵寺ニュータウンを超えた広域的なまちづくり
ニュータウン・プロモーション	
ニュータウンまるごとミュージアム	

図5-35 高蔵寺リ・ニュータウン計画 [28]

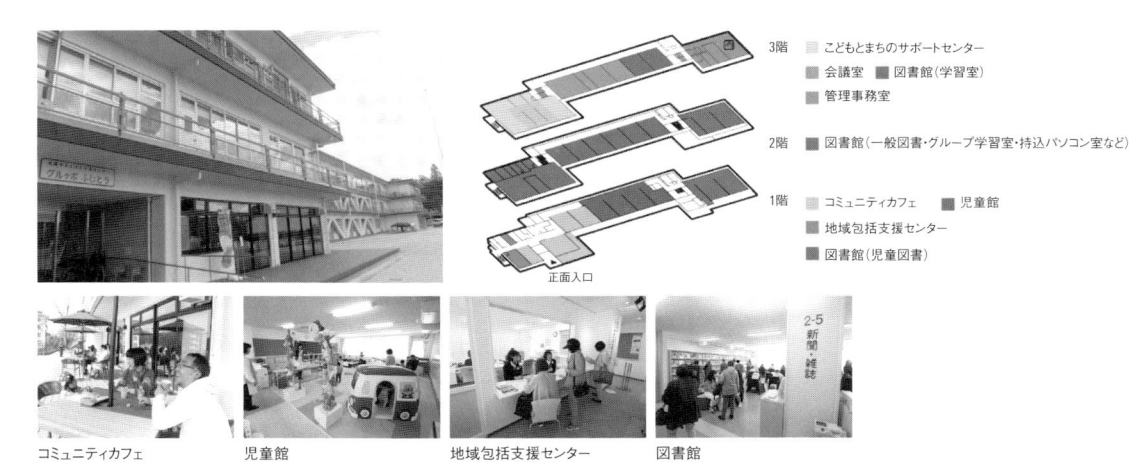

図5-36 リノベーションによる多世代交流拠点の整備の例（グルッポふじとう）[29]

年にニュータウン活性化のためのマスタープランとして「高蔵寺リ・ニュータウン計画」[図5-35]を策定し、旧小学校施設のリノベーションによる多世代交流拠点の整備[図5-36]、まちづくり会社の設立による拠点整備・住宅流通の促進、次世代モビリティへの対応の実証実験の推進等の取組みを進めている。

5.6.6　都市のスポンジ化対策の取組み

2003年から2013年までの間で、世帯が所有する空き地は約681㎢から約981㎢へと約1.4倍に、空き家（売却用、賃借用等を除く狭義のもの）については約212万戸から約318万戸へと約1.5倍に増加し、今後、高齢化の進展の中で、団塊世代の高齢者世帯が居住していた住宅やその敷地が大量に低未利用化することが見込まれている。

都市機能や居住を誘導すべきエリアにおいても、小さな敷地単位で低未利用地が散発的に発生する「都市のスポンジ化」が進行し、「コンパクト・プラス・ネットワーク」の重大な支障となっている。スポンジ化の進行は、生活利便性の低下、治安・景観の悪化などを引き起こし、地域の魅力・価値を低下させるものであり、さらにスポンジ化が進行するという悪循環につながる。このため、都市のスポンジ化への対策が重要な課題となっている。

このうち空き家の増加については、2014年に空

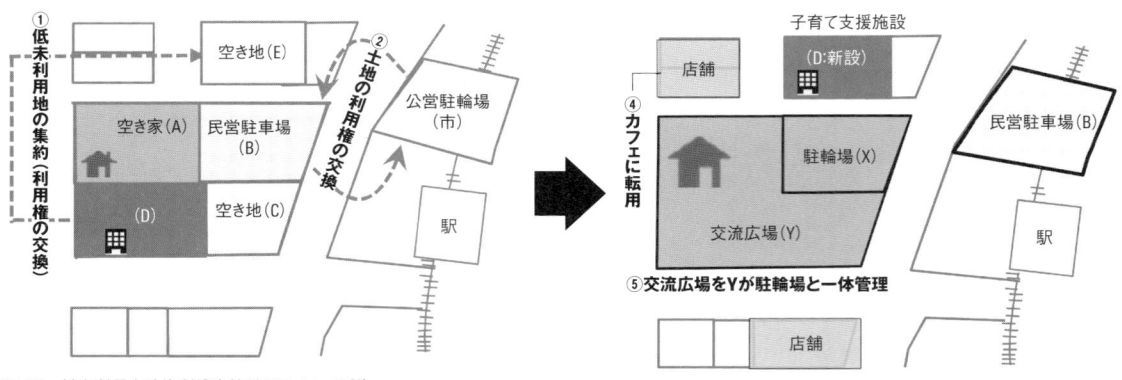

図5-37 低未利用土地権利設定等計画のイメージ 30)

家等対策の推進に関する特別措置法が制定された。市町村による空家等対策計画の策定が位置付けられ、危険な空き家の除却のための措置、空き家の発生防止・活用促進のための支援措置の充実が進んでいる。2019年3月現在で、計画策定済みの市町村数は1051に達している。

また、小さく散在する低未利用地の有効活用を図るために、2018年の都市再生特別措置法の改正により「低未利用土地権利設定等計画」制度[**図5-37**]（所有権にこだわらず、複数の土地や建物に一括して利用権等を設定する計画を行政がコーディネートして策定するもの）、「立地誘導促進施設協定」（交流広場、コミュニティ施設などのコミュニティが共同で整備・管理する空間・施設についての地権者合意の協定を市町村が認可するもの）が導入された。

第5章　出典・参考文献
注）官公庁を出典とするものは、特記のない限りウェブサイトによるものとする

1) 国土交通省都市局市街地整備課「今後の市街地整備のあり方に関する検討会資料（第1回参考資料-1）」「都市問題の変遷と市街地整備施策のこれまでの取組」2005年
2) 東京市役所編『帝都復興区画整理誌』1931-1932年
3) 名古屋市計画局『戦災復興誌』1984年
4) 前掲1)内、社会資本整備審議会基本政策部会資料
5) 前掲1)内、「陸運統計要覧」
6) 前掲1)内、国土交通省「平成16年度の宅地供給量について（推計結果報告）」2005年
7) 前掲1)内、国土交通省「地価公示」、内閣府「国民経済計算」
8) 愛知県春日井市資料、2018年
9) 名古屋市「Planning for NAGOYA2012 私たちのまち名古屋」2012年
10) 「名古屋市東郊耕地整理組合第貳区確定図」大島屋印刷部、1931年
11) 「名古屋市惟信（いしん）町土地区画整理組合整理図」発行年・発行所不詳
12) 旧建設省都市局編『図解市街地再開発事業』1983年
13) 名古屋市建築局改良事業室「名古屋の住宅地区改良事業の現況」1998年
14) 安藤元夫、佐藤圭二ほか「木造密集市街地における生活道路・住宅の一体的整備に関する研究」(財)住宅総合研究所、2000年
15) (財)埼玉総合研究機構「人・街with埼玉──特集・街が生きかえる上尾市仲町愛宕地区」1990年
16) 国土交通省都市局市街地整備課「多様で柔軟な市街地整備手法について」
17) 岐阜県岐阜市資料
18) 内閣官房・内閣府 中心市街地活性化評価・調査委員会（第1回資料）「中心市街地活性化施策について」
19) 前掲18)内、日本ショッピングセンター協会資料
20) 前掲18)
21) P. Newman, J. Kenworthy, *Sustainability and Cities*, 1999
22) 谷口守「都市構造から見た自動車CO_2排出量の時系列分析」『都市計画論文集』No.43-3、2008年10月
23) 青森市都市整備部都市政策課「青森市のまちづくり」2012年
24) 富山市「富山市都市マスタープラン」2008年
25) 名古屋市「都市計画マスタープラン」2011年
26) 国土交通省資料「コンパクトシティの形成に向けて」2016年
27) 岐阜市「岐阜市立地適正化計画」2017年
28) 春日井市「高蔵寺リ・ニュータウン計画」2017年より作成
29) 春日井市資料2018年より作成
30) 国土交通省「都市のスポンジ化対策 活用スタディ集」2018年

6
地方・住民・民間による都市計画
都市計画の担い手の多様化

6.1 都市計画の地方分権

6.1.1 なぜ地方分権か

長らくわが国の行政システムは、国が政策を決定し、その決定をもとに地方公共団体（都道府県、市町村）が施策を実行するという中央集権型システムであった。都市計画のシステムも例外ではない。先進欧米諸国に「追いつけ、追い越せ」の高度成長時代においては、身近な生活空間の整備よりも、広域にわたる幹線道路、高速鉄道、下水道等のインフラストラクチャーの早期の整備や郊外の新規市街地形成が重視されたため、ある意味合理的なシステムであったといえる。

しかし1970年代に石油危機で高度経済成長期を終え、1990年代初頭にバブル崩壊、そして2000年代後半より類を見ない急激な人口減少・高齢化時代に突入した。この間、都市計画の分野では、課題の対象が新規市街地形成から既成市街地の再構築へ、住宅不足から空き家率の増加等に転じた。さらに2000年後半以降は、将来予想される生産年齢人口減少による財政難等の問題を考慮して、地域の身の丈にあった集約型都市構造（コンパクトシティ）をまちづくりの将来空間像として目指すようになった。いわばこれまでの都市計画が前提としていた条件の多くが逆転し、さまざまな都市計画のシステム・技術が行き詰まっている状況が続いているわけである。

このような状況下、国の画一的な基準に基づく都市計画ではなく、地域事情に根差した地域発意の創意工夫とそれを促し実行させる都市計画の仕組みづくりが求められており、国は1990年代以降、国と地方公共団体との関係の見直しに着手している。

その際、大きく以下のような3つのレベルの関係に分けられる。

① 国と地方公共団体との関係
　国のもつ大きな権限と財源を地方公共団体（都道府県、市町村）にどこまで移譲するか
② 地方公共団体内での関係
　都道府県の権限と財源を市町村にどこまで移譲するか
③ 地方公共団体と民間（住民・市民、民間企業）との関係
　公共が独占していた権限を民間にどこまで委ねるか。さらに二つに大きく分けると、
　・公共と住民・市民との関係
　・公共と民間企業との関係（規制緩和、民間活力導入）
　があげられる

この**6.1**においては、主に①、②に着目し、③においては**6.2**および**6.3**に譲る。

6.1.2 都市計画の分権化の流れ

1｜地区計画制度の創設（1980年）

1980年の都市計画法改正で創設された地区計画制度は、地区レベルの詳細な規制を地域事情に応じながら市町村の権限で行うことができる制度である。それまでのわが国の拘束的な土地利用規制は、都道府県が権限をもつ地域地区制のみであった。また案の作成にあたっては、土地所有者等利害関係者への意見聴取が義務づけられ、決定手続きは市町村の条例に委任された。

2｜都市計画法改正（1992年）

1992年の都市計画法の改正により、「市町村の都市計画に関する基本的な方針」（市町村マスタープラン）が創設された。それまで都市計画に関するマスタープランは、都道府県知事を決定権者にする「整備、開発又は保全の方針」のみであり、地域にもっとも近い立場の基礎自治体である市町村に都市計画に関するマスタープランを策定する義務はなかった。このこと

表6-1 都市計画制度の主な改正（1980年以降）[1)2)3)]

年	法改正等	内容
1980	都市計画法改正	地区計画制度の創設
1992	都市計画法改正	市町村マスタープラン制度創設 用途地域の細分化（8種類→12種類）
1995	（地方分権推進法施行）	
1998	都市計画法改正	都市計画決定権限の移譲 ・用途地域等、都市施設、市街地開発事業を市町村へ ・大臣の認可・承認を要する都市計画の縮減 特別用途地区の権限委譲 市街化調整区域における地区計画制度の適応
	建築基準法改正	建築確認・検査の民間開放（指定確認検査機関）
2000	（地方分権一括法施行） 都市計画法等改正 都市計画法改正	都市計画に関する事務が国の機関委任事務から自治事務に 市町村の都市計画審議会の法定化 都市計画区域マスタープラン制度創設 準都市計画区域、特定用途制限地域の創設 線引き制度が選択制に 地区計画策定対象を用途地域全域に拡大 住民等による地区計画の決定・変更・案の申し出制度創設 開発許可の技術基準の弾力化
2002	都市計画法改正	都市計画提案制度の創設 ・土地所有者、まちづくりNPO等による都市計画提案 地区計画制度の整理・合理化 ・再開発等促進区を定める地区計画の創設等
	建築基準法改正 都市再生特別措置法施行	用途地域における容積率等の選択肢の拡充 都市再生特別地区の創設 都市再生事業者による都市計画の提案
2004	都市再生特別措置法改正	都市再生整備計画記載の都市計画を市町村へ
2005	景観法施行	景観形成団体が計画計画を策定 ・土地所有者、まちづくりNPO等による景観計画提案
2006	都市計画法改正 （まちづくり三法の改正）	大規模集客施設の立地規制 市街地調整区域における大規計画開発の許可基準廃止 準都市計画区域の指定権限を都道府県へ 公共公益施設の開発行為への開発許可適用
2008	都市計画法改正	歴史的風致地区向上地区計画制度の創設
2011	（第一次・第二次地域主権改革一括法施行） 都市計画法改正	都道府県（三大都市圏等）都市計画への国による同意を廃止 市都市計画への都道府県による同意の廃止 都市計画の策定義務およびその内容の義務づけの見直し
2012	都市計画法改正	都市計画決定権限の移譲 ・三大都市圏等の用途地域等（特別区を除く）、4車線以上の市町村道、大規模な土地区画整理事業・市街地再開発事業等等を市町村へ ・区域区分、一般国道等を指定都市へ 市街地再開発事業における事業認可権限等を指定都市へ移譲

によって、市町村が主導的に都市計画の将来像を描くことができるようになり、また策定過程における住民参加の義務化によって、都市計画が住民にとって以前より身近なものとなった。

またこの改正で12用途地域制が採用され（以前までは8用途地域制）、地方公共団体が地域事情に応じて詳細な用途規制を行うことができるようになった。

3｜第1次地方分権改革（地方分権推進法、地方分権一括法の施行等）（1995年〜2000年）の影響

中央集権型行政システムの制度疲労や、個性豊かな地域社会の形成等を促すため、地方公共団体が地域事情や地域住民の意思を反映するための必要な権限と財源をもてるように、1995年より、第1次地方分権改革が始まった。

まず1995年に地方分権推進法が成立し、これにより地方分権推進委員会が発足、翌年から数次の勧告を出し、2000年には地方分権一括法の成立にいたった。この一括法は地方分権を推進するために、地方自治法や都市計画法等、475件の法律に関して必要な改正を行うことを定めた法律である。このことに関連して、都市計画においては、用途地域等、都市施設、

市街地開発事業の都道府県から市町村への権限移譲（市町村の区域を超える広域的・根幹的な都市計画に限って都道府県決定）、大臣の認可・承認を要する都市計画の縮減等が実現した（1998年の都市計画法改正）。また、都市計画に関する事務が国の機関委任事務から自治事務になるとともに、市町村の都市計画審議会が法定化された。機関委任事務とは、地方公共団体が国から委任され「国の機関」として処理する事務のことである。また自治事務とは、地方公共団体が法令の範囲で自主的に責任をもって処理をする、法定受託事務（国または都道府県が法令によって自治体に委託する事務のことをいう）以外の事務のことである。自治事務化することによって国からの「通達（上級行政庁が下級行政庁に対し法律等の解釈、判断の具体的な指針を示すことをいう）」が廃止され、地方公共団体の都市計画に関する権限は拡大された（しかし現在では通達に代わり、技術的助言である「都市計画運用指針」が存在する）。また地方公共団体の条例制定権が大幅に強化され、まちづくり条例や自治基本条例等、市町村においても独自のまちづくりの理念・ルール・基準・決定手続き等を作成しやすい状況となった。

4 ｜ 都市計画提案制度（2002年）

2002年の都市計画法の改正により都市計画提案制度が創設された。詳細は 6.2 に記すが、この制度は住民、NPO、民間企業等が条件を満たせば都市計画の提案ができる制度であり、地方公共団体から住民、民間企業等に権限の一部を委ねていることに意義がある。

5 ｜ 景観法創設（2004年）

2004年、わが国で最初の景観に関する総合的な法律である景観法が創設された。地域に根ざした景観まちづくりを実施するため、法律の中で直接都市景観を規制せず、景観行政団体がつくる条例と計画に規制の具体的内容を委ねているところに意義がある。

6 ｜ 都市計画法改正（2006年）

超高齢・人口減少社会の到来や地球環境問題等、これからのまちづくりの課題に対応するため、都市計画法が改正された。今後の市町村の将来空間像として集約型都市構造（コンパクトシティ）が認知され、その実現に向けて地方公共団体が使える都市計画のメニューを整備した。主なところでは、都市の無秩序な拡散を助長する大規模集客施設等の立地を原則的に禁止し、地方公共団体の判断により立地の必要性がある場合は、都市計画で位置づけなければならないとした（併せて大規模小売店舗立地法、中心市街地活性化法の改正も行っている。都市計画法も含めてこれらの法律を「まちづくり三法」と呼ぶ）。

7 ｜ 第2次地方分権改革（地域主権改革）（2007年〜）の影響

第1次地方分権改革では、国と地方の役割分担の明確化（上下関係から対等・協力関係へ）、機関委任事務制度の廃止等の成果があった。しかしその裏づけとなる権限、そして特に財源の移譲は不十分であり、地方の税財政制度改革として「三位一体の改革」（2002〜2006年）が行われた。この改革では3兆円規模の税源の地方への移譲が実現したが、国庫補助負担金の廃止・縮減や地方交付税の抑制につながり、かえって地方財政の悪化をもたらした。また国庫補助負担金については地方が廃止を求めていたのにもかかわらず国の関与を残したままになり、地方の裁量は増えないという結果に終わった。

このような背景の中、国と地方の役割分担の徹底した見直しや、国から地方への抜本的な税源移譲を推進するため、2007年より第2次地方分権改革が始まった。内閣府はウェブサイトで、「地域主権改革は、地域のことは地域に住む住民が責任をもって決めることのできる活気に満ちた地域社会をつくっていくことを目指しています。このため、国が地方に優越する上下の関係から対等なパートナーシップの関係へと転換するとともに、明治以来の中央集権体質から脱却し、この国の在り方を大きく転換していきます。」と記している。この改革に関連して、2014年7月現在、第1次・第2次・第3次地域主権改革一括法（2011年、2011年、2013年）を成立させている。

第1次では、地方公共団体の自主性を強化し、自由度の拡大を図るねらいから、法令による義務づけ・枠づけの見直しについて、41法律を一括改正した。

第2次では、都道府県の権限の一部を市町村へ移譲（47法律）、また第一次に引き続き、義務づけ・枠づけの見直しと条例制定権拡大（160法律）に関する整備が行われた。

第3次では、義務づけ・枠づけのさらなる見直しが行われた。

都市計画法に関しては一連の一括法の影響を受け、以下の改正が行われている。
・三大都市圏等の大都市圏において、都道府県が都

市計画決定をしようとする際の国土交通大臣の同意つき協議の廃止（第1次）
・市が都市計画決定をしようとする際の都道府県知事との協議について、その同意を要しない協議とする（第1次）
・都市計画の策定義務およびその内容の義務づけの見直し（第2次）
・新たに市町村決定すべき主な都市計画として、三大都市圏等の用途地域等(特別区を除く)、4車線以上の市町村道、大規模な土地区画整理事業・市街地再開発事業等（第2次）
・新たに指定都市決定とすべき主な都市計画として、区域区分、一般国道等（第2次）
・市街地再開発事業における事業認可権限等を指定都市へ移譲（第3次）

8 | 成果と課題

一連の地方分権の改革はまだ道半ばではあるが、以上のように市町村の決定できる都市計画の内容の増加や条例への委任の拡大等の、都市計画に関するかなりの権限が市町村に移譲された。

しかし都市計画法や建築基準法の大きな構成に変化があったわけでなく、また財源移譲の問題や都市計画運用指針による国からの影響の問題等も現実として存在する。そして以前よりも増えてはいるが、未だまちづくり条例等の制定を行っていない市町村も多い。

さらには、地方分権を実現するためには市町村側の地域独自の都市計画やまちづくりに対する意欲や政策形成能力が重要であり、今後より問われていくことになる。

6.2 住民参加の仕組みの導入

6.2.1 住民参加の必要性

都市計画やまちづくりの内容の質を上げ、かつ実効性をもたせるためには、その決定プロセスや実現時における住民の参加や、まちづくりにおける住民の積極的な関与が欠かせない。なぜなら都市やまちの主要なユーザーはそこに暮らす住民そのものであり、そのユーザーのニーズを積極的に把握し都市計画に活かすことは、そのまちの生活空間の質を上げることにつながるからである。またこれから人口減少・超高齢社会を迎えるにあたって財政難、低成長社会、福祉施設・サービスの不足等さまざまな問題が顕在化することが予想され、これまでのような行政が中心となって行う都市計画やまちづくりの仕組みでは、立ち行かなくなってしまうからである。

旧都市計画法においては国が決定することを原則としており、住民参加の手続きはなかったが、現行法においては、案の作成の際の公聴会や説明会等により、都市計画の決定手続きにおいて住民等の意見を反映する手続きを不十分ながらも制度化した。

その後、地方分権への流れ、住民主体のまちづくり活動やNPO活動の台頭、先進自治体における住民参加型計画づくりや施設づくり等の取組みの実績を受けて、都市計画法においては、1992年の市町村マスタープラン策定時における住民参加の位置づけ、2002年の都市計画提案制度の創設等、都市計画への住民参加や住民等からの提案を受け止める仕組みが拡充された。また地域独自の取組みとして、まちづくり条例等の作成により、市町村が独自のルールを定め、住民参加や公民協働のまちづくりを行う事例も見られるようになった。

以下では、都市計画における住民参加の制度や住民参加の手法、さらには参加のみならず住民やNPO等多様な担い手が自ら主体となって活動するまちづくりについて述べる。

6.2.2 制度として位置づけられている主な住民参加の仕組み

1 | 都市計画の決定手続きにおける住民参加

現行の都市計画法では、都道府県または市町村は、「都市計画の案を作成しようとする場合、必要に応じて公聴会の開催等により、住民の意見を反映させるために必要な措置を講ずるもの」としている［図2-10参照］。さらに、そうしてできた案を2週間にわたって公衆の縦覧に供しなければならず、関係市町村の住民、利害関係人は、この案について意見があるときは、意見書を提出することができることになっている。このほか特定の都市計画については、関係者の同意が必要とされている。

2 | 地区計画策定時における住民参加

地区計画制度は1980年の都市計画法の改正によって創設された。地区計画の原案作成の手続きは、利害

関係者への意見聴取が義務づけられ、市町村が定める条例に委任された。神戸市や世田谷区（東京都）は、より積極的な住民参加の仕組みを構築するため、住民の発意を受け止めるための組織（まちづくり協議会等）の位置づけや、その組織による地区レベルのまちづくり計画の提案への配慮等、委任事項以外の内容を加えた条例が制定された。これらの事例を契機に、積極的な住民参加による地区計画策定や地区レベルのまちづくりを推進する条例が、全国的に展開されることとなった。

また2000年の都市計画法の改正では、市町村の条例により地権者、住民等が自らの発意によって地区計画案を市町村に提案することが可能になった。

3｜市町村マスタープラン策定・改定プロセスにおける住民参加

1992年の都市計画法の改正により、市町村マスタープラン（市町村の都市計画に関する基本的な方針）の策定が義務づけられた。その際その策定および改定プロセスにおいて「必ず住民の意見を反映させるために必要な措置を講ずるもの」とされ、住民参加が位置づけられた。これを受けて各市町村はアンケート、公聴会、説明会、ワークショップの開催や協議会の設置等、さまざまな住民参加手法によるマスタープランづくりを試みた。その結果、この試みが多くの市町村にとって住民参加型まちづくりのノウハウを身につける契機となった。

市町村マスタープランは定期的に改定が行われており、これまでのまちづくりの実績をどう評価し改定に繋げていくか、改定プロセスにいかに住民や事業者等の多様な主体の参加を位置づけ将来像の共有化をはかっていくか[図6-1]、急速な少子高齢化・人口減少にどのように対応していくか、等の観点が今後問われてくる。

4｜都市計画提案制度

2002年の都市計画法改正により創設された都市計画提案制度は、土地所有者、まちづくり団体、NPO、民間事業者等が一定規模以上の区域について、土地所有者の3分の2以上の同意等一定の条件を満たした場合に、都道府県や市町村に都市計画の提案をす

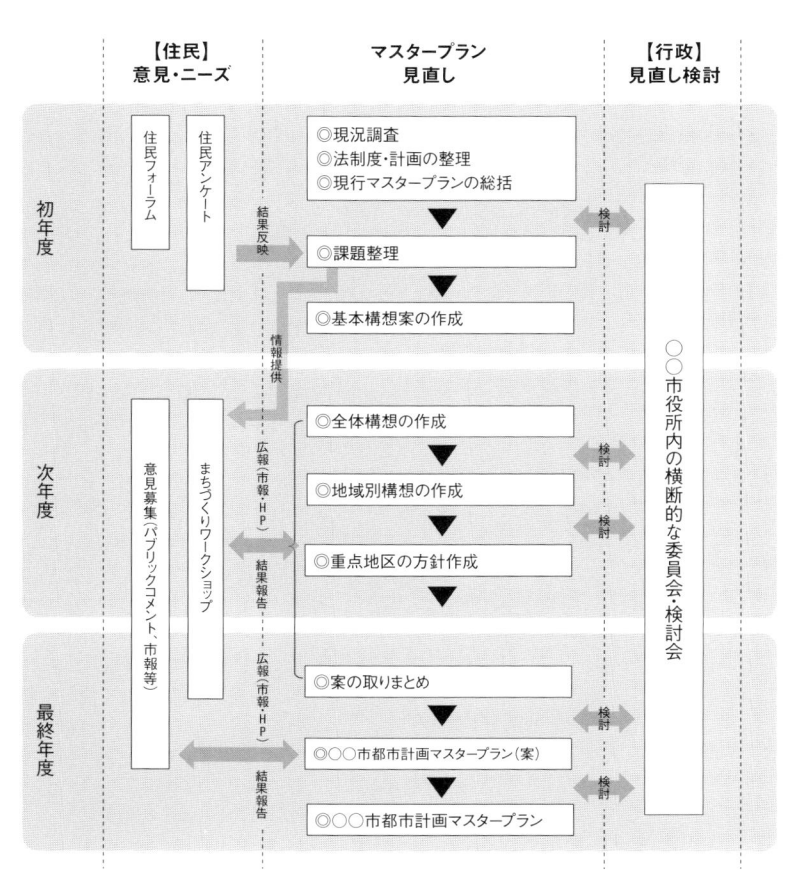

図6-1 住民参加を介した市町村マスタープランの改定プロセスの例[4]

ることができる制度である。創設された背景として、昨今の地域住民や1998年の特定非営利活動促進法（NPO法）創設以降のNPO活動によるまちづくり活動の活発化に見られる、まちづくりに関するさまざまな担い手の活動の台頭等があげられる。

提案を受け取る自治体側は、提案に基づく都市計画決定を行うか否か判断をし、決定すると判断した場合、従来の都市計画の決定手続きを概して経ることになる。

しかし実態として、土地所有者の3分の2以上の同意等の条件は、住民、まちづくり団体、NPOが主体となって取りつけるのにはハードルが高く、住民等がこの提案制度を十分に活用できてはいない。

6.2.3　市町村独自の条例よる住民参加の仕組み

条例とは、地方公共団体が議会の議決により自主的に制定する法規であり、国の法令に違反しないものでなければならない。2000年の地方分権一括法の制定により、地方公共団体が取り組む都市計画が自治事務となった。その多くのものに関して地方公共団体が条例をつくり、まちづくりに関する独自の理念・ルール・基準・手続き等を定めることができるようになった（このような条例を「まちづくり条例」と呼ぶことが多い）。

例えば武蔵野市のまちづくり条例（2009年施行）は、**図6-2**のように、都市計画・まちづくりに関するさまざまな住民参加の仕組みを定めている。

また、自治基本条例や市民参加条例と呼ばれるようなものある。これらは都市計画・まちづくり分野だけでなく、前者は「自治体の憲法」とも言われ、自治の理念や基本的な制度・権利を定めた条例である。また後者は、自治体全体における政策決定、実施、評価においての住民参加を担保している条例である。

都市計画法に基づく提案のほか、条例独自の制度として、自分たちの身近な地区のまちづくりについて提案を行うことができます。これらの提案に対し、市長が審査基準に基づく判断を行い、都市計画や地区まちづくり計画に位置づけるための手続きをまちづくり条例に定めています
[都市計画の提案] 市決定事項である高度地区、特別用途地区等に関する提案を行うことができます
[地区計画の提案] 地区計画とは、都市計画法に基づき一定の地区内において、よりよいまちをつくっていくため、地区の特性を活かしたきめ細やかなまちづくりのルールを定める、まちづくりの手法の一つです。地区内のまちづくりの目標、地区施設（道路、公園等）の整備や建築物の用途の制限、壁面の位置の制限、高さの最高限度等法令に定められた事項について定めることができます。地区計画の区域内で建築物の建築等を行う場合には、地区計画で定めた基準への適合が義務づけられ、市が法令に基づく審査を行います
[地区まちづくり計画の提案] まちづくり条例独自の制度で、一定の地区内の住民等により構成される協議会が地区の特性を活かしたまちづくりを進めることを目的として作成する計画です。地区計画では定められる事項が限定されていますが、地区まちづくり計画では必要に応じて、さまざまなルールを定めることができます

		都市計画法による制度		条例による制度
提案の種類		都市計画	地区計画等	地区まちづくり計画
提案者	土地所有者等	○	◎	
	まちづくりNPO法人	○	◎	
	公益法人	○		
	地区まちづくり協議会	◎	◎	◎
	その他	◎ 注1	◎ 注1	
面積		3,000㎡以上の一団の土地	3,000㎡以上の一団の土地	1,000㎡以上の一団の土地
土地所有者等の同意条件		3分の2（人数および面積）以上 注2	2分の1（人数および面積）以上 注3	
審査基準	法令に定めによるほか次の基準により審査します (1) 提案の内容がまちづくり計画に適合していること (2) 提案の内容について合理的な根拠があること (3) 提案の区域について合理的な根拠があること　等			

○法で定められている団体／◎条例で定めた団体
注1)市内の団体のうち、市長が認める団体／注2)土地の所有権または借地権を有する者／注3)土地もしくは建物の所有権または土地の借地権を有する者

図6-2　武蔵野市まちづくり条例に基づく住民参加の仕組み[5]

6.2.4 さまざまな住民参加の場面・段階と手法

1 | 住民参加の場面と段階

6.2.3で記述した法律や条例による仕組みだけでなく、都市計画分野に関係するまちづくりにおいては、さまざまな場面において住民参加が試みられている。例えばまちづくりのテーマで見ると、まちの景観ルールづくり、公園整備、コミュニティ道路整備、都市空間のユニバーサルデザイン化等で試みられている。また空間スケールで見てみると、近隣・地区単位のまちづくりの事例から、市町村マスタープランの地域別構想や全体構想の策定プロセスにおける住民参加のように、行政域単位の事例まで存在する。

またまちづくりのプロセスを見てみると、例えば、
[段階1] まちを調べる
[段階2] まちの将来を構想する
[段階3] まちの空間をデザインする
[段階4] まちづくりのルールをつくる
[段階5] まちを管理・運営する、まちづくりの事業を行う
[段階6] まちやまちづくりの構想・ルール等を評価する

といったような段階があり、各段階において状況に応じた方法による住民参加が試みられている。

2 | 住民参加の手法

住民参加の場面、段階、目的に応じたさまざまな住民参加手法が存在する。

例えば行政計画策定の場面において住民意向を広く知りたい場合には、[段階1]のようにまちづくりの初期の段階でアンケートによる住民意向調査が行われる。最近ではインターネット上によるパブリックコメント(意見公募)により、まちづくりの原案(あるいは原案にいたるまでや最終案にいたるまでの途中の段階の案)を事前に公表して住民から意見や情報提供を求め、フィードバックを行う手法も浸透している。

また住民同士あるいは行政職員と住民との間等で熟議を行い、多面的な視点を踏まえた上でまちづくりの案の方向性を導き出したい場合([段階2〜4])には、ワークショップという手法が採用されることがある。ワークショップは本来「作業場」「工房」といった意味をもつが、住民参加のまちづくりにおいては、参加者だれもが問題を共有し平等の立場で意見を出し合うためのプログラム(例えば各種のグループ作業、

写真6-1 模型を使用したワークショップの様子

ゲーム、現地見学等を通して行う)を備えた会合のことを指す。その際都市計画に関係するまちづくりでは、現状の空間的課題や将来の空間像のあり方を参加者間で視覚的に共有するため、模型やCG、GIS (Geographic Information System:地理情報システム)によるシミュレーション画像を使用する場合もある。ワークショップはパブリックコメント等と違い、さまざまな利害関係者同士が直接議論できるところに特徴があるが、参加人数に限界があり、また公募で参加者を募る場合は参加者の属性が偏る可能性が高いため、代表性は弱い(ただし最近は公募ではなく、住民基本台帳等から無作為抽出によって参加者を選出し、従来の手法と比べて代表性・中立性の高い意見や提案を得る手法を活用して行政計画を策定しているケースも見られる)。

その他にもタウンミーティング、市民懇談会、市民討議会、住民説明会の実施、電子会議室、住民投票等、さまざまな住民参加手法が存在し、それぞれの手法の特徴を踏まえ上で、**図6-1**のように組み合わせながら活用することが望ましい。

6.2.5 住民参加・住民主体のまちづくりを支える担い手と協働のための体制

昨今では、団塊世代の定年退職、余暇時間の増加、地域活動への関心の高まり、そして地方公共団体の財政難、等により、市町村マスタープラン等の行政計画や行政の事業における住民参加のみならず、住民等自らが主体となってまちづくりに関する活動を行い都市計画等に関係するケースが増えている。特にNPOに代表されるさまざまなアソシエーション型(共通の関心や目的等で集まった集団のことを指す。地域コミュニティと対比されることが多い)の組織による活動や、地域住民、企業等も含めた多様な担い手がそれぞ

れの特徴を活かして(場合によっては行政も含めた協働の体制を組んで)、新たな公共的な価値を創出し実現化するまちづくり活動が注目されている(このような活動を行う主体や社会、考え方等を総じて「新しい公共」と呼ぶことがある)。

以下ではまちづくりを支えるそれぞれの担い手の特徴や協働のための体制等について述べる。

1│住民参加・住民主体のまちづくりを支える担い手

a. 町内会・自治会
町内会や自治会は地域自治の基盤を支える地縁組織として長らく存在してきた。その役割は地域によって違うが、主に住民間の親睦、相互扶助を目的としている。しかし加入率の低下や実態として市町村の下部組織的な性格をもち合わせているケースも多々あり、まちづくりの重要な担い手であるが課題も多い。

b. まちづくり協議会
まちづくり協議会は、まちづくりの提案づくりや実践を行う等、特定地区のまちづくりを具体的に進める目的で設立されたものが多い。まちづくりの案の決定や個人の利害関係の調整等を行うこともある。今日まちづくり協議会と呼ばれるものは(必ずしもまちづくり協議会という呼び方とは限らないが)、さまざまな分野のまちづくりに対応する任意の組織のものから市町村のまちづくり条例に位置づけられたもの、土地区画整理事業や市街地再開発事業の地権者が組合設立までの準備組織として任意に組織されたもの、中心市街地等のエリアマネジメントを行うことを目的に任意に組織されたもの等、いろいろなタイプのものが存在する。

c. NPO
NPO(Non-Profit Organization)は、保健・医療、社会教育、環境保全、国際協力、まちづくり等、ある特定の目的をもったさまざまな社会貢献活動を行う民間組織(市民組織、市民活動等)の総称である。わが国においては、阪神・淡路大震災時におけるボランティア活動の活躍を契機に、その存在感が高まった。1998年、特定非営利活動促進法(NPO法)が施行され、上記のようなNPOは法人格が取得できるようになり、NPOが社会貢献活動やまちづくり活動を行うための、ある程度の社会的な信用性を得られることができるようになった(なお、NPO法に基づいて認証されたNPO法人はNPOと呼ばれる組織の一形態であり、法人格を取得していないNPOも多い)。

NPOは地縁組織である町内会や自治会とは違い、上記のようなある特定の目的をもった組織(アソシエーション)であることが多い。まちづくりにおいては、NPOのようなアソシエーション的な組織と地縁組織がそれぞれの役割を補完しあい協働して活動していくことが重要になってくる。またまちづくりに関する各種事業(不動産事業等)やコミュニティ・ビジネス(地域の課題を地域資源を活かしながらビジネス的手法によって解決しようとする事業)等の担い手としても今後期待される。

d. まちづくり会社
まちづくり会社とは、まちづくりや地域振興等を目的として設立される会社のことを総じて指す。出資を募り継続的な事業展開をする株式会社の形態をとることが一般的で、また中心市街地活性化法で設立されたTMO(Town Management Organization)の会社を指す場合もある。

e. その他
その他には、商店街組織(商店街振興組合等)が積極的に地域のまちづくりに関係したり、住民・市民組織が公益法人(公益社団法人、公益財団法人、一般社団法人、一般財団法人)や、協同組合等の組織形態をとり、コミュニティ・ビジネスを行う等地域のまちづくりに関与する事業を行う事例もある。

2│協働のための体制

6.2.5で住民参加・住民主体のまちづくりを支える担い手について述べたが、これらの主体を有機的に連携させ、行政も含めた協働のまちづくりを持続的に展開させるためには、地域事情やまちづくりの課題・目的に合わせてまちづくりの体制を構築する必要がある[図6-3]。その際、体制を支えるための情報共有の

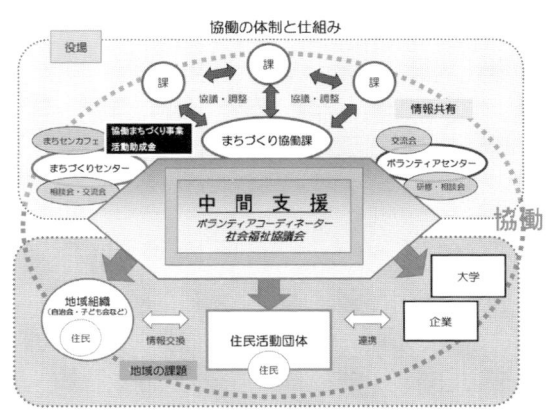

図6-3 協働の体制と仕組みの例(愛知県長久手町(現:長久手市))[6]

仕組み、議論・合意形成のルール、コーディネーターの存在、体制外への情報公開等が欠かせない。

3｜まちづくりの担い手の活動を支える支援

まちづくりの担い手(特に住民・市民組織、NPO)の活動を支える支援には大きく分けて、①人的・技術的支援(住民等の自主的活動への助言・相談、専門家派遣等)、②物的支援(活動場所や物品の貸与等)、③資金支援(活動費の助成等)、④情報支援(交流の場の設定、講座の開催、各種情報の提供等)が存在する。

これらの支援は、市町村が直接行ったり「まちづくりセンター」や「市民活動支援センター」等と呼ばれる機関が担ったりする。こちらのセンターは市町村が設置して運営も市町村が行う「公設公営型」、市町村が設置するが運営は民間が行う「公設民営型」、さらに「民設民営型」がある。

また③資金支援に関しては、「まちづくりファンド」と呼ばれるものがあり、これは住民や企業の寄付金等で資金を準備し、審査によって一定の評価を受けたまちづくりの企画や活動等に助成を行うものである。

これらの組織は行政と地域の間に立って支援を行うことが多く、総じて「中間支援組織」と呼ばれることが多い。

6.2.6 住民参加の成果と課題

都市計画における住民参加の機会はこの20年ぐらいで各段に増加した。また単に行政が設定した参加の機会に住民が参加するだけではなく、住民あるいはNPO等の自主的なまちづくり活動の件数も以前と比べ格段に増加した。このような状況は、生活空間に根差した空間形成に寄与し、地域住民等の利害関係者同士が納得した形で都市計画やまちづくりを実効させる可能性が増す。また参加の場でさまざま住民やその他の担い手が一緒になってまちを調べ、将来についての議論を行うことで、都市計画やまちづくりの意義や仕組みへの関心・理解が増す。このことはまちづくりの担い手として育成されることを意味し、かつ参加者同士がこの先のまちづくりのパートナーとしての関係を構築する契機となる。加えてお互いの顔が見える関係となり、地域のコミュニティ形成にもつながる。

しかし課題も多い。ワークショップの開催等が形骸化し、ワークショップの開催が住民参加を行ったというアリバイづくりに利用されるケースもままある。また参加する住民の固定化や代表制の問題も指摘され、参加のプロセスのデザインを行う際は、さまざまな参加の手法や機会の確保に留意する必要がある。そして増えてきたとはいえ、まだまだ都市計画やまちづくりに関心をもつ住民等の絶対数は多くなく、いかに関心をもってもらうかも課題として残る。

6.3　民間都市開発の推進

6.3.1　民間活力導入施策の流れ

1973年の第1次石油危機を契機とした景気の停滞のため、政府は1975年に初めて赤字国債を発効した。こうした状況を受けて、1980年を財政再建元年と位置づけ、1983年には国家予算のマイナスシーリング(前年度予算の規模に対して当該年度の予算規模の上限を低く設定すること)を実施した。この頃から、政府には財源が不足している、民間の資金を活用すべきであるとの論調が高まり、民間能力の活用、すなわち民活のための制度整備が活発化した。1986年には、民活法(民間事業者の能力の活用による特定施設の整備の促進に関する法律)が制定され、「東京湾横断道路の建設に関する特別措置法」により道路整備を民活で実施することとなった。さらに、1987年には民間投資による都市開発を促進する組織として民間都市開発推進機構が設立された。これと併行して、電電公社(1985年)、国鉄(1987年)の民営化が行われている。

1980年代後半に発生したバブル経済が1990年代に入って崩壊すると、不良債権処理が大きな課題となった。不動産業は金融と密接に結びつくようになり、不動産特定共同事業法(1995年)、SPC法(特定目的会社による特定資産の流動化に関する法律。後に改正されて、資産の流動化に関する法律、1998年)、PFI法(民間資金等の活用による公共施設等の整備等の促進に関する法律、1999年)といった諸制度が成立した。この頃、政府では特殊法人改革が行われ、特殊法人の民営化をにらんだ独立行政法人制度が導入された。

2000年には、投信法(投資信託及び投資法人に関する法律)が成立し、Jリート(日本における不動産の証券化。証券により投資を集めて不動産を購入し、家賃収入や売買利益を

投資家に配分する商品）の法的基礎が整備された。さらに、2001年には都市再生が政府全体の重要施策として初めて位置づけられ、民活による都市の再生のための制度の充実が進んだ。また、官民連携（PPP、後述）の機運が高まり、指定管理者制度の導入（2003年）、地方独立行政法人法の制定（2003年）、市場化テスト法の実施（2006年）といった制度整備が進んだ。

2010年に入ると、PFI法、不動産特定共同事業法の改正が行われ、2013年には国内空港をコンセッションの対象とする「民間の能力を活用した国管理空港等の運営等に関する法律」が成立した。

6.3.2　不動産による資金調達の仕組み

バブル経済の崩壊により発生した低未利用地等の不良債権化した不動産について、民間の投資を呼び込み有効活用することで、都市開発事業による経済再生を行う必要が生じた。このため不動産の証券化による資産の流動化を図る仕組みが導入され、発展してきた。

不動産は、民間投資の対象としてみた時、長期で多額の投資を要し、市場における流動性が低く、リスクの高い商品である。このため、特定の不動産を原所有者から切り離し、特別の会社（SPV、単にビークルともいう）に資産を移して、そこから生じる運用利益、すなわちキャッシュフロー（CF、賃貸収入やローンの元利償還金等）を受け取る権利を有価証券（株や債券等）として小口化し、多数の投資家からの投資を呼び込むことが必要となる。これが不動産の証券化である。原所有者にとっては長期保有や多額の投資回収のリスクが低減し、投資家にとっては小口化され流動性が高まるため投資がしやすくなる。

資金調達の方法としては、銀行からの借入や社債の発行等の負債（デット）と出資・投資信託等による投資で構成される資本（エクイティ）とがある［**図6-4**］。

不動産の証券化には、活用目的に応じて、資産流動化型と資産運用型がある。

初期は、バブル崩壊による不良資産への対応のために、原所有者の財務体質を改善する必要から、資産の流動化自体を目的とする「資産ありきの証券化」が活用されていたが、市場の成熟と国際化の中で膨大な資金が日本に流入してきたこともあり、多数の投資家からの資金をプールして不動産投資を行う「資金ありきの証券化」の利用実績が増加している。

不動産の証券化に必要なビークルの組成のために、さまざまな法制度が設けられてきた。ここでは詳述しないが、**図6-5**のとおり整理される。手法により、組成の手続きやビークル自体の使い勝手も異なるため、目的に応じて選択する必要がある。

さらに、都市開発によって将来得られるキャッシュフローを裏づけに資金調達を行う「開発型」の不動産証券化がある。市街地再開発事業等の都市開発事業で導入されている。

不動産証券化に関与する専門家は東京を中心とした都心部に偏在していることから、地方圏における不動産証券化の経験の蓄積は十分ではない。

地方公共団体の財政状況が厳しくなる中で、これまで公共資金で賄ってきた公共施設の整備・維持管

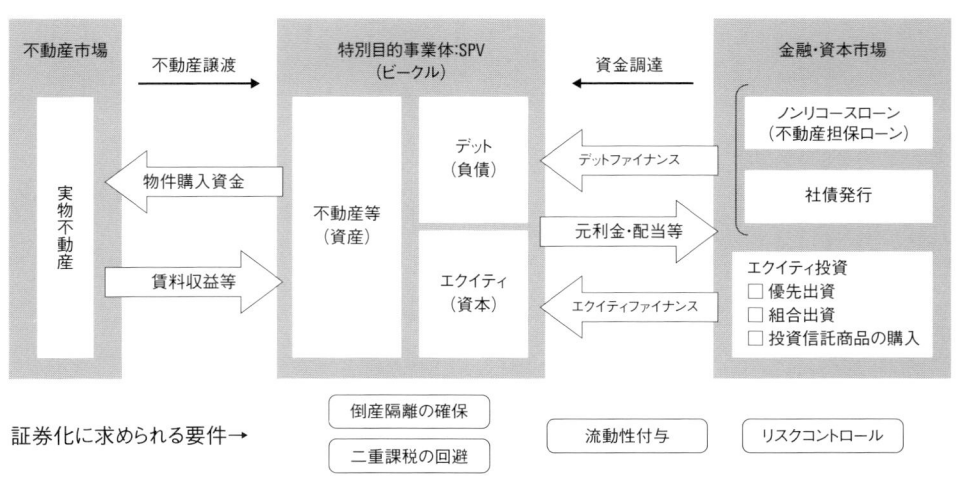

図6-4　不動産証券化の基本構造[7]

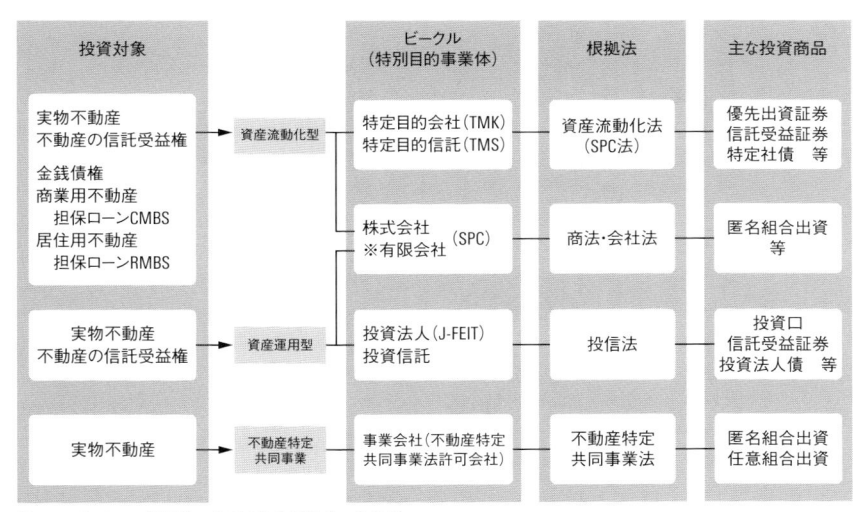

図6-5 ビークルの根拠法による不動産証券化の分類 [7]

理の費用についても、次に述べるPFIの仕組み等も併用して、不動産証券化の手法を活用した資金調達を可能とするための環境整備が必要である。

6.3.3 官民連携の推進

1 PPPのさまざまな仕組み

人口減少、超高齢化が進む中で、地方公共団体の財政は縮小化する傾向にあり、行政改革の進展から地方公務員の数も減少している。一方で、社会保障費は急速に伸びており、さらに社会資本の維持更新のための膨大な需要が顕在化してくることが予想されている。このように、公共サービスの需要が拡大する中で、財源や人材の不足が問題となる。こうした状況の中で、NPOをはじめ新たな法人制度により「新たな公」と呼ばれる、官でも民でもない新たなセクターが生まれてきている。また、民間企業も従来公共主体が提供してきたサービスの提供に新たな市場を見出している。

民間や新たな公の能力を活かして、公共サービスの新たな担い手を確保していく官民連携（PPP：Public Private Partnership）の取組みが進展してきている。

公共サービスの担い手を民間や新たな公に託すという意味でのPPPの代表的な手法・制度として、包括民間委託、指定管理者、市場化テスト、PFIがある。PFIについては次頁で詳述することとして、ここでは前三者について述べる。

a. 包括民間委託

包括的管理委託は、公共側が仕様書により細かい業務内容を設定するのではなく、一定の水準を満足できれば、管理内容の詳細は民間事業者の裁量に任せる性能発注による委託方式である。

例えば施設の運転管理だけでなく、従来は個別に発注していた設備点検、清掃、物品等の調達、修繕工事等の幅広い維持管理業務を委託契約の範疇に含めることができる。また、契約期間も複数年契約が基本となる。民間事業者の多様なノウハウ活用による業務効率化や一括発注によるコスト縮減等がメリットである。

b. 指定管理者

2003年の地方自治法の改正により、「公の施設」の管理を地方公共団体が指定する民間事業者に実施させることができるようになった。これが指定管理者制度である。制度自体は、1990年に導入されており、当初は地方公共団体が出資するいわゆる第三セクターのみが対象であり、料金徴収は地方公共団体が実施していた。後に、指定管理者が直接料金徴収できるようになり、経営努力のためのインセンティブが付与され、さらに、民間事業者に対象が拡大したものである。指定管理者は、2009年時点で約7万施設で導入されており、これは公の施設全体の15％にあたる（総務省自治行政局行政課による）。

都市施設の中でも、上下水道施設、公園、公営住宅、文化施設、社会福祉施設等で導入されている。

c. 市場化テスト

市場化テストは、行政が実施している公共サービスについて官民がともに参加できる競争入札を行って、サービスの質の向上とコスト低減を目指す制度

であり、「競争の導入による公共サービスの改革に関する法律」(2006年)に基づき実施されている。

2 | PFIの活用

PFI (Private Finance Initiative) とは、公共施設の建設、維持管理、運営等を民間の資金・能力を活用して行うものであり、質の高い公共サービスをより安く提供するための手法である。1999年に成立したPFI法(民間資金等の活用による公共施設等の整備等の促進に関する法律)により実施されている。2013年3月現在で、400事業、事業費ベースで4兆2,477億円の実績がある。これにより、7,833億円のコスト削減が行われたことになる。

法の対象となる施設は、**表6-2**のとおりである。

公共施設等の管理者には、関係省庁の長、地方公共団体の長、独立行政法人等の公法人が含まれる。

法に基づき、管理者は、PFIの実施方針を公表し、対象となる事業(特定事業)を選定する。特定事業について民間事業者の選定が行われ、PFIによる事業が実行に移される。

特定事業の選定や選定事業者による事業実施に際しては、VFM (value for money) という評価が実施される。これは、従来の方式に比べて、PFIの導入により総事業費がどれだけ削減できるかという割合を評価するものである。VFMは、事業のライフサイクルコスト(LCC、設計・建設、維持管理・運営の全体にわたって必要となるコスト)について評価される。

民間事業者には、管理者に対して特定事業にすべき事業を提案する権利が認められている。

PFIによる事業は、施設の所有形態や事業費の回収方法により、**表6-3**および**表6-4**のように分類されている。

表6-2 PFI法の対象となる公共施設等の一覧

公共施設	道路、鉄道、港湾、空港、河川、公園等
公用施設	庁舎、宿舎等
公益的施設等	賃貸住宅、教育文化施設、廃棄物処理施設、医療施設、社会福祉施設、駐車場等 情報通信施設、熱供給施設、研究施設等 船舶、航空機、人工衛星等

表6-3 施設の所有形態による類型[9]

	設計・建設	運営・維持管理	事業終了
BTO方式	民間が所有	公共に譲渡 (民間が実施)	公共が所有
BOT方式	民間が所有	民間が所有	公共に譲渡
BOO方式	民間が所有	民間が所有	民間が所有 (解体・撤収)
RO方式	公共が所有 (民間が改修)	公共が所有 (民間が実施)	公共が所有

注)Bは建設(Build)、T=移転(Transfer)、O=運営(Operation)、R=改修(Rehabilitate)

表6-4 事業費の回収方法による分類[9]

サービス購入型	選定事業者の事業コストが公共部門から支払われるサービス購入料により全額改修される類型
独立採算型	選定事業者の事業コストが公共施設等の利用料金収入等の受益者からの支払いにより回収される類型
混合型	サービス購入型と独立採算型の混合

なお、PFIの類似手法として、公設民営方式(DBO方式、Dは設計(design))がある。公共が資金調達を行い、民間事業者に設計・建設・運営を委託する方式である。公共が資金調達するためVFMが大きく出るメリットがあるが、公共が資金調達するため金融機関による監視が働かないという難点もある。

PFI事業を構成する主体の関係をモデル的に示すと**図6-6**のようになる。

選定事業者は、プロジェクトの運営に特化した特別目的会社(SPC)の形態をとることが多く、プロジェ

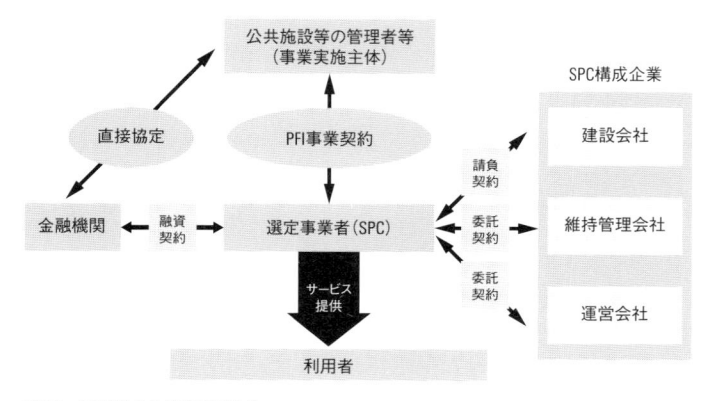

図6-6 PFI事業の主体間の関係[9]

クトの実施に必要な資金を金融機関等から調達する。これにより、公共施設等の管理者は建設費等の巨額な資金を一挙に調達する必要がなくなり、SPCによる借入金の返済に見合ったサービス購入料を支払うことで足りる(独立採算型の場合は受益者からの料金収入で返済は賄われる)。こうして、財政支出の平準化が果たされる。

2012年の法改正により、PFIの新たな方式としてコンセッション方式が追加された。この方式は、施設の所有権を移転せず、民間事業者に施設の事業運営に関する権利(公共施設等の運営権、コンセッション)を長期間にわたって付与し、民間事業者が維持管理(改築を行う場合もある)を行う方式である。コンセッションは、独立採算型であり、運営権を担保に民間事業者が資金調達を行うことができる等のメリットがある。

民間事業者の創意工夫による事業の効果的・効率的な運営ができるように、より自由度が高い事業方式が模索されている。

また。2013年の法改正により、インフラ整備への民間投資を喚起するため、官民連携によるファンドの機能を担う(株)民間資金等活用事業推進機構が設立され、PFI事業の資金調達の手段が拡大している。

6.3.4　民間都市開発の推進

民間都市開発推進機構(以降「民都機構」という)は、民間都市開発の推進に関する特別措置法(同様に、「民都法」という)に基づき、民間事業者による都市開発事業を支援する主体として国土交通大臣の指定を受けた財団法人である。1987年の設立以来、民都法および都市再生特別措置法(後述)に基づき、民間都市開発に対して、融資・出資等の金融支援をはじめ、情報提供、実施手法のアドバイス等の支援を行っている。2012年度末までに1,215件の民間都市開発事業に対して、1兆7,484億円にのぼる金融支援を実施している。

民都機構は、時々の経済情勢に応じた政策の要請により業務を創設する一方で、必要性が低下した事業については新規採択を停止する等の見直しを随時実施している。民都法や都市再生法に基づき当初実施していた業務はほとんどが整理され、現在は次の4つの業務を柱にしている。

a. メザニン支援(都市再生法に基づく支援)［図6-7］

都市再生緊急整備地域や都市再生整備計画の区域において、公共施設の整備を伴う大規模な優良民間都市開発に対して、事業主体にとって特に調達困難なミドルリスク資金を供給するもの。

なお。メザニンとは中二階の意味で、従来の金融機関によるシニアファイナンスよりも返済順位が低く(リスクが高く)、投資家から調達するエクイティとの間に位置するファイナンスのことである。

b. まち再生出資(都市再生法に基づく支援)［図6-8］

都市再生整備計画の区域等において、公共施設の整備を伴う優良民間都市開発に対して、事業主体への出資を行い、事業の立ち上げを支援するもの。

c. 共同型都市再構築［図6-9］

地域の生活に必要な都市機能(教育文化、医療、社会福祉、子育て支援、商業等)の増進や都市の環境・防災機能の向上に資する公共施設の整備を伴う優良民間都市開

図6-7 メザニン支援のイメージ[10]

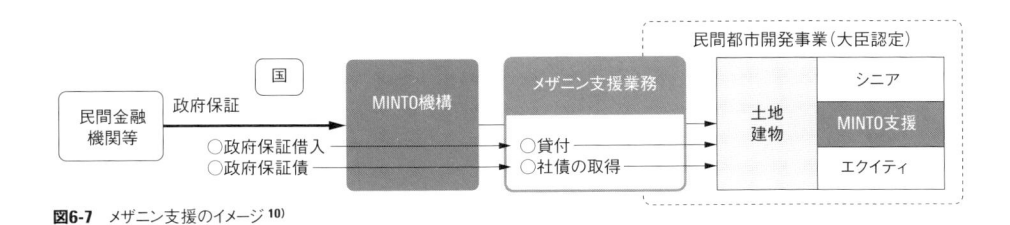

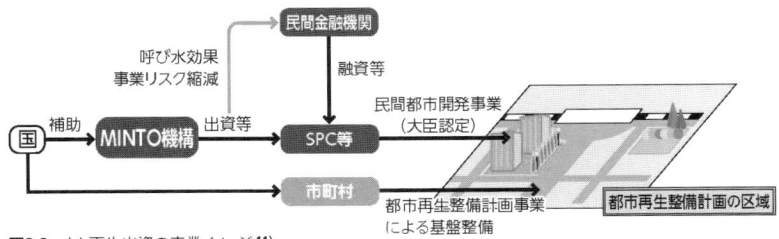

図6-8 まち再生出資の事業イメージ[11]

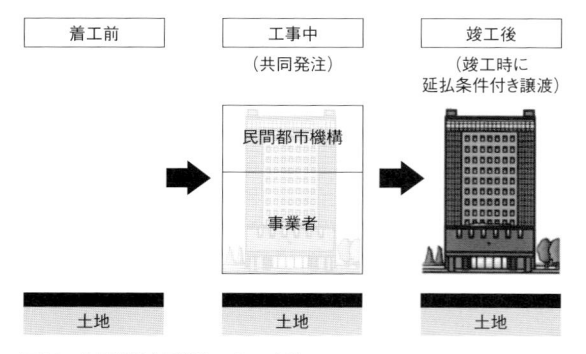

図6-9 共同型都市再構築のイメージ 12)

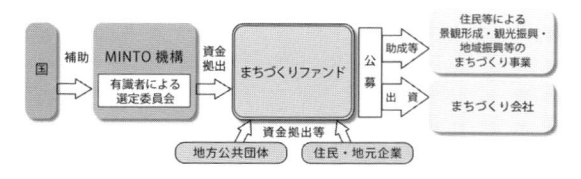

図6-10 住民参加型まちづくりファンド支援のイメージ 13)

発に対して、共同施行方式で支援するもの。
d. 住民参加型まちづくりファンド支援［図6-10］
資金を地縁により調達し、住民等により景観形成・観光振興等を行うまちづくり事業に対し助成等を行う「まちづくりファンド」に資金拠出を行うもの。

6.4 都市再生と地域活性化施策の多様化

6.4.1 都市再生法の成立経緯

1990年代のバブル経済の崩壊以降、大都市を中心に不良債権化した不動産や低未利用地が大量に発生し、日本経済再生の大きな障害となっていた。見方を変えると、都市構造を大胆に再構築するための資源が豊富に存在していると見ることもできた。こうした背景から、当時の小渕恵三政権下の経済戦略会議は、1999年に「日本経済再生への戦略」を公表した。この中で、都市計画・建築規制の規制緩和を積極的に行うことで不動産の流動化を図り、都市構造の抜本的再編、居住・商業機能の回復に向けた土地の有効利用を行う「都市再生」の推進が掲げられた。この流れを受けて、小泉純一郎政権下において、2001年、都市再生本部が発足し、2002年に都市再生特別措置法（以降、「都市再生法」という）が制定された。

6.4.2 都市再生の枠組み

1｜3つの施策の柱
政府の都市再生の取組みは、次の3つの柱から成り立っている。
① 都市再生プロジェクトの推進
国、地方公共団体、民間事業者が連携して、内閣主導で強力に推進する国家的なプロジェクトを推進。
② 民間都市開発投資の促進
都市再生法に基づく都市再生緊急整備地域の指定等により、民間都市開発事業の立ち上がりを支援。
③ 全国都市再生の推進
「稚内から石垣まで」をキャッチフレーズに、地域が「自ら考え行動する」都市の再生の取組みを支援。都市再生法に基づく都市再生整備計画に基づく支援等がある。また、これは3つの取組みを推進すると同時に、都市再生の多様な担い手への支援を行っている。

2｜都市再生法の構成［図6-11］
都市再生法に基づき、都市再生本部が設置され、国は施策全体の基本方針を定める。このもとで、大別して、民間都市開発投資の促進を推進する「都市再生緊急整備地域における特別措置」と全国都市再生を推進する「都市再生整備計画等に係る特別措置」とが設けられている。

a. 都市再生緊急整備地域に関する特別措置
政府は、緊急かつ重点的に市街地の整備を行う「都市再生緊急整備地域」（以降、「緊急整備地域」という）を指定するとともに、この地域のうち都市の国際競争力の強化を図る上で特に有効な地域を「特定都市再生緊急整備地域」（同様に、「特定地域」という）として指定する。地域が指定されると、本部が地域整備方針を決定するとともに、国・地方公共団体・民間事業者等からなる都市再生緊急整備協議会（同様に、「協議会」という）の設立が可能となる。

まず、緊急整備地域で適用される制度の仕組みについて述べる。

民間事業者は都市再生事業を行う場合に「民間都市再生事業計画」を策定し、国土交通大臣の認定を得ることができる。認定された計画について、民間都市機構による支援等が行われる。都市再生事業を行おうとする民間事業者には、都市計画の提案権が認められる。

協議会が避難経路や避難施設の整備等について記

図6-11 都市再生法の構成

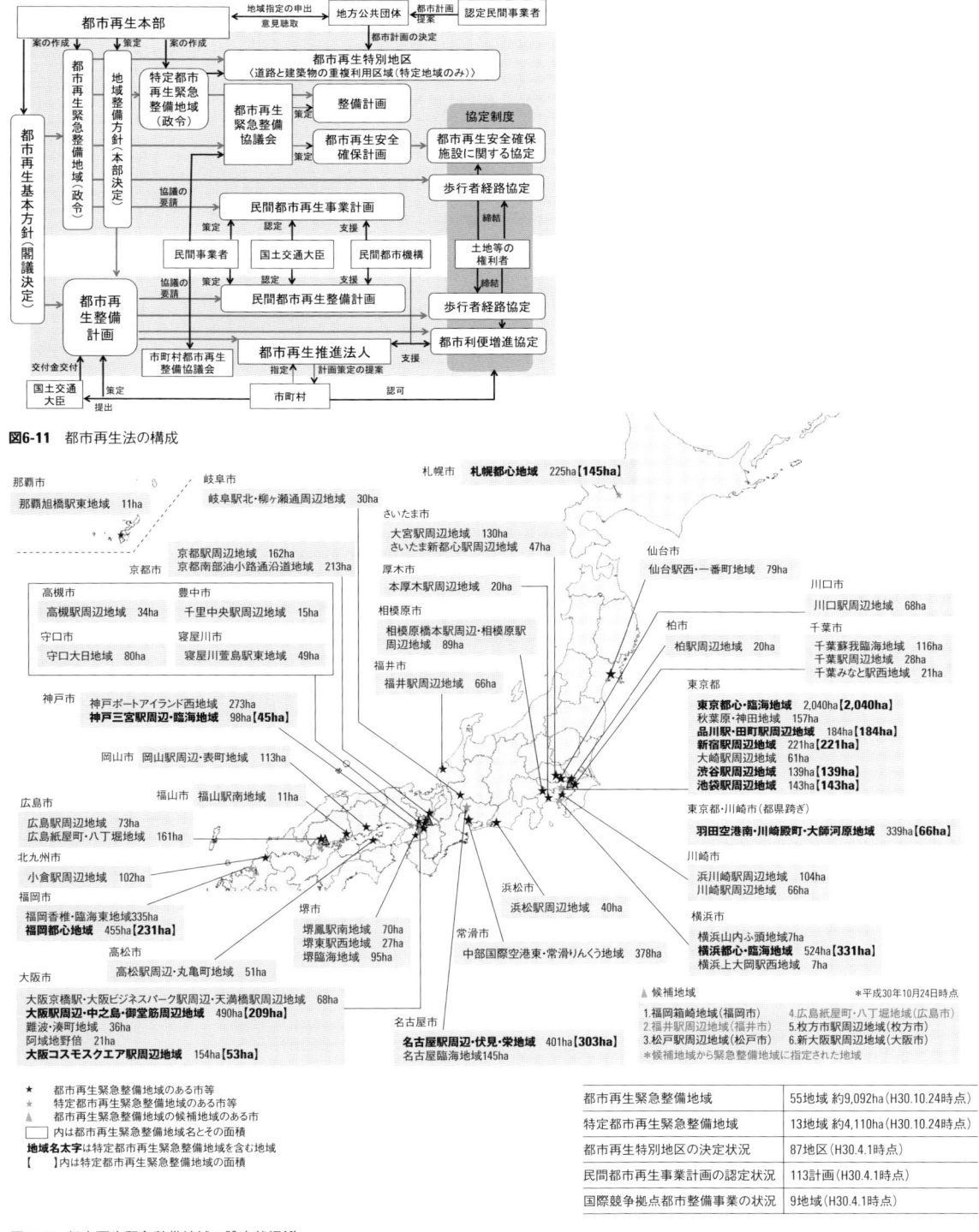

図6-12 都市再生緊急整備地域の設定状況[14]

都市再生緊急整備地域	55地域 約9,092ha（H30.10.24時点）
特定都市再生緊急整備地域	13地域 約4,110ha（H30.10.24時点）
都市再生特別地区の決定状況	87地区（H30.4.1時点）
民間都市再生事業計画の認定状況	113計画（H30.4.1時点）
国際競争拠点都市整備事業の状況	9地域（H30.4.1時点）

載した「都市再生安全確保計画」を作成すると、建築基準法の特例等を受けることができる。

都市計画には、都市再生特別地区を定めることが可能となり、用途、容積率、建ぺい率等を特別に定めることができる。

地域内の土地・建築物の権利者は、歩行者の移動の利便や安全を確保する施設の整備・管理に関する協定、都市再生安全確保計画に記載された避難経路等の整備・管理に関する協定を締結し、市町村による認可を得ることができる。

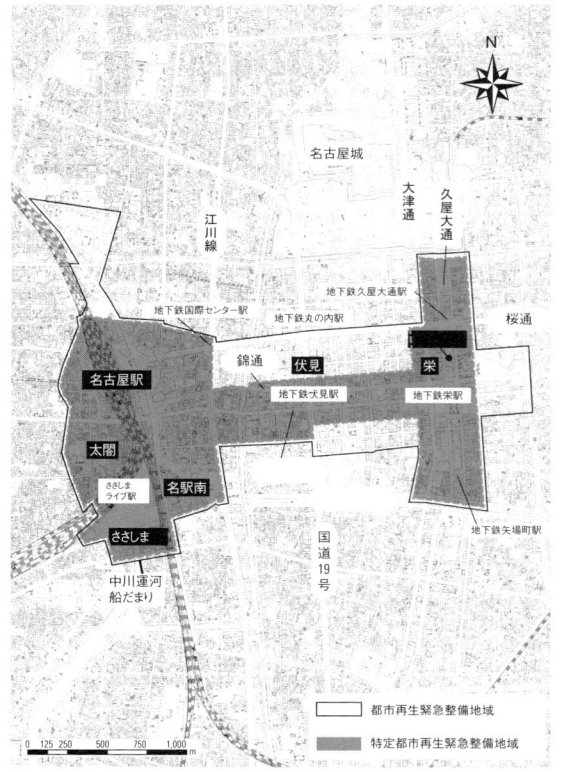

図6-13 都市再生緊急整備地域の例(名古屋駅周辺・伏見・栄地域)[15]

次に、特定地域で適用される制度の仕組みについて述べる。

協議会が「整備計画」を作成すると、それに従った都市計画の案の作成が行われるとともに、都市計画に関連する諸制度の手続きの特例が適用される。

都市再生特別地区内では、都市計画施設である道路の上空または路面下に建築物の整備が可能となる制度が適用される。

b. 都市再生整備計画等に係る特別措置

市町村は、都市再生に必要な公共公益施設の整備等を重点的に実施する区域を定めて、「都市再生整備計画」を策定することができる。

都市再生整備計画に関する協議機関として、市町村、地域のまちづくりのための法定の推進法人を中心に、都道府県、国の機関、民間事業者等を加えた協議会を組織することができる。

市町村が計画を国土交通大臣に提出することで、交付金の適用が受けられる。この交付金については後述する[**6.4.4**]。

計画の内容に関する都市計画の決定を都道府県に代わり、計画を策定した市町村が行うことができる(権限委譲)ようになる。また、地域地区に関する都市計画の決定について、都道府県に措置を要請することができる。

また、計画を策定した市町村は、国道の新設・維持の権限を特例的にもつことや、許可基準が緩和された道路占用の許可を受けたりすることができる。

都市再生整備計画の区域内で行われる一定規模以上の都市開発事業を行おうとする民間事業者は、民間都市再生整備計画を策定し、国土交通大臣の認定を受けることができる。認定された民間事業者は、民間都市機構の支援を受けることができる。

計画の区域内の土地の権利者は、歩行者の移動の利便や安全を確保する施設の整備・管理に関する協定を、土地・建築物の権利者または都市再生整備推進法人は、都市利便増進施設の一体的な整備・管理に関する協定(都市利便増進協定)を締結し、市町村長の認定を受けることができる。

認定を受けた都市利便増進協定に関する施設の整備・管理には、民間都市機構の支援が受けられる。

市町村長は、地域における都市再生の推進主体として、NPO法人・社団法人・まちづくり会社等について都市再生推進法人として指定することができ、この法人には法律に基づく一定の権限が与えられるほか、民間都市機構の支援が受けられる。

都市再生整備計画の策定・実施主体である市町村の中には、総合的なまちづくり事業の経験が少なく、専門知識を有する職員が不足している場合がある。市町村へのノウハウ面での支援のため、独立行政法人都市再生機構が、市町村の委託に基づき、都市再生整備計画の作成および都市再生整備計画に基づく事業の促進に必要なコーディネート業務を行っている。

6.4.3 都市再生法の変遷

6.4.2で見たように、都市再生法は非常に複雑な構造をもつ法律であるが、9回にわたる法改正により「増改築」された結果として今日の法構造がある。都市再生法の構造を理解しやすくするため、**表6-5**のとおり当初からの法構造の変遷を見ておこう。

このように、法制度は時々に注目される新たな政策課題に応じて、頻繁に改正されている。

6.4.4 まちづくり交付金

都市再生法に基づく都市再生整備計画を策定する市

町村は、交付金を受けとれるようになっている。この交付金は、2004年に創設されたまちづくり交付金である（2010年より、社会資本整備総合交付金に統合され、その一部として継続している）。

当時、都市再生に関連する国の補助事業は、道路、公園、河川、下水道、都市開発事業等に細分化され、多数にわたっており、事業間の経費の融通が自由にできない等、地方公共団体にとって使いづらいものとなっていた。このため、助成金を一括で交付し、総額の範囲内で、事業間の経費の融通が自由にできるようにしたのが、まちづくり交付金である。現在では、一般的な手法として定着してきたが、当時は、国の助成制度としては画期的な手法として評価された。

もう一つの特徴として、既存の事業では助成対象

表6-5 都市再生法の改正経緯

時期	内容	ポイント
制定当初の都市再生法（2002年）	・都市再生本部の設置 ・政令による都市再生緊急整備地域の指定 ・閣議決定による都市再生基本方針の策定 ・本部決定による地域整備方針の策定 ・都市再生緊急整備協議会の設置 ・民間都市再生事業計画に関する制度 （民間都市機構の支援、都市計画の提案権） ・都市再生特別地区	制定当初は、国が区域を設定して、民間の都市再生事業の立ち上げを支援する制度であったことがわかる
1回目の改正（2004年）	・都市再生整備計画に関する制度の追加 （交付金、都市計画・国道に関する権限委譲、都市計画の要請）	この時点で、地方都市の都市再生を推進する仕組みが追加された
2回目の改正（2005年）	・民間都市再生整備計画に関する制度の追加 （民間都市機構の支援）	地方都市の地域再生の制度に、民間事業の推進が加わった
3回目の改正（2007年）	・市町村の協議会の設置 ・都市再生推進法人の指定	都市再生の担い手が新たな政策課題となったことがわかる
4回目の改正（2009年）	・歩行者経路協定に関する制度の追加 ・都市再生整備推進法人による都市計画の決定の要請	都市構造の集約化に伴い、歩いて暮らせるまちづくりを推進するための制度が追加された
5回目の改正（2011年）	・特定都市再生緊急整備地域の追加 ・整備計画に関する制度の追加 ・都市再生特別地区における道路と建築物の重複利用区域の設定 ・都市再生整備計画の道路占用の特例の追加 ・都市再生推進法人による都市再生整備計画の策定提案 ・都市利用増進協定に関する制度の追加	都市の国際競争力の強化が大きな政策課題となり、緊急整備地域、都市再生整備計画の双方について大幅な拡充が行われた
6回目の改正（2012年）	・都市再生安全計画に関する制度の追加 ・都市計画安全確保施設協定に関する制度の追加	東日本大震災を受けて、都市の災害対策に対応する制度の追加が行われた
7回目の改正（2014年）	・立地適正化計画（都市機能誘導区域、居住誘導区域、居住調整地域）の追加	地域公共交通と連携して、コンパクトなまちづくりを進める制度が追加された
8回目の改正（2016）	・非常用電気等供給施設協定、低未利用土地利用促進協定等の追加	国際競争力・防災機能強化、コンパクトで賑やかなまちづくり、住宅団地の再生といった課題に対応した制度の追加が行われた
9回目の改正（2018）	・低未利用土地権利権利設定等促進計画、立地誘導促進施設協定等の追加	都市のスポンジ化対策に関する制度が追加された

図6-14 まちづくり交付金の対象事業のイメージ[16]

としていないソフト的な施策を市町村の提案により追加できるようしたことである。例えば、コミュニティバスの導入のための社会実験といったソフト施策をまちづくり交付金の対象とすることができる。

6.4.5 地域活性化施策の多様化

都市再生法の制定後、同様に省庁横断的な体制で構造改革を行うことにより地域の活性化を進めるための制度が構築され、内閣官房・内閣府が事務局を務める各種の本部が設置された。構造改革特別区域法(2002年)、地域再生法(2003年)、中心市街地活性化法(2007年)、総合特別区域法(2011年)等である。これらは、2007年に地域活性化統合本部に一元化され、さらに、2014年に発足した、まち・ひと・しごと創生本部に引き継がれて一体的に推進されている。

これまで触れていない地域再生、特区に関する制度について簡単に述べる。

a. 特区制度

地域を限って、規制や財政・税制上の特例措置を講じることにより、地域の取組みを支援するとともに、規制緩和等の構造改革を推進する制度である。

規制改革のみを対象とする構造改革特区が2002年に設けられた後、2011年には規制改革と税財政改革を一体に実現する総合特区制度が設けられ、2013年にはさらに地域を限定して国主導で推進する国家戦略特区制度が設けられた。道州制特区、震災復興特区といった類似の制度もある。

b. 地域再生制度

地域再生法に基づき、地方創生推進交付金および地方創生整備推進交付金(道、港、汚水処理施設といった省庁をまたがって存在する類似の施設整備事業の経費融通を可能とした制度)や地域再生支援利子補給金をはじめとした支援措置により、地域再生計画を策定した地方公共団体による取組みを支援する制度である。地方公共団体からの提案募集により制度の拡充を行っている。

第6章　出典・参考文献

注)官公庁を出典とするものは、特記のない限りウェブサイトによるものとする。17番以降の文献は参考のみ

1) 内海麻利『まちづくり条例の実態と理論──都市計画法制の補完から自治の手立てへ』第一法規、2010年
2) 都市計画法制研究会編著『よくわかる都市計画法 改訂版』ぎょうせい、2012年
3) 柳沢厚、野口和雄『改訂版 まちづくり・都市計画なんでも質問室』ぎょうせい、2012年
4) 愛知県稲沢市「稲沢市都市計画マスタープラン」2010年、大阪府吹田市「吹田市都市計画マスタープラン見直し方針」2014年より作成
5) 東京都武蔵野市「武蔵野市まちづくり条例ガイド」2009年
6) 愛知県長久手町「ながくて協働ルールブック2010」2010年
7) 国土交通省土地・建設産業局「土地総合情報ライブラリー／不動産証券化の解説」
8) 国土交通省土地・建設産業局「土地・建設産業局、土地総合情報ライブラリー「不動産証券化の解説」
9) 民間資金等活用事業推進機構「PFIとは／PFIの事業類型」より作成
10) (一財)民間都市開発推進機構「メザニン支援業務」
11) (一財)民間都市開発推進機構「まち再生出資業務(拡充)」
12) (一財)民間都市開発推進機構「共同型都市再構築業務(拡充)」
13) (一財)民間都市開発推進機構「住民参加型まちづくりファンド支援業務」
14) 内閣官房地域活性化統合本部会合「都市再生緊急整備地域MAP」
15) 名古屋市「都市再生緊急整備地域の概要」2014年
16) 国土交通省都市局「都市再生整備計画事業の概要」
17) 神奈川県「地域主権改革について」2012年
18) 大西隆編著『人口減少時代の都市計画 まちづくり制度と戦略』学芸出版社、2011年
19) 松本昭「地方自治体都市計画からみた制度改正の論点」『都市計画』No.272、pp.25-30、日本都市計画学会、2008年
20) 大戸徹、鳥山千尋、吉川仁『まちづくり協議会読本』学芸出版社、1999年
21) 伊藤雅治、小林郁雄等『都市計画とまちづくりがわかる本』彰国社、2011年
22) 松下啓一『協働社会をつくる条例──自治基本条例・市民参加条例・市民協働支援条例の考え方』ぎょうせい、2004年
23) 杉崎和久「都市計画分野における「参加」機会の現状」『都市計画』No.286、pp.55-59、日本都市計画学会、2010年
24) 饗庭伸、加藤仁美他『初めて学ぶ 都市計画』市ヶ谷出版社、2008年
25) 日本建築学会編『まちづくりデザインのプロセス』丸善、2004年
26) 佐藤滋編著『まちづくり市民事業 新しい公共による地域再生』学芸出版社、2011年
27) 小林重敬編著『新時代の都市計画1 分権社会と都市計画』ぎょうせい、1999年
28) 篠原明徳「無作為抽出型市民討議会の進展」『都市計画』No.286、pp.51-54、日本都市計画学会、2010年
29) 大塚敬「総合計画策定プロセスへの住民参加の効果と課題──無作為抽出による直接参加型住民参加手法の可能性」『季刊 政策・経営研究』Vol.4、pp.39-55、三菱UFJリサーチ&コンサルティング、2010年

7
持続可能なまちづくりの計画
都市計画の課題の多様化

わが国は、人口減少社会に転じ、低炭素社会の形成、超高齢社会への対応といった未知の課題に対応しなければならない。都市計画においても、都市の持続可能性(sustainability)を確保するためのまちづくりを進める新たな枠組みの構築や技術の獲得が求められている。この章では、①超高齢社会への対応、②低炭素社会の形成、③景観・地域資源の活用、④災害に対して強靭な社会の構築、という都市の持続可能性に関わる4つの課題を取り上げて、まちづくりの計画について考える。

7.1 超高齢社会のまちづくり

7.1.1 高齢者・障害者の社会生活

日本における65歳以上の高齢者人口は、1950年には総人口の5％に満たなかったが、1970年に7％を超え（国連の報告書において「高齢化社会」と定義された水準）、さらに、1994年にはその倍化水準である14％を超えた（同様に「高齢社会」と定義される水準）。高齢化率はその後も上昇を続け、2007年に21％を超えて「超高齢社会」（同様に定義）に突入し、2013年に25.1％に達している。

今後、総人口が減少する中で高齢者が増加することにより高齢化率は上昇を続け、2035年に33.4％、つまり3人に1人が高齢者となる。2042年以降は高齢者人口が減少に転じても高齢化率は上昇を続け、2060年には39.9％に達して、国民の約2.5人に1人が65歳以上の高齢者となる社会が到来すると推計されている。総人口に占める75歳以上人口の割合も上昇を続け、いわゆる「団塊ジュニア」(1971〜1974年に生まれた人)が75歳以上となった後に、2060年には26.9％となり、4人に1人が75歳以上の高齢者となると推計されている[1]。

このような超高齢社会への対応を放置すると、住宅団地での高齢者の孤立化、中山間地での限界集落の発生、買物・医療・介護サービス等の大きな偏りといった種々の深刻な課題が進展する。そうならないために、豊かで安定した住生活の確保、ユニバーサルデザイン（障害の有無、年齢、性別、人種等にかかわらず多様な人々が利用しやすい、都市や生活環境をあらかじめデザインする考え方）に配慮したまちづくりの総合的推進、交通安全の確保と犯罪、災害等からの保護、快適で活力に満ちた生活環境の形成を図ることが必要である。

一方で、障害をもつ人々（障害者、障害児）の生活も都市等の社会の中で実現されなければならない。これらの人々が特別視されることなく、基本的人権が尊重され、一般社会の中でともに生き、普通の生活を送ることにできる状態をノーマライゼーション(normalization)という。これは、1950年代にバンク・ミケルセン（デンマーク）らが関わっていた知的障害者の生活待遇改善運動から生まれた理念であり、その後の国際障害者年(1981年)でのスローガンにもなり、さまざまな社会改善の源の理念となっている[2]。

障害者の定義として、世界保健機構(WHO)の定める国際生活機能分類(ICF、2001年制定)によるものや、関係法律（例えば、障害者基本法）によるものがある。

前者のICFでは、それまでのWHO国際障害分類(ICIDH)が個人の能力のマイナス面を分類するという考え方が中心であったのに対し、生活機能というプラス面からみるように視点を転換し、さらに環境因子等の観点を加えている。そして人間の生活機能と障害について「心身機能・身体構造」「活動」「参加」の3つの次元および「環境因子」等の影響を及ぼす因子を用いて約1,500項目に分類されている。ICFによるさまざまな構成要素間の相互作用を図7-1のように図示することにより、障害過程を理解しやすくなる。これにより障害を個人の心身特性だけの問題と

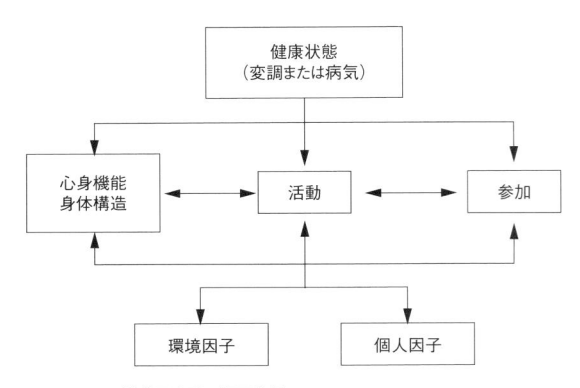

図7-1 ICFの構成要素間の相互作用

するのではなく、環境(人間関係、生活空間や道具等)との関係でとらえる考え方が確立された。

後者の日本の法律では、障害者とは「身体障害、知的障害又は精神障害があるため、継続的に日常生活又は社会生活に相当な制限を受ける者」(1970年制定の障害者基本法)とされてきたが、今では「身体障害、知的障害、精神障害(発達障害を含む。)その他の心身の機能の障害がある者であって、障害及び社会的障壁により継続的に日常生活又は社会生活に相当な制限を受ける状態にあるもの」(2011年制定の障害者基本法)に代わっている。

図7-2に、在宅の身体障害者の障害種類別の内訳を示す。特に、人口の高齢化の影響が内部障害の増加をもたらしている。外観だけで障害者か否かを決めつけてはいけないし、だれでも普通の社会生活ができるような都市空間を整備することが重要である。

7.1.2　福祉のまちづくり

ここでは、日本における「福祉のまちづくり」の進展状況を紹介する[**表7-1**]。

福祉のまちづくりは、1960年代の終わりごろから、障害者の社会参加運動として始まった。仙台市をはじめ各都市で、障害者による「車いすでのまちづくり点検」や「車いすガイドブックづくり」等が展開された。福祉のまちづくりを先導した都市は町田市であり、1970年に就任した市長が「車いすで歩けるまちづくり」政策に取り組み、1974年には「建築物等に関する福祉環境整備要綱」を制定した。国政側も、厚生省(当時)が1973年に「身体障害者福祉モデル事業」を創設しその後次々と新たな事業を展開していった。各自治体も、福祉環境整備要綱や整備のためのガイドラインを策定して福祉のまちづくりを推進するようになった。強制力を伴う条例化を最初に行ったのは、神戸市の「市民の福祉を守る条例」制定(1977年)である。

こうした動きに後押しされる形で、建設省(当時)も1991年に「福祉の街づくりモデル事業」を創設した。さらに建設省は、不特定多数の人が利用する建築物における障害の除去を目指した「高齢者・障害者等が円滑に利用できる特定建築物の建築の促進に関する法律」(ハートビル法)を1994年に公布した。同省は、同年6月に「生活福祉空間づくり大綱」を発表した。

大綱では、高齢者や障害者を含むすべての人々が、自立し尊厳をもって、社会の重要な一員として参画し、世代を超えて交流することが可能な社会を基本目標としている。このため、建設行政の視点を、高齢者、障害者はもとより、子ども、女性等を含めた幅広いものへと転換し、単なる物理的障害の除去にとどまらず、生き甲斐の創出、健康の増進といった高次のノーマライゼーションの理念の実現を目指す住宅・社会資本を「福祉インフラ」と位置づけている[6]。

この時期、運輸省(当時)も運輸施設における施設整備のガイドラインを策定し、中央省庁も福祉のまちづくりに向けて本格的に動き出した。

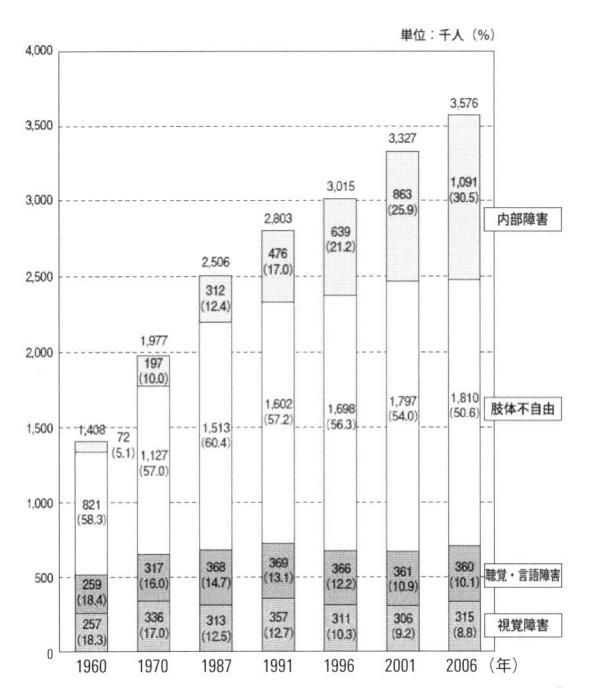

図7-2　種類別障害者数の推移(身体障害児・者・在宅)[3]

表7-1 「福祉のまちづくり」関連の動き [4)5)]

年	事項
1969	仙台市で車いす利用の障害者とボランティアが市内の公共施設を点検し、スロープやトイレの設置を市に要請
1971	仙台市で障害者団体、ボランティアグループ、市民団体等からなる「福祉のまちづくり市民の集い」発足(福祉のまちづくり運動の始まり)
1973	建設省(当時)「歩道及び立体横断施設の構造について」通知
	厚生省(当時)「身体障害者モデル都市事業」創設(国の福祉のまちづくり事業の最初)
1974	町田市「建築物等に関する福祉環境整備要綱」制定(全国初の指導要綱)
1977	神戸市「市民の福祉を守る条例」制定(条例としては全国初)
1979	厚生省「障害者福祉都市推進事業」創設
1981	国際連合「国際障害者年」(1983〜1992年「国連・障害者の十年」)
1982	建設省「身体障害者の利用を配慮した建築設計標準」策定
1983	運輸省(当時)「公共交通ターミナルにおける身体障害者用施設整備ガイドライン」策定(日本で最初のガイドライン)
1985	建設省「視覚障害者誘導用ブロック設置指針」作成
1986	厚生省「障害者の住みやすいまちづくり事業」創設
1990	厚生省「住みやすい福祉のまちづくり事業」創設
	運輸省「心身障害者・高齢者のための公共交通機関の車両構造に関するモデルデザイン」策定
1991	建設省「福祉の街づくりモデル事業」創設
	運輸省「鉄道駅におけるエスカレーター整備指針」策定
1992	兵庫県および大阪府「福祉のまちづくり条例」制定(都道府県では初)
1993	運輸省「鉄道駅におけるエレベーター整備指針」策定
	運輸省「高齢者・障害者等のためのモデル交通計画」策定・検討
	建設省「道路構造令」の一部改正(歩道の最低幅員を2m)
1994	運輸省「公共交通ターミナルにおける高齢者・障害者等のための施設整備ガイドライン」策定
	厚生省「障害者や高齢者にやさしいまちづくり推進事業」創設
	建設省「人にやさしいまちづくり事業」創設
	建設省「生活福祉空間づくり大綱」策定
	「高齢者・身体障害者等が円滑に利用できる特定建築物の建築の促進に関する法律(ハートビル法)」制定
	運輸省「みんなが使いやすい空港旅客施設新整備指針(計画ガイドライン)」策定
1994	愛知県「人にやさしい街づくりの推進に関する条例」制定
	滋賀県「だれもが住みたくなる福祉滋賀のまちづくり条例」制定
1996	厚生省・建設省「福祉のまちづくり計画策定の手引き」策定(地方公共団体あてに通知→条例化が進む)
	建設省「歩道における段差及び勾配等に関する基準」策定(歩道の形式、車道との接続部、車両乗り入れ部の構造)
2000	「高齢者、身体障害者等の公共交通機関を利用した移動の円滑化の促進に関する法律(交通バリアフリー法)」制定。同法に基づく「移動円滑化の促進に関する基本方針」策定(旅客施設のバリアフリー整備対象は5,000人/日以上、2010年までの数値目標)
	運輸省、建設省令「移動円滑化のために必要な旅客施設及び車両等の構造及び設備に関する基準」制定
2001	国土交通省「障害者・高齢者等のための公共交通機関の車両等に関するモデルデザイン」と「公共交通機関旅客施設の移動円滑化整備ガイドライン」策定
2002	「ハートビル法」の改正(義務化、委任条例の制定)
2005	国土交通省「ユニバーサルデザイン政策大綱」策定
	国土交通省「歩道の一般的構造に関する基準」策定(セミフラット形式の推奨、車両乗入れ部の平坦部確保)
2006	「高齢者、障害者等の移動等の円滑化の促進に関する法律(バリアフリー法)」制定(ハートビル法と交通バリアフリー法の一体化)「移動等円滑化の促進に関する基本方針」策定
	国土交通省令「道路移動等円滑化基準」「公共交通移動等円滑化基準」「路外駐車場移動等円滑化基準」「建築物移動等円滑化誘導基準」「都市公園移動等円滑化基準」などが制定
	国際連合「障害者権利条約」採択
2007	国土交通省「公共交通機関の移動等円滑化整備ガイドライン(旅客施設編・車両等編)」策定
2011	「移動等円滑化の促進に関する基本方針」改正(旅客施設のバリアフリー整備対象を5,000人/日から3,000人/日へ引き下げ、交通機関、建築物、公園等の整備目標の引き上げ、2020年までの数値目標)
2012	地方分権一括法の施行に伴い、バリアフリー法に基づく道路、公園の整備基準に関する省令が地方公共団体の条例に委任される
2013	「障害を理由とする差別の解消の推進に関する法律(障害者差別解消法)」制定
	国土交通省「公共交通機関の移動等円滑化整備ガイドライン(旅客施設編・車両等編)」改訂
2014	日本政府「国際連合・障害者権利条約」を批准

7.1.3 バリアフリー法[7)]

2000年に「高齢者、身体障害者等の公共交通機関を利用した移動の円滑化の促進に関する法律」(交通バリアフリー法)が施行された。同法に基づき、鉄道駅等の旅客施設および車両について、公共交通事業者によるバリアフリー化が推進され、また、鉄道駅等の旅客施設を中心とした一定の地区において、市町村が作成する基本構想に基づき、旅客施設、周辺の道路、駅前広場等のバリアフリー化を重点的・一体的に推進することが実施された。

交通バリアフリー法(公共交通機関が対象)とハートビル法(不特定多数が利用する建築物が対象)は、旅客施設と一定以上の規模の建築物のバリアフリー化を個別限定的に規定していることから、駅やバスターミナルと隣接する建物との間の経路に段差が残される等の問題が指摘されていた。また、ノーマライゼーションの理念は、障害者がバリアを意識せず健常者と同等の生活を送ることができる社会を目指すのに対し、過去のバリアフリー施策では、特に高齢者や身体

障害者を対象としたバリアフリー化を進めてきた。
このため、①駅の段差昇降機のように駅員を呼び出さないと使えない施設がつくられる、②改札口から離れた場所にエレベーターが設置されたり、不便な場所にスロープが設置されたりする等バランスを欠いた設計・整備がなされる、③これらの施設が障害者専用として設計・配置され、一般利用者が使用できない等、バリアフリー化の非効率な点が指摘されてきた。こうした問題意識を背景として、近年では、バリアフリーからユニバーサルデザインへとあらゆる人の利用を念頭に置いた環境づくりが進められるようになってきている。

運輸省や建設省等が2001年に合併して誕生した国土交通省は「ユニバーサルデザイン政策大綱」を2005年に策定した。これは、「どこでも、だれでも、自由に、使いやすく」をテーマに、公共交通や公共施設、さらには街全体をカバーし高齢者のほか障害の有無、国籍の違いに関わりなく、ハードとソフトの両面からバリアフリー化を進めるための基本政策となるものである。この中でハートビル法と交通バリアフリー法を一体化する法制度が検討され、翌2006年に「高齢者、障害者等の移動等の円滑化の促進に関する法律（バリアフリー法）」が制定された。

バリアフリー法の主な内容は以下のとおりである。**図7-3**に基本的枠組みを示す。

① 主務大臣の基本方針等

主務大臣(国土交通大臣、国家公安委員会、総務大臣)は、高齢者、障害者等の身体の負担を軽減することを念頭に、徒歩や交通機関の手段によって安全かつ円滑に移動でき、施設についても安全かつ円滑に利用できるようにするための施策を総合的に推進することを定めた基本方針および施設の構造に関する基準を定める(**表7-2**に基本方針による整備目標を示す)。

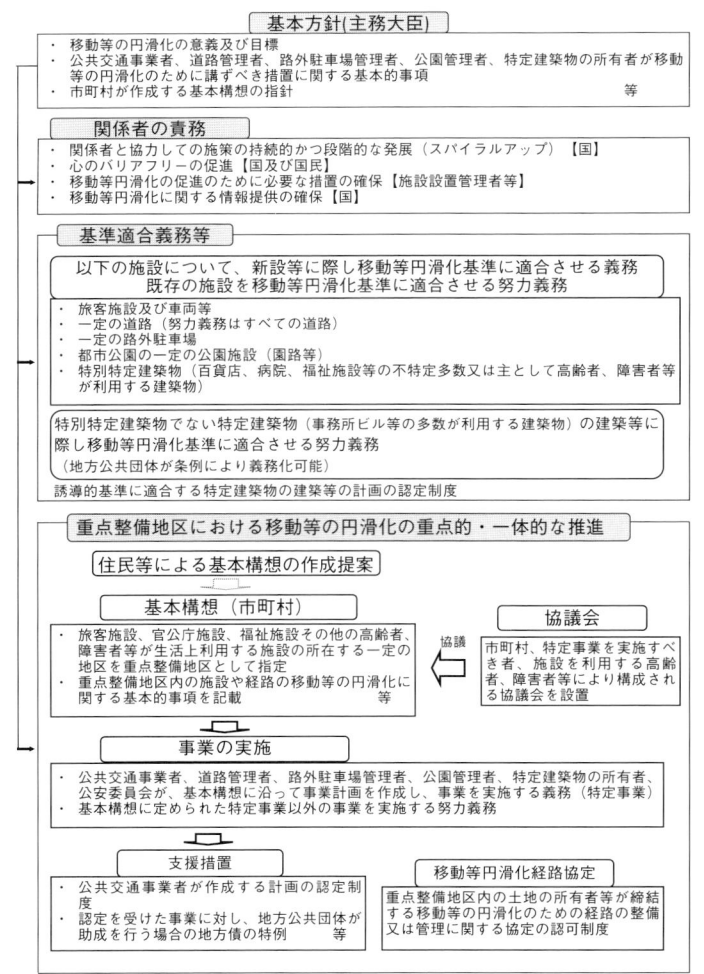

図7-3 高齢者、障害者等の移動等の円滑化の促進に関する法律の基本的枠組み[8]

7 持続可能なまちづくりの計画

表7-2 「高齢者、障害者等の移動等の円滑化の促進に関する法律(バリアフリー法)」の基本方針による各施設等の整備目標について(2011年3月現在)[8]

施設			2020年度末までの目標値	現状(2013年3月末)の整備状況
鉄軌道	鉄軌道駅		・3,000人以上を原則100% この場合、地域の要請および支援の下、鉄軌道駅の構造等の制約条件を踏まえ可能な限りの整備を行う ・その他、地域の実情にかんがみ、利用者数のみならず利用実態をふまえて可能な限りバリアフリー化	89%(注1)
		ホームドア・可動式ホーム柵	車両扉の統一等の技術的困難さ、停車時分の増大等のサービス低下、膨大な投資費用等の課題を総合的に勘案した上で、優先的に整備すべき駅を検討し、地域の支援の下、可能な限り設置を促進	52路線 564駅
	鉄軌道車両		約70%	56%
バス	バスターミナル		・3,000人以上を原則100% ・その他、地域の実情にかんがみ、利用者数のみならず利用実態等をふまえて可能な限りバリアフリー化	94%(注1)
	乗合バス	ノンステップバス	約70%(ノンステップバスの目標については、対象から適用除外車両(リフト付きバス等)を除外)	32%
		リフト付きバス等	約25%	―
船舶	旅客船ターミナル		・3,000人以上を原則100% ・離島との間の航路等に利用する公共旅客船ターミナルについて地域の実情を踏まえて順次バリアフリー化 ・その他、地域の実情にかんがみ、利用者数のみならず利用実態等をふまえて可能な限りバリアフリー化	100%(注1)
	旅客船		・約50% ・5,000人以上のターミナルに就航する船舶は原則100% ・その他、利用実態等を踏まえて可能な限りバリアフリー化	25%
航空	航空旅客ターミナル		・3000人以上を原則100% ・その他、地域の実情にかんがみ、利用者数のみならず利用実態等をふまえて可能な限りバリアフリー化	96%(注1)
	航空機		約90%	89%
タクシー	福祉タクシー車両		約28,000台	13,856台
道路	重点整備地区内の主要な生活関連経路を構成する道路		原則100%	78%(注2)
都市公園	移動等円滑化園路		約60%	46%(注2)
	駐車場		約60%	38%(注2)
	便所		約45%	31%(注2)
路外駐車場	特定路外駐車場		約70%	41%(注2)
建築物	不特定多数の者等が利用する建築物		約60%	47%(注2)
信号機等	主要な生活関連経路を構成する道路に設置されている信号機等		原則100%	92%(注2)

注1)旅客施設は段差解消済みの施設の比率
注2)2010年3月末の数値

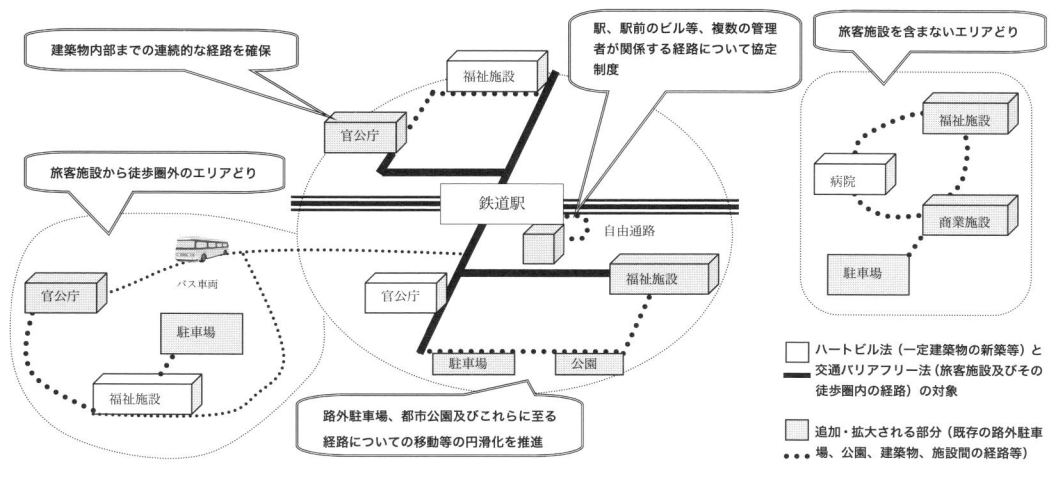

図7-4 重点整備地区における移動等の円滑化のイメージ[7]

② 施設設置管理者の基準適合義務

従来のバリアフリー化の対象施設は、旅客施設と車両、建築物とされていたが、新たに道路、路外駐車場、公園施設を加えた。各施設設置管理者はこれらの施設を新設または改良する時に、施設ごとの移動等円滑化基準に適合させることが義務づけられる。また、既存の各施設については基準に適合させるための努力義務が課せられる。

③ 重点整備地区の指定と基本構想作成 [図7-4に参考図]

高齢者や障害者が生活上よく利用する旅客施設、官公庁施設、福祉施設等の施設をまとめて「生活関連施設」と定義する。市町村は、生活関連施設と施設相互間の経路を構成する地域を「重点整備地区」に指定し、地区内をどのように連続的にバリアフリー化するか等の基本的事項を定めた基本構想を作成することができる。

④ 当事者、住民等の参加促進

市町村が基本構想を策定する際に、当該市町村と施設設置管理者に加え高齢者、障害者、学識経験者から市町村が必要と認める者を構成員とする協議会を組織できる(協議会制度)。また、住民等は基本構想の作成を提案できる(住民等による基本構想提案制度)。

⑤ 特定事業計画の実施

基本構想に基づいて、公共交通事業者、道路管理者、路外駐車場管理者、公園管理者、建築主の各施設設置管理者はそれぞれ特定事業計画を作成し、この計画に基づいてバリアフリー化を図ることを目的とした特定事業が実施される。

⑥ 移動等円滑化経路協定

基本構想に位置づけられた重点整備地区内の土地の所有者は、当該地区におけるバリアフリー化のための経路の整備又は管理に関する事項を定める移動等円滑化経路協定を締結することができる。その際、協定は市町村長の認可を受けなければならない。これは、重点整備地区内の駅や駅前ビル等複数管理者が関係する経路にある建物のエレベーター利用に関する協定を締結する等の例が想定されている。

⑦ 主務大臣の勧告、命令と罰則

基本構想に基づく特定事業の実施を担保するため、主務大臣等は、施設設置管理者(交通、駐車場、公園、建築物)に対して勧告、命令し、交通、駐車場、建築物の施設設置管理者が命令に違反した際は300万円以下の罰金を科すことができる。

7.1.4 バリアフリー整備基準

1 | 整備ガイドライン等の策定

公共交通機関の旅客施設と車両等、道路、路外駐車場、公園、建築物について、各種の移動等円滑化基準について解説したガイドライン等が作成されており、バリアフリー化整備の望ましいあり方を示し、公共交通事業者等や道路・公園管理者等がこれを目安として整備することにより、利用者にとってより望ましい公共交通機関・道路・公園のバリアフリー化が進むことが期待される。

表7-3にバリアフリー整備基準の主な事例を示す。

7.1.5 超高齢社会における地域公共交通システム

1 | 地域交通の計画

かつて、鉄道と路線バス等の公共交通機関の発達により、地域の中心都市と周辺地域間の流動が活発となり、都市の発展につながった。モータリゼーションの進展により、マイカー利用を前提とし都市開発がなされたり、既存の公共交通機関利用者がマイカー利用へ転換されたりした。その結果、利用者数が減少した公共交通事業(民営が中心)では便数の減少や路線の撤退という結果を生じている。2002年のバス事業の規制緩和により、不採算バス路線は次々と撤退してしまった。三大都市圏以外の地方バスの輸送人員総数は、1975年の4,795百万人から2007年の1,594百万人へ減少した。

マイカーを利用できる人々の中では、理想の都市生活が営まれているかもしれないが、マイカーを利用できない人(かつては運転できたが高齢により断念した人や18歳未満の人等)や利用したくない人にとっては、移動が困難または不可能になっている。また、低炭素・循環型社会の構築、自然環境の保全・再生等環境への意識が高まっており、さらに公共施設等での駐車場の整備の過大な負担も見直すべきである。公共交通の利用促進による自家用車利用の抑制等により、環境負荷の軽減や土地利用の見直しを図ることが求められている。

地方公共団体にとっては「住民の交通機会の確保」という地域の課題に対して自ら取り組む必要性が出てきた。また、住民においても個々の価値観の多

表7-3 バリアフリー整備基準[8]

項目	内容の例
道路(歩行者空間) ［道路移動等円滑化基準］	① 幅員は、車椅子がすれ違える幅として2m以上が必要である。なお、著しく困難な区間については、当分の間、歩道の有効幅員を1.5m（車椅子が転回でき、車椅子使用者と人がすれ違うことができる歩道）まで縮小することができる[**図7-5**] ② 視覚障害者の安全な通行を確保するために、高さ15cm以上の縁石により区画する ③ 舗装は原則として透水性舗装とし、平たんで、滑りにくく、かつ、水はけの良い仕上げとする ④ 勾配は原則として縦断方向については5%以下、横断方向については1%以下とする ⑤ 歩道が横断歩道に接続する歩車道境界部の段差は、車椅子使用者が困難なく通行でき、かつ、視覚障害者が境界部を容易に認知できる2cmを標準とする[**図7-6**]
公園[**図7-7**] ［都市公園移動等円滑化基準］	① 車椅子が支障なく出入りできる入口を確保する ② 車椅子使用者が利用できるトイレや水飲み場などを設置する ③ 視覚障害者が楽しめる公園を設計する ④ わかりやすい案内板を整備する
公共交通機関 ［公共交通移動等円滑化基準］	① 鉄道車両、バス車両には、視覚情報および聴覚情報を提供する設備を備える ② 乗合バスは低床バス（ノンステップバスが望ましい）とする ③ 視覚障害者がホームから転落するのを防止するための安全柵を設置する[**写真7-1**]
特定建築物[注1]と 特別特定建築物[注2]	［建築物移動等円滑化基準］…「最低限のレベル」 ① 車椅子使用者と人とがすれ違える廊下の幅（120cm）を確保 ② 車椅子使用者用のトイレが一つはあること ③ 視覚障害者も利用しやすいエレベーターがあること ［建築物移動等円滑化誘導基準］…「望ましいレベル」 ① 車椅子使用者同士がすれ違える廊下の幅（180cm）を確保 ② 車椅子使用者用のトイレが必要な階にあること ③ 共用の浴室等も車椅子使用者が利用できる

注1) 多数の者が利用する建築物。(例)学校、事務所、共同住宅、工場等
注2) 不特定多数の者が利用し、または主として高齢者、障害者等が利用する建築物。(例)病院、百貨店、ホテル・旅館、老人ホーム、美術館等

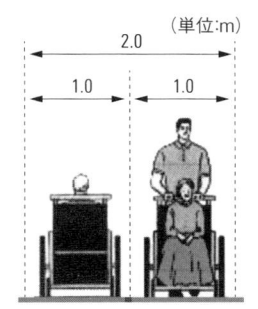

図7-5 歩道の幅員[9]。車椅子同士のすれ違いを想定している

写真7-1 地下鉄のホーム柵（名古屋市営地下鉄桜通線新瑞橋駅）

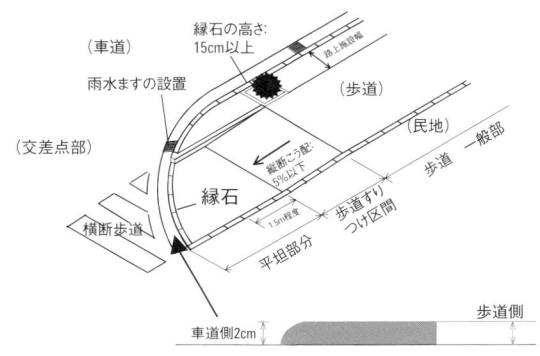

図7-6 歩車道境界部の構造[10]

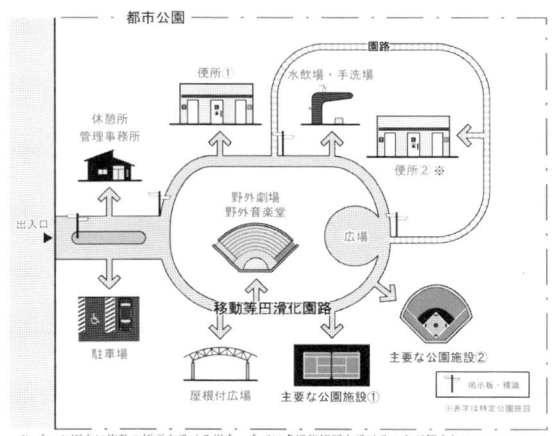

図7-7 公園のバリアフリー[11]

様化や社会貢献意識の高まり等によりNPO活動やボランティア活動が一層の広がりを見せており、市民と行政が対等な立場で共通の目的に向かい、それぞれの役割と責任を果たしながら、連携・協力して公共的活動に取り組む協働によるまちづくりの意識が高まっている。

この状況の中で、地方公共団体が地域交通システムの計画を策定し、実現することが進められている。地方公共団体の多くは、総合計画（行政運営の総合的な指針となる計画）や都市計画マスタープランを策定しており、その一部に道路計画や地域交通の在り方が示されている。公共交通の計画・運営についても民間企業だけに委ねているのではなく、道路や上下水道のような都市施設と同様に地方公共団体が主体となり、地域住民、交通事業者が協力して地域に最適な地域公共交通の全体像を描くことが必要である。一方、交通事業の許可は国の権限であり、交通政策は地方公共団体の主要業務ではなかった。

2006年に「改正道路運送法」が施行された際に「地域公共交通会議」が制度化された。これは、地域のニーズに対応し、地域住民に愛着をもって利用してもらう「バス」とするため、計画段階から地域住民や利用者が参画するとともに、周囲の交通システムとの連続性・整合性についても十分配慮し、地域の交通ネットワーク全体の維持・発展や利用者利便を確保することが重要であるとの観点から、地域住民、利用者、地方公共団体、交通事業者等の地域の関係者からなる新たな協議組織として規定されたものである。また、2007年に施行された「地域公共交通の活性化及び再生に関する法律」に規定された協議会（法定協議会と呼ばれる）を設置すると、多様な交通手段を対象とした「地域公共交通総合連携計画」を作成し、計画に掲げられた事業を実施することができる。これら二つの会議（両者の合同会議の場合もあり）はともに地方公共団体が主宰するもので、地域における主体的な取り組みや創意工夫を総合的、一体的かつ効率的に推進するための組織といえる。

考え方の相違や利害関係もあることから、合意形成が難しい場合もあるが、関係者全員が「地域公共交通の共同経営者である」という意識をもって進めていく必要がある。

2 | 地域公共交通システム計画の事例[12]

以下に、地方都市（岐阜県瑞浪市）での公共交通システム計画の事例を示す。

岐阜県瑞浪市では、3つの基本方針を立て、持続可能な公共交通の再構築を目指している。
① 公共交通機関の機能分担と連携強化によるネットワーク再構築を目指す
② 協働による持続可能な仕組みづくりの確立を目指す
③ 瑞浪市コミュニティバスとスクールバスとの一体的な運用を目指す

ここで、各公共交通機関の機能分担を**表7-4**のように整理し、適切な交通機関の組み合わせを検討している。

ここで、「コミュニティバス」とは、明確な定義づけがなされていないが、一般的に「地方公共団体等がまちづくり等住民福祉の向上を図るため交通空白地域・不便地域の解消、高齢者等の外出促進、公共施設の利用促進を通じた『まち』の活性化等を目的として、自らが主体的に運行を確保するバスのこと[13]」である。

また、デマンド交通とは、乗合交通の新しい運行形態の一つで、ダイヤによる定時運行ではなく、利用者の呼び（demand）に応じてバス（定員が1人以上の車両を使用、デマンドバス）やタクシー（定員が10人以下の車両、デマンドタクシー）がその場所へ寄って利用者を乗せて目的地へ向かうもの。呼びは電話によるもの等があり、行先は一定のルート上の場所に限られることが多い。乗合制なので、最適な運行ができるようにセンターによる集中的な運行管理が必要となる。

表7-4 各公共交通機関の機能分担（岐阜県土岐市の例[12]）

機能分類	位置づけ・役割	対象
幹線公共交通	・名古屋、中津川方面等の広域的なアクセスを支援する鉄道の他、隣接する土岐市駅（土岐市）や明智駅（恵那市）を連絡する民間路線バスが対象で、骨格となる公共交通軸を形成する路線	・鉄道（JR中央線） ・民間路線バス
地域間公共交通	・通院、買物、通学等の利用を中心に市内の移動サービスを支援する路線	・瑞浪市コミュニティバス
支線公共交通	・通院、買物の利用を中心に地域間公共交通を補完する路線 ・地域のニーズに合った運行方式を地域とともに検討し、地域の足を確保	・デマンド交通　等
全機能交通	・24時間運行し、ドア・ツー・ドアの少量個別輸送を担う移動手段で、タクシーの特徴を活かした多様なサービスを提供	・タクシー

7.2 低炭素・環境共生のまちづくり

7.2.1 都市における環境対策の変遷

1960年代からの高度経済成長の過程で、公害問題や環境破壊が顕在化し、公害対策基本法の制定(1967年)、環境庁の設置(1971年)、自然環境保全法の制定(1972年)をはじめ、各種法令の拡充整備、地方公共団体における環境部門や条例の整備等が行われた。第一次石油危機以降、経済成長の鈍化、産業構造の変化、省資源・省エネルギーの進展等を背景に、技術開発や企業・行政の努力によって、産業公害型の問題は一定の改善を見せている。

国際的な取組みについてみると、国連の場で最初に環境問題が議論されたのが、1972年スウェーデンのストックホルムで開催された国連人間環境会議であった。この会議の成果として設立された国連環境計画(UNEP)は、1982年に「環境と開発に関する世界委員会(WCED)」の設置を決め、今日の環境問題のキーワードとなる「持続可能な開発」という概念を提唱した。日本でも1990年に「地球温暖化防止行動計画」が策定されている。

環境問題への関心の高まりを背景にして、1992年、ブラジルのリオデジャネイロで「環境と開発に関する国連会議」(UNCED、別名「地球サミット」)が開催され、地球温暖化を防止するための「気候変動枠組み条約」が採択された。同条約は、1994年に発効した。

こうした状況の中、日本でも環境保全に対する新たな枠組みとして、基本法制の整備が必要との認識のもと、1993年に環境基本法が制定された。環境基本法では、基本理念として、①環境の恵沢の享受と継承等、②環境への負荷の少ない持続的発展が可能な社会の構築等、③国際的協調による地球環境保全の積極的推進という三つの理念を定めた。1994年、環境政策の基本的考えや長期的目標等を定めた環境基本計画が策定された(2006年および2012年に改訂計画を策定)。環境基本法に環境アセスメントの推進が位置づけられたことから、法制化の動きが高まり、1997年に環境影響評価法が成立した。

1997年には、COP3(第3回気候変動枠組条約締結国会議)が日本をホスト国として京都で開かれ、先進国の温室効果ガスの削減目標を定めた「京都議定書」が策定された。この中で、日本は6%の二酸化炭素排出量の削減目標(2008年から12年の間に基準年である1990年から6%を削減)を約束した。このとき、政府には地球温暖化対策推進本部が設けられた。

これを受けて、1998年には地球温暖化推進大綱の策定、地球温暖化対策法の制定が行われた。2001年の省庁再編では、環境省が設置された。2005年には、京都議定書発効を受けて「京都議定書目標達成計画」「低炭素社会づくり行動計画」が策定された。2008年には地球温暖化対策法の改正により、削減目標達成に向けて、地球温暖化対策推進本部の法制化、事業者による排出抑制等の指針策定や地方公共団体実行計画の策定等が盛り込まれた。

2009年のCOP15で示された削減目標(削減行動)の提出が求められ、2010年に1990年比25%削減という目標を提出した。その後、同目標を盛り込んだ地球温暖化対策基本法案は廃案となり、政権交替に伴って、25%の削減目標はゼロベースで見直すこととされている(2013年現在)。このように、地球温暖化の国際的な目標設定は、各国間の思惑から複雑な経過をたどっている。

こうした地球温暖化の問題への対策は、化石由来燃料からのエネルギー源の転換という観点から、1970年代後半の石油危機を契機として進められている省エネルギーの施策と相当に領域が重複している。このため、地球温暖化対策とエネルギーの転換施策を総称して、低炭素社会の形成、都市の低炭素化として課題がまとめられることも多い。2007年に環境省がとりまとめた「21世紀環境立国戦略」では、地球規模の環境問題を克服する持続可能な社会を目指すために、「低炭素社会」「循環型社会」「自然共生社会」への取組みを統合的に実施する必要があるとしている。

これらの課題に対する政府の各省庁の取組みを概観すると次のとおりである。

国土交通省では、2008年の先導的都市環境形成総合支援事業の創設等支援措置の充実を図るとともに、2012年に中期的地球温暖化対策中間とりまとめを発表し、都市の低炭素化の促進に関する法律(エコまち法)を制定した。

また、経済産業省では、次世代エネルギー・社会システム実証地域として3地域を選定し、スマートコミュニティの実証を実施している。

省庁横断的な取組みを推進する地域活性化統合本部では、2008年から環境モデル都市の選定と支援を

行っており、さらに2011年からは環境未来都市の選定・支援を行っている。

このように政府レベルでは、各省庁、部局により、都市の低炭素化のための多数の促進施策を講じており、全体像を把握することが困難なほどになっている。

ここでは、都市における環境対策の変遷を、公害対策から地球温暖化対策・低炭素化施策への流れとして整理した。この他に、都市に関係する主な環境対策として、循環型社会の形成に関する取組み（2000年の循環型社会形成推進基本法の制定等、廃棄物の発生抑制、再使用、再生利用のいわゆる3Rの推進）、自然共生社会の形成（2008年の生物多様性基本法の制定等）等があるが、本書では取り扱わない。環境対策の領域は、非常に広く、多様であり、関心のある読者は、この領域を専門に取り扱う文献等にあたってほしい。

7.2.2 都市の低炭素化の取組み

1│二酸化炭素排出量と都市構造の関係

日本人の二酸化炭素（CO_2）排出量の総量のうち、都市における社会経済活動に起因すると考えられる3部門（家庭部門、オフィスや商業等の業務部門および自動車・鉄道等の運輸部門）における排出量は全体の約5割を占めている状況にある。

一方、都市計画区域は、国土面積の約4分の1を占め、総人口の94％が居住しており、そのうち国土の5％ほどである市街化区域等（市街化区域と非線引き都市計画区域内の用途地域）には、総人口の約8割が居住している。

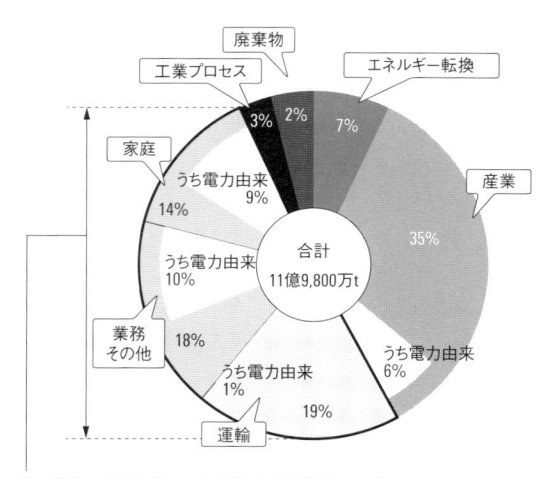

都市活動に起因するCO_2排出量が人口に比例すると仮定すれば、3部門のCO_2排出量のほとんどが都市計画区域から、そのうち8割程度が市街化区域等から排出されていることとなり、全体排出量の4割程度が市街化区域等から排出されていることとなる。また、市街化区域の人口密度と運輸旅客部門の一人当り年間CO_2排出量には高い相関関係があり、低密度の都市の方がCO_2排出量が多くなっている。

このように、都市における低炭素化の取組みは、社会全体での地球環境問題への取組みの中で大きな比重を占めていることがわかる。

2│低炭素まちづくりの計画と支援

2012年、社会資本整備審議会の都市計画制度小委員会では、「都市計画に関する諸制度の今後の展開について」をとりまとめた。ここでは、目指すべき都市像として、「集約型都市構造化」と「都市と緑・農の共生」の双方がともに実現された都市を掲げ、「都市機能の集約と公共交通との連携を一層強固なものとするためには、低炭素化を進めるためのまちづくり計画を制度化することが必要」とされた。このような「都市構造の集約化」、いわゆるコンパクトシティの推進を目指した低炭素まちづくり計画を定める法律として、エコまち法（都市の低炭素化の促進に関する法律）が2012年に定められた。

この法律では、国土交通大臣・環境大臣・経済産業大臣が定めた方針のもと、次の二つの仕組みが定められている。

① 民間の低炭素建築物の認定制度
断熱構造、低炭素設備の導入等を図った民間建築物を認定し、所得税の特例、容積率の特例（設備用床面積の不算入）による支援を行うもの。

② 市町村による低炭素まちづくり計画の策定
市街化区域または用途地域が定められた区域において、市町村は低炭素まちづくり計画を定めることができる。計画が定められると、財政上の支援措置や法律の特例措置による支援が受けられる。特に、都市構造の集約化に寄与する事業を行う民間事業者は、「集約都市開発事業計画」を定めて市町村の認定を受けると、共同住宅・病院・福祉施設等を一体的に整備する再開発事業に対する助成を受けることができる。

図7-8 二酸化炭素排出量の内訳 [14]

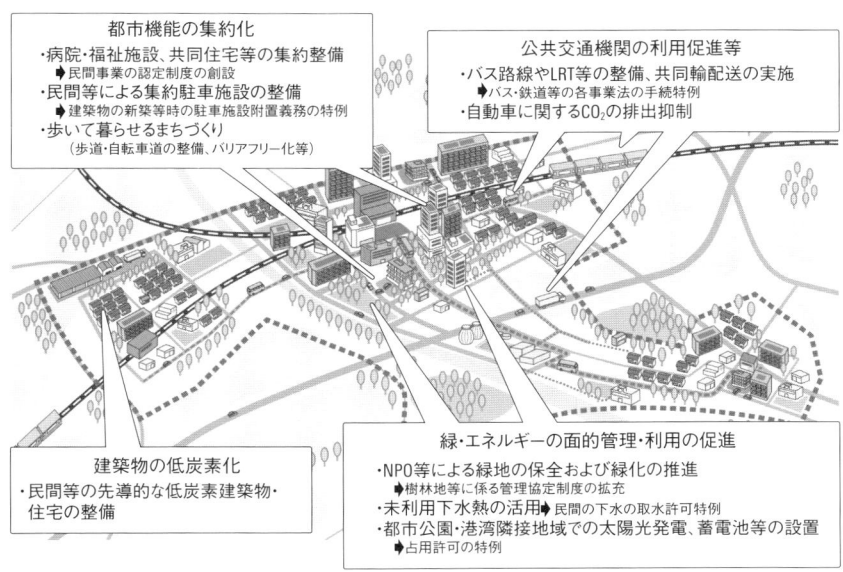

図7-9 低炭素まちづくり計画のイメージ [15]

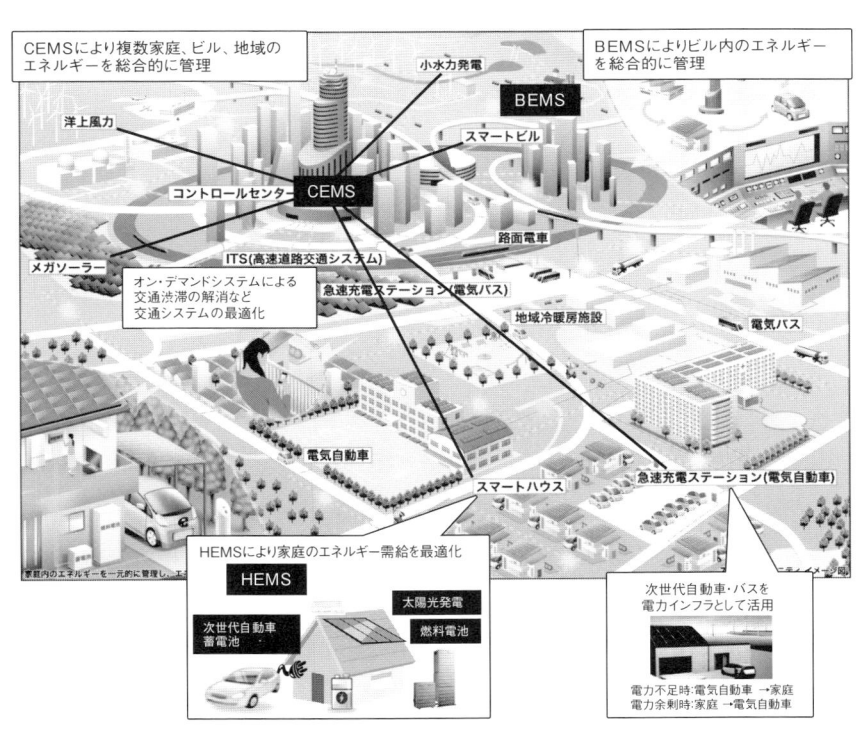

図7-10 スマートコミュニティのイメージ [16]

3 | スマートコミュニティの推進

2010年、経済産業省は次世代のエネルギー流通および社会システムのあり方に関するとりまとめを発表した。これを受けて、スマートグリッド／スマートシティの社会実証地域が公募され、横浜市、豊田市、けいはんな学研都市、北九州市の4地域が選ばれた。4地域における社会実証では、2010年からの2014年までの5年計画で、スマートグリッドおよびスマートシティのための技術から、仕組み、ビジネスモデルまでが検証されている。

スマートシティ／スマートコミュニティとは、市民の生活の質(QoL)を確保しつつ、環境負荷を抑えて持続可能な都市／コミュニティを形成する考え方であり、情報・通信技術に代表されるテクノロジーを用

いて、従来にない解決策を図るものである。スマートグリッドは、このうちエネルギーネットワークに着目したものである。

スマートシティの社会実証は、世界各地で行われており、4地域の実証は国内における代表的な取組みである。なお、この他にも、さまざまな省庁の支援により、数多くの実証が行われている。

スマートシティの実証では、具体的には、①分散型の省エネ・創電・蓄電ネットワークの構築（再生可能エネルギー、蓄電池、コージェネレーション、電気自動車（EV）と住宅の連携等）、②住宅・建築物の需要側のエネルギー制御（エネルギー使用の見える化、住宅や建築物のエネルギーマネジメント（HEMS、BEMS）等）、③供給側と需要側の連携（エネルギーの需要に応じて供給側から需要調整を促すデマンドレスポンス）、④**低炭素型交通ネットワークの構築**（低炭素型の交通機関の導入と交通需要マネジメント）等が試されている。さらに、これらを組み合わせ、地域におけるエネルギー利用の全体最適を図る地域エネルギー・マネジメント・システム（CEMS：Community Energy Management System）の構築を目指している。

例として、豊田市の社会実証を紹介する。

表7-5は、社会実証の概要である。**写真7-2**は、豊田市の社会実証で整備された低炭素社会を体験できる情報発信拠点「とよたエコフルタウン」である。**写真7-3**は、鉄道駅と大学キャンパスを結んで、小型EVを用いた乗捨て型のカーシェアリングの実証を行っている様子である。

4│環境モデル都市と環境未来都市

都市の低炭素化は、省庁横断的な取組みが必要であることから、地域活性化統合本部が、低炭素化を目指す都市の総合的な支援の仕組みを展開している。

2008年には、全国の取組みのモデルとするため、提案募集を行って、高い目標を掲げて先駆的な取組みにチャレンジする都市を環境モデル都市として13カ所選定した。さらに10カ所が追加選定され、合計23カ所となっている。選定された都市は、**表7-6**のとおりである。

環境モデル都市の取組みには、選定都市の規模や立地状況等に応じて、コンパクトシティやスマートシティを目指す取組みのほか、森林の保全や活用（バイオマス発電等）といった二酸化炭素の吸収源対策や環境教育等のソフト的な取組みも含まれている。

地域活性化統合本部では、さらに2010年に「環境未来都市」構想を提示し、新たに提案募集を行って、**表7-7**のとおり、11件の提案を「環境未来都市」として選定した。

下川町、横浜市、北九州市、富山市が環境モデル都市と重複している。このうち、横浜市・北九州市は、スマートコミュニティ実証にも参加している。

環境未来都市は、低炭素社会の構築のみでなく、「環境・超高齢化対応等に向けた人間中心の新たな価値を創造する都市」を実現することを目指して、環境・経済・社会の3つの価値を創造する取組みを推進することとしている。

さらに、2018年からはSDGs未来都市の選定が開始され、2019年までに60都市が選定されている。

表7-5 豊田市のスマートコミュニティ社会実証の概要 [17]

都市名	豊田市
面積	918km² (2012年4月時点)
人口	42万2830人 (2012年4月時点)
実証対象地区名	HEMS・EDMSを実証する東山地区・高橋地区および低炭素交通システム構築を実証する豊田市全域
実証対象地区面積	918km² (市内全域)
実証対象世帯数	新築住宅67戸、既設住宅160戸
実証対象事業所数	商業施設2カ所、物流拠点1カ所、見える化拠点1カ所（とよたエコフルタウン）
太陽光などの導入目標	再生可能エネルギー導入比率61.2%、次世代自動車4,000台

写真7-2 とよたエコフルタウン施設 [18]

写真7-3 小型EVの充電ステーション [18]

表7-6 環境モデル都市の選定都市[19]

都市の規模等	選定都市名
大都市	北九州市、京都市、堺市、横浜市、新潟市、神戸市
地方中小都市	飯田市、帯広市、富山市、豊田市、つくば市、尼崎市、松山市、生駒市
小規模都市	下川町、水俣市、宮古島市、梼原町、御嵩町、西粟倉村、ニセコ町、小国町
特別区	千代田区

表7-7 環境未来都市の選定結果[19]

被災地域 (6件)	岩手県大船渡市・陸前高田市・住田町・一般社団法人東日本未来都市研究会(3者の共同提案)、岩手県釜石市、宮城県岩沼市、宮城県東松島市、福島県南相馬市、福島県新地町
被災地域以外 (5件)	北海道下川町、千葉県柏市・東京大学・千葉大学・三井不動産株式会社・スマートシティ企画株式会社・柏の葉アーバンデザインセンター・TXアントレプレナーパートナーズ、神奈川県横浜市、富山県富山市、福岡県北九州市

5 都市の低炭素化のための課題

都市の低炭素化を目指すための概念として、コンパクトシティとスマートシティを紹介した。これらの都市像を目指した都市の構造転換のための課題を整理する。

コンパクトシティを目指して、都市機能や居住の集約化を図ることは都市のこれからの方向性として多くの賛同を得ているが、公共交通機関が既に発達している大都市だけでなく、自動車依存が進んでいる地方都市において実現を図ることは容易ではない。都市の中心部に高齢者の居住を集約するだけでは、都市の経済活動の持続性は確保されない。集約された都市でどのような経済社会活動を活性化するのか、高齢者を含めて都市経営の担い手をいかに確保するのか、それを支えるための歩行者重視の都市空間をいかに整備していくのか、といった課題が残されている。また、集約化の一方で、農村・郊外部との連携をいかに有効に再構築し、地域固有の資源を活用した都市の個性の形成を図っていくかも大きな課題である。

スマートシティについては、さまざまな実証が行われているが、実行段階へと移行していくためには、スマートシティを自律的に運営する地域のマネジメント主体を確定していかねばならない。このためには、エネルギー、交通、情報通信といったスマートシティのインフラを統合してマネジメントすることで、医療、福祉、買物サービス等の多様なサービスの質の向上を図る価値創造型のシステムを構築し、対価を得て、自律的な運営ができるようにしていく必要がある。また、敷地を超えたエネルギー等のネットワークを構築するためには、規制の合理化等の社会システムの整備を進めていく必要がある。

7.2.3 環境アセスメント

1 環境アセスメントの導入経緯

環境アセスメントとは、道路、鉄道、ダム、発電所等の開発事業の内容を決める際に、環境への影響について、事業者があらかじめ調査・予測・評価を行い、結果を公表して住民、自治体等から意見を聴取し、よりよい事業計画を策定するための制度である。

環境アセスメントは、1969年にアメリカで初めて導入されたが、日本では1972年に公共事業に導入され、昭和50年代には港湾計画、埋立て、発電所、新幹線について制度が設けられた。一時、統一的な法制度が目指されたが、廃案となり、1984年以降、閣議決定(環境影響評価の実施について)に基づき実施されてきた。1993年の環境基本法を契機として、再び法制化が検討され、1997年に環境影響評価法が成立した。施行後10年の見直しを経て、2011年に新たな手続き(配慮書、報告書)を新設する改正が行われている。

2 環境アセスメントの制度

環境影響評価法は、環境に大きな影響を及ぼすおそれのある事業を対象に、環境アセスメントの手続きを定め、その結果を事業内容に関する決定(事業の免許等)に反映させることにより、対象事業が環境の保全に十分に配慮して行われるようにするものである。

自治体でも、同様の考え方で環境アセスメントに

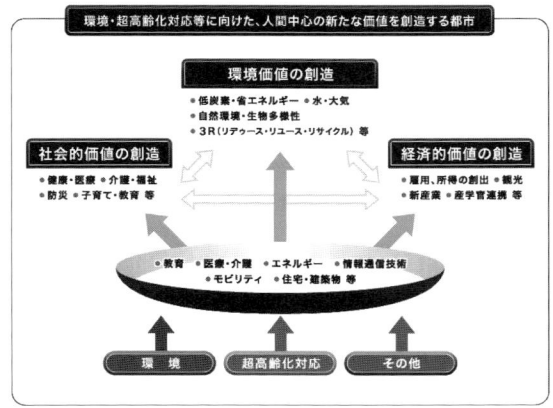

図7-11 環境未来都市のコンセプト[20]

関する条例を地域の実情に応じて定めている。

　対象となる事業は、国等の免許を受けたり、国の補助金・交付金を受けたり、国または国が出資する法人が自ら行ったりする事業である。道路、鉄道、発電所等の都市施設や土地区画整理事業等の市街地開発事業等の13種類が定められている。このうち、規模を限って環境に大きな影響を及ぼすおそれのある事業を「第一種事業」とし、準ずる規模の事業を「第二種事業」と定めている。第一種は、環境アセスメントの手続きを必ず行うこととし、第二種は、個別に判断することになっている。この他、事業の区分を置かず、一定規模以上の港湾計画も環境アセスメントの対象となっている。

　なお、自治体の条例により、対象事業が追加されていることがあるので個別に確認が必要である。

　具体的な事業の範囲を**表7-8**に示す。

　環境アセスメントで調査・予測・評価の対象とする項目は、**表7-9**の項目を参考に、地域や事業の特性に応じて、個別に判断することになる。

　環境アセスメントの実施主体は、対象事業を実施しようとする事業者自身である。なお、対象事業が都市計画に定められる場合には、都市計画に事業の内容が決定されることになるため、都市計画の決定を行う都道府県または市町村が事業者に代わって、都市計画の手続きと併せて、環境アセスメントの手続きを行うことになる。

表7-8 環境アセスメントの対象事業の範囲 [21]

	対象事業	第一種事業（必ず環境アセスメントを行う事業）	第二種事業（環境アセスメントが必要かどうかを個別に判断する事業）
1	道路		
	高速自動車国道	すべて	—
	首都高速道路等	4車線以上のもの	
	一般国道	4車線以上・10km以上	4車線以上・7.5km以上～10km
	林道	幅員6.5m以上・20km以上	幅員6.5m以上・15km～20km
2	河川		
	ダム、堰	湛水面積100ha以上	湛水面積75ha～100ha
	放水路、湖沼開発	土地改変面積100ha以上	土地改変面積75ha～100ha
3	鉄道		
	新幹線鉄道	すべて	—
	鉄道、軌道	長さ10km以上	長さ7.5km～10km
4	飛行場	滑走路長2,500m以上	滑走路長7,875m～2,500m
5	発電所		
	水力発電所	出力3万kW以上	出力2.25万kW～3万kW
	火力発電所	出力15万kW以上	出力11.25万kW～15万kW
	地熱発電所	出力1万kW以上	出力7,500kW～1万kW
	原子力発電所	すべて	—
	風力発電所	出力1万kw以上	出力7,500kW～1万kW
6	廃棄物最終処分場	面積30ha以上	面積25ha～30ha以上
7	埋立て、干拓	面積50ha超	面積40ha～50ha
8	土地区画整理事業	面積100ha以上	面積75ha～100ha
9	新住宅市街地開発事業	面積100ha以上	面積75ha～100ha
10	工業団地造成事業	面積100ha以上	面積75ha～100ha
11	新都市基盤整備事業	面積100ha以上	面積75ha～100ha
12	流通業務団地造成事業	面積100ha以上	面積75ha～100ha
13	宅地の造成の事業（「宅地」には、住宅地、工場用地も含まれる）		
	住宅・都市基盤整備機構	面積100ha以上	面積75ha～100ha
	地域振興整備公団	面積100ha以上	面積75ha～100ha
○	港湾計画	埋立・掘込み面積の合計300ha以上	

港湾計画については、港湾アセスメントの対象になる

表7-9 環境アセスメントの対象となる環境要素の範囲[21]

環境の自然的構成要素の良好な状態の保持		
大気環境	水環境	土壌環境・その他の環境
・大気質 ・騒音 ・振動 ・悪臭 ・その他	・水質 ・底質 ・地下室 ・その他	・地形、地質 ・地盤 ・土壌 ・その他

生物の多様性の確保および自然環境の体系的保全		
植物	動物	生態系

人と自然との豊かな触れ合い	
景観	触れ合い活動の場

環境への負荷	
廃棄物等	温室効果ガス等

3 | 環境アセスメントの手続き

環境アセスメントの手続きは、**図7-12**のとおり、法律に基づき、5つの段階で構成されている。事業者は、この流れに沿って、地域の実情をよく知る住民や自治体の意見を取り入れながら、調査・予測・評価を行うことになる。

a. 第1段階：配慮書の手続き

配慮書とは、事業の位置・規模等の計画の立案段階で、実施が想定される一または二の区域について環境保全のために配慮するべき事項について検討した結果をまとめたものである。

第一種事業では必ず実施し、第二種事業は任意に実施できることになっている。

b. スクリーニング

第二種事業を環境アセスメントの対象とするかどうかについて、事業の免許等を行う主務大臣（例えば、道路であれば国土交通大臣、発電所であれば経済産業大臣）が地域の実情に応じて環境に与える影響の大きさから、判定することになっている。

c. 第2段階：方法書の手続き（スコーピング）

方法書とは、これからどのような項目について、どのような方法で環境アセスメントを実施するのかを示した計画を示すものである。

方法書について、縦覧・説明会を行い、地域住民や自治体の意見、主務大臣の助言等の手続きを経て、アセスメントの方法が決定され（範囲(scope)が決まるという意味でスコーピングという）、環境アセスメントが実行に移される。

d. 環境アセスメントの実施

環境アセスメントでは、次のように調査・予測・評価が実施される。

- 調査：既存の資料を整理・分析したり、現地での測定・観察を行ったりした結果をまとめる
- 予測：各種の予測式等を用いたシミュレーションやモンタージュ写真（景観等）を用いて将来予測や推定を行う
- 評価：実行可能な最大限の対策がとられているか、環境保全のための基準・目標を達しているかについて、判定を行う

e. 第3段階：準備書の手続き

準備書は、環境アセスメントを実施した結果と環境保全に対する事業者の考え方をまとめたものである。図書の分量が多く、内容も専門的であるため、周知のための説明会を行った上で、公告・縦覧し、地域

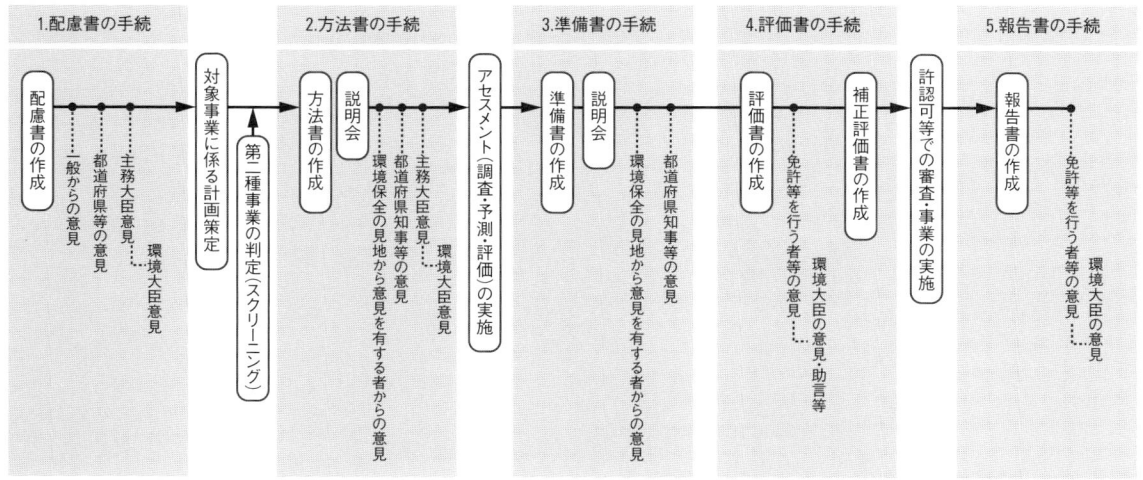

図7-12 環境アセスメントの手続き[21]

*配慮書の手続については、第2種事業では事業者が任意に実施する

の住民や自治体からの意見を得て、修正の検討を行うことになる。

f. 第3段階：評価書の手続き
準備書の手続きを経て、修正を行ったものが評価書である。評価書に対して、環境大臣、免許等を行う者が意見を述べ、それを踏まえた補正を行い、最終的な評価書が確定し、公告・縦覧される。

g. 事業内容の決定への反映
評価書の確定を受けて、免許や補助金等の交付を行う者は、免許、補助金交付等を行ってよいかの判断を行う。

h. 第5段階：報告書の手続き
評価書には、工事着手後において事後調査を行う必要性が記載される。事後調査は、採用する環境保全対策の実績が乏しい場合や不確実性が大きい場合等に実施されることになる。事業者は、工事中に実施した事後調査、それに応じて実施した環境保全対策等について工事終了後に図書にまとめる。これが報告書である。報告書は公表され、また、環境大臣・免許等を行う者に送付され、事業者には必要な意見が述べられることとなっている。

図7-13は、2027年に東京―名古屋間を結んで開通する予定の中央リニア新幹線の準備書の例である。準備書は、2011年9月に公告された方法書に基づき実施された環境アセスメントの結果をまとめて、2013年9月に公告された。準備書は、1,400ページの本冊ならびに資料集および関連図書で構成され、路線および駅位置等がこの段階で示された。92回の地域への説明会が設定されている。

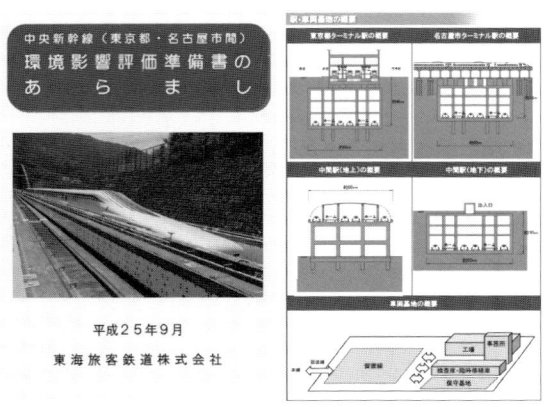

図7-13 中央リニア新幹線の準備書の公表例 [22]

7.2.4 公害対策と都市計画

1 公害の内容
環境基本法では、公害を「事業活動その他の人の活動に伴って生ずる相当範囲にわたる大気の汚染、水質の汚濁、土壌の汚染、騒音、振動、地盤の沈下及び悪臭によって、人の健康又は生活環境に係る被害が生ずることをいう」としている。また、ここでいう生活環境は、人の生活に密接な関係のある財産、ならびに人の生活に密接な関係のある動植物およびその生育環境を含むものとしている。環境基本法にいう7項目の公害を一般に「典型七公害」という。環境基本法で定義する公害は、広い意味での環境破壊のうちの一部で、特に影響が大きく、対策が強く要求されるものである。環境破壊には、電波・電磁波障害、景観破壊等幅広い対象が含まれる。

都市化の進行に伴い、国民の多くが都市的環境の中で都市的生活様式により生活するようになったことから、環境汚染の発生源、発生形態が変化してきた。工場・事業場に起因するものが中心であった公害が、自動車等の移動発生源や、生活排水、生活騒音等、家庭生活に起因するものへと比重が変化した。対策も、従来の発生源対策のみでは対応が困難な環境汚染については、都市計画的手法による対策に期待されるところも大きくなった。以下、大気汚染、水質汚濁への対策について述べる。

2 大気汚染対策
1970年代前半までの高度成長期において、大気汚染をはじめとしたさまざまな公害問題が顕在化し、深刻化した。いわゆる四大公害（イタイイタイ病、水俣病、第二水俣病、四日市ぜんそく）の発生を背景として、公害対策基本法（1967年）、大気汚染防止法（1968年）等の公害対策の基盤が整いはじめた。工場・事業所を発生源とするこの当時の大気汚染の規制対象は、主に硫黄酸化物（SO_x）である。

1970年代後半に入ると、SO_xを中心とした産業公害への対策が着実に進展した一方で、自動車等の移動発生源から排出される窒素酸化物（NO_x）を中心とした都市・生活型の大気汚染が顕在化した。

1980年代後半に入ると、産業公害はほぼ沈静化したが、NO_xの環境基準達成状況の悪化が明らかになった。このため、移動発生源対策として、自動車NO_x法が1992年に制定された。

地球温暖化の問題が大きく取り上げられた1990年代を経て、2000年代に入り、依然として自動車排出ガスによる大気汚染は改善の傾向が見えず、2001年に粒子状物質(PM)も対象に加えて自動車NOx・PM法が制定される等、対策が強化されている。2009年には、健康影響が懸念されていたディーゼル排気微粒子の対策として、PM2.5の環境基準が設定された。近年では、海を越えて大陸からの越境汚染も問題化しつつある。

2004年の大気汚染防止法の改正では、揮発性有機化合物(VOC)の排出抑制対策が追加されている。

自動車を発生源とする大気汚染への対策としては、電気自動車、ハイブリッド車等の低公害車の導入のほか、交差点改良等によるボトルネックの解消、交通需要マネジメント(TDM)、モーダルシフト、パークアンドライド、トランジットモール、カーシェアリング等といった都市計画に関連する施策の推進が有効である。

3 水質汚濁対策

1958年に水質二法(水質保全法および工排水規制法)により法的規制が開始された。1969年のいわゆる公害国会において、水質二法に代わり、新たな水質汚濁防止法が制定された。

瀬戸内海の水質汚濁、赤潮の多発等を契機に、1983年に水質総量規制が制度化され、東京湾、伊勢湾でも実施された。改善が進まない湖沼への対策として、1989年に湖沼水質保全特別措置法が制定された。

近年では、閉鎖性水域による水質改善が進んでいないこと、有害化学物質による汚染が顕在化してきていることから、水質汚濁法の数次の改正により、地下水汚染対策、生活排水対策、海域の富栄養化対策の強化等が行われ、1999年にはダイオキシン類対策特別措置法の制定も行われた。

2002年には土壌汚染が判明する事例が増加してきたこと等から、土壌汚染対策法が成立した。

環境基準の達成状況を見ると、水質汚濁の現況は、改善の傾向にあり、特にカドミウム、シアン等の有害物質による汚濁は著しく改善され、全国的にほぼ問題のない状況になっている。

しかし、利水上の障害等をもたらす有機汚濁については、湖沼、内湾、内海等の閉鎖性水域で改善効果が顕著でなく、高い汚濁を示している。

都市計画関連の対策としては、下水道の整備の推進、合流式下水道の改善等があげられる。

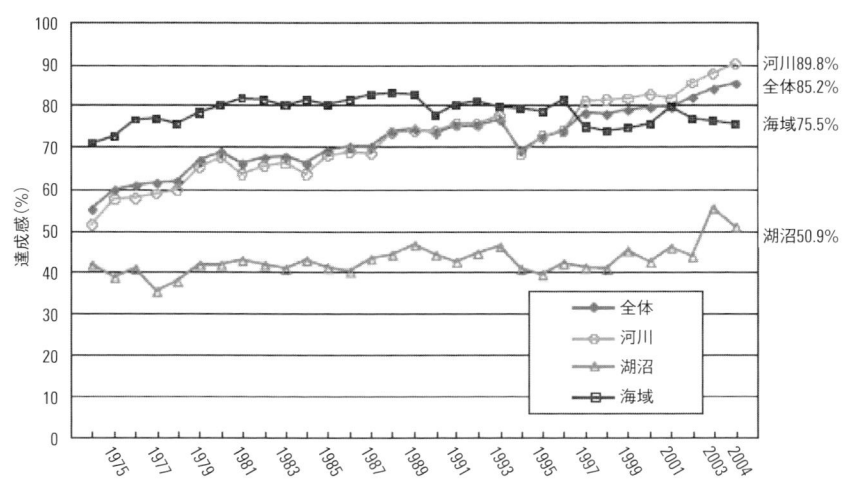

注1) 河川はBOD、湖沼および海域はCOD
注2) 達成率(%)＝(達成水域数／あてはめ水域数)×100

図7-14 環境基準(BODまたはCOD)達成率の推移 [23]

7.3 景観・地域資源を活かしたまちづくり

7.3.1 景観によるまちづくり

1｜都市における景観の役割

2005年に景観法が制定され、都市において景観を維持・創出するための取組みに対する認知が高まり、仕組みも次第に整ってきた。

日本の都市政策では、戦後の復興から高度成長期までは、量的な不足を補うための急速な基盤整備を優先するために、景観への配慮は後回しにされがちであった。このため、日本らしさや地域の個性を表していた都市の景観資源が多く失われた。

近年、社会の成熟に伴い、量から質へと社会の要求が変化する中で、景観に対する認識が高まり、外国人観光客を視野に入れた地域の観光振興、都市間競争の中での個性の確立といった要請とも相まって、都市における景観の役割が見直され、その重要性が増している。最近では、広島県福山市の鞆の浦において、景観を阻害する港への架橋について差止め訴訟が起きる等、景観に関する市民の意識は確実に変化している。

都市における景観への取組みは、単に残された景観資源の保全に止まらず、失われた景観資源の再生、新たな景観資源の創出へと広がっている。

この節では、都市における景観まちづくりのための諸制度の仕組みや、デザインの考え方等を概観する。

2｜都市における景観施策の系譜

わが国の都市政策における景観施策の端緒は、1919年に成立した都市計画法において設けられた「風致地区」「美観地区」であるが、これらは都市の一部に限定的に適用されるものであった。

戦後、高度成長期を通じて、モータリゼーションの広がりや旺盛な経済活動から、道路優先の市街地整備、デザインコードを失った不統一な建築物の乱立、広告・宣伝の看板・ネオンの氾濫、縦横無尽な電線類の敷設といった負の景観が自然に形成されていった。こうした状況に対し、歴史的な町並みの保存運動が広がり、京都市、金沢市、倉敷市等で町並み保存のための条例が制定され、1975年の伝統的建造物群保存地区を位置づける文化財保護法の改正につながった。都市計画制度では、1980年に地区計画制度が導入され、形態意匠に関するきめ細かい規制を行うことが可能となった。

旧建設省では、1981年に「うるおいのあるまちづくりのための基本的考え方」を提示して、1987年に「都市景観形成モデル都市制度」を制定するにいたっ

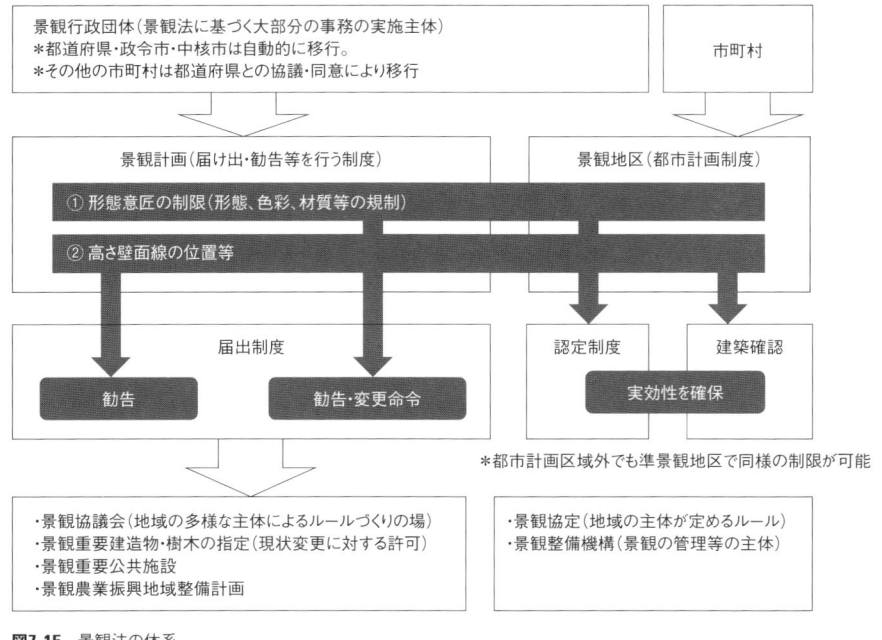

図7-15 景観法の体系

た。指定された都市は、都市景観のためのガイドプラン・ガイドラインを作成し、国は街路事業や公園緑地事業等の既存の事業を重点化することにより、支援を行った。制度は、1990年の「うるおい・緑・景観モデルまちづくり」に引き継がれ、500弱もの自治体が景観形成のための自主条例を策定する等、景観形成を重視する動きが広がっていった。2003年に国土交通省は、「美しい国づくり政策大綱」を策定し、公共事業における景観形成の原則化、屋外広告物規制の充実、景観に関する基本法の制定等が提示された。これを受けて、景観法を含む景観緑三法が2005年に施行された。

3│景観法の仕組み

景観法は、景観を整備・保全するための基本理念を明らかにする基本法的な性格をもつ一方で、行為規制を行う仕組みを導入した実施法的な性格をもつ法律である。景観法にはさまざまな仕組みが定められているが、ここでは、景観行政団体、景観計画、景観地区の三つの仕組みについて述べる。

a. 景観行政団体

景観法に基づく行政事務を実施する主体として、景観行政団体が位置づけられている。都道府県、政令市、中核市は自動的に該当することになる。その他の市町村は、都道府県と協議し、同意を得て景観行政団体になることができる。

b. 景観計画

景観行政団体が定める地域の景観形成の基本的な計画である。計画では、まず対象区域として景観計画区域の範囲を定め、区域内の景観形成の方針を定める。方針に基づき、建築物・工作物の建築・建設、開発行為等の景観形成に関連のある行為の範囲とその制限のための景観形成基準を策定する。景観形成基準には、形態・意匠の制限、高さ・平面の位置・敷地面積等の制限等を設けることができる。対象となる行為を行う際に届出が義務づけられ、基準に適合しない場合には勧告の対象となる。形態・意匠に関する制限については、さらに変更命令の対象とすることもできる。

景観計画には、届出対象行為に関する事項以外に、景観重要建造物・樹木の指定の方針を定めることになっており、この他に、屋外広告物に関する行為の制限、景観重要公共施設に関する事項、景観農業振興地域整備計画に関する事項等を定めることができる。

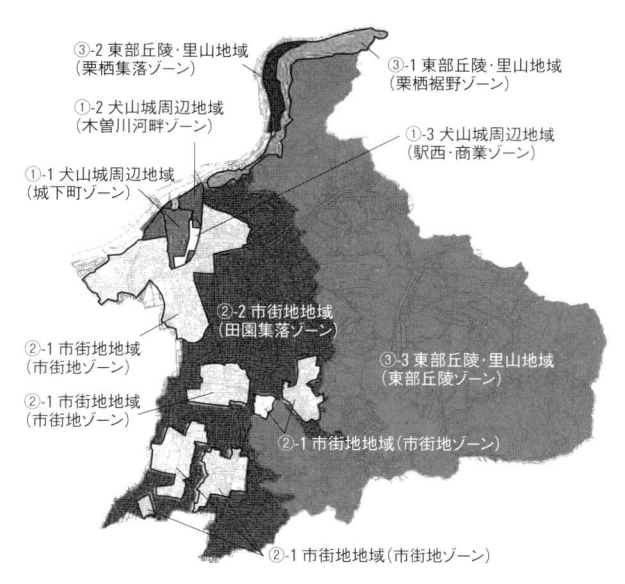

図7-16 犬山市の景観計画のゾーン設定 [24]

c. 景観地区

景観地区は、都市計画法の美観地区を大幅に拡充した地域地区の一つであり、市町村が都市計画として定めるものである。景観地区では、形態・意匠に関する制限については、建築等の計画を認定する制度を設けている。高さや壁面線後退等の数値で表すことができる制限は、従来からある建築確認制度で確認することとなっている。

なお、都市計画区域以外でも準景観地区を定めて同様の制限を行うことができる。

2013年3月末の時点で、575の自治体が景観行政団体になっており、このうち、383の団体が景観計画を策定している。また、景観地区は36地区、準景観地区は3地区が定められている。

図7-16は、愛知県犬山市の景観計画のゾーン設定である。

犬山市では全市を景観計画区域として設定し、市内をいくつかのゾーンに分けて、それぞれの地区に見合った制限を定めている。最も厳しい制限がかけられている犬山城周辺地域の「城下町ゾーン」の形態・意匠の制限を**表7-10**に示した。これらが、勧告・変更命令の対象となる。

4│景観のためのさまざまな仕組み

a. 屋外広告物の制限

路上や建築物等の壁面、屋上に設置される看板やのぼり・旗等の屋外広告物は、都市景観を阻害する要因

表7-10 犬山城周辺地域城下町ゾーンの形態・意匠の制限の基準[24]

高さ制限	13メートル
壁面位置	・まちなみの連続性を崩さないよう、壁面の位置を道路境界線または隣接する建築物の壁面位置にそろえる
屋根	・勾配屋根、切妻平入り、日本瓦葺き(黒色・銀鼠色)とする
外壁	・漆喰塗り、漆喰調、下見板張り、または木目調仕上げとする ・基調(各面概ね2/3以上を目安とする面積)となる色は、落ち着いた低彩度のものを用いる
建具	・外壁や周囲の建築物と調和した色や素材の建具枠を用いる ・開口部には格子を用いる
門・塀	・建築物を道路境界から後退させて建築する場合は、道路に面する部分に周囲の建築物と調和した板塀などを設ける
設備機器	・空調の室外機などは、道路などから見えない位置に設ける。やむを得ず設ける場合は、格子などで覆い、周囲の景観を阻害しないよう配慮する ・また、給水管、ダクトなどは、道路から見える外壁面に露出しないよう配慮する
駐車場	・建築物の前面に駐車場を設けない。やむを得ず設ける場合は、格子戸や板塀を設けるなどして、まちなみの連続性を崩さないよう配慮する

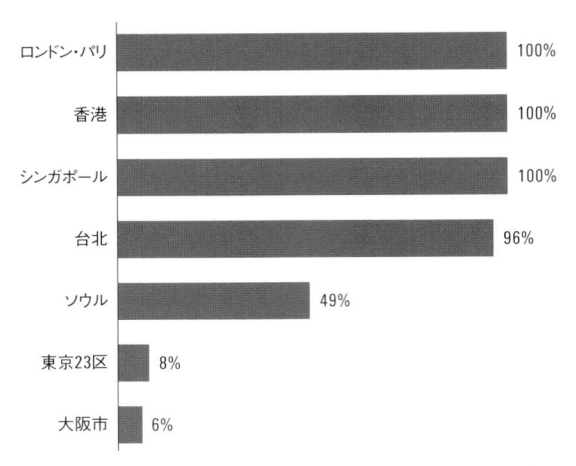

図7-17 欧米主要都市と日本の無電柱化の現状比較[25]

- ロンドン・パリ 100%
- 香港 100%
- シンガポール 100%
- 台北 96%
- ソウル 49%
- 東京23区 8%
- 大阪市 6%

注1) ロンドン、パリは海外電力調査会調べによる2004年の状況(ケーブル延長ベース)
注2) 香港は国際建設技術協会調べによる2004年の状況(ケーブル延長ベース)
注3) シンガポールは『POWER QUALITY INITIATIVES IN SINGAPORE, CIRED2001, Singapore, 2001』による2001年の状況(ケーブル延長ベース)
注4) 台北は台北市道路管線情報センター資料による台北市区の2015年の状況(ケーブル延長ベース)
注5) ソウルは韓国電力統計2017による2017年の状況(ケーブル延長ベース)
注6) 日本は国土交通省調べによる2017年度末の状況(道路延長ベース)

となっており、屋外広告物法に基づく規制の対象となっている。

屋外広告物法に基づき都道府県、政令市および中核市は、条例を定めて、屋外公告物に対する表示・設置を規制し、許可の対象とするとともに、違反者に対する除却等の命令、行政自らによる除去・廃棄等を行うことができる。景観行政団体も同様の規制を設けることが可能である。

b. 無電柱化の推進

日本の都市の道路空間には、電線・電柱があふれかえっている。図7-17に示したとおり、ロンドン・パリ等では、無電柱化率が100%に達しているのに対して、東京23区で8%、大阪市で6%と日本の水準の低さがきわだっている。

無電柱化は、都市の景観向上だけでなく、道路空間のバリアフリー化、災害時のリスクの軽減等多くの効果が期待できるものであり、積極的な投資が期待される分野である。

無電柱化には、道路の地下空間を利用した電線共同溝等による電線類の地中化や表通りから見えないようにする裏配線や軒下配線といった手法がある。

5 | 景観デザインの考え方

都市景観について初めて体系的に論じたのは、ケヴィン・リンチの研究『都市のイメージ』である。リンチは、都市環境の「わかりやすさ(legibility)」を重視して、都市環境のイメージを3つの成分(identity, structure, meaning)に分類した上で、「アイデンティティ(個性)」、「ストラクチャー(構造)」に着目し、アメリカの三都市の都心部で住民が都市に対して持

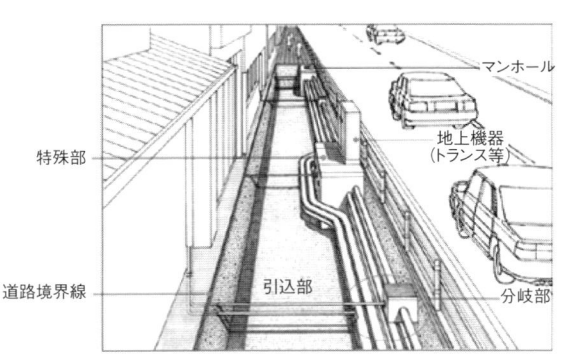

図7-18 電線共同溝による電線類の地中化のイメージ[25]

写真7-4 無電柱化の例(愛知県犬山市)

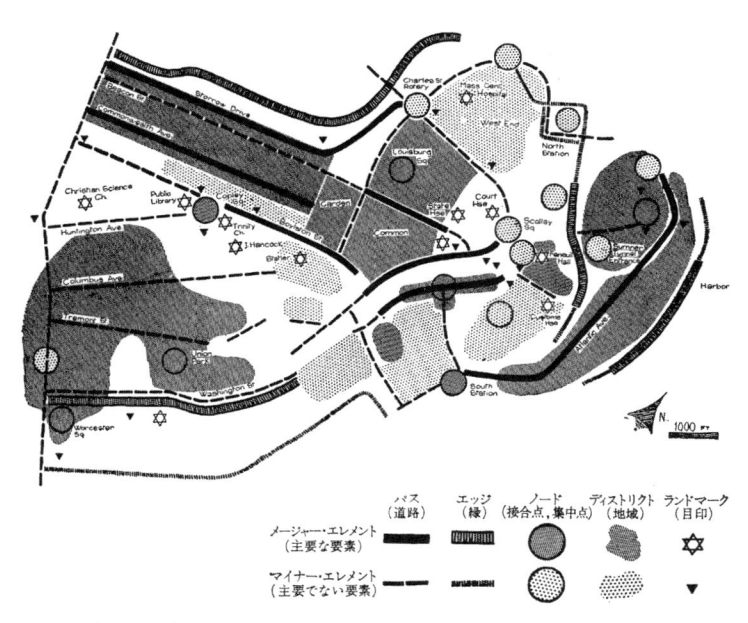

図7-19 ボストンの調査によるイメージマップ[26]

つイメージ（パブリックイメージ）を調査した。調査の結果、イメージの構成要素として5つのエレメントを導きだした。

5つのエレメントは、次のとおりである。
① パス（paths）：観察者が通る可能性のある道筋
② エッジ（edges）：パスでない線状のエレメントで2つの局面の境界
③ ディストリクト（districts）：観察者が内側に入ることができ、共通の特徴をもつ都市の部分
④ ノード（nodes）：観察者がその中に入ることができる都市の焦点
⑤ ランドマーク（landmarks）：観察者から離れて存在し、周囲のものからきわだって目立つ特異性をもつ点

都市の景観資源を調査する際にも、都市景観をデザインする際にも、リンチが提唱した5つのエレメントがいかに相互に関連しながら都市全体のわかりやすさ、イメージしやすさ（imagiability）を構成しているかについて観察・考察を行うことは、都市の景観デザインの上で有効である。

7.3.2 歴史を活かしたまちづくり

1｜歴史まちづくりの系譜

法隆寺金堂壁画の焼失を契機として、歴史的環境保全に関する声が高まり、わが国最初の文化財保護に関する総合的な法律として、1950年に文化財保護法が定められた。

1960年代に入ると、京都、奈良、鎌倉等の歴史的な都市で景観保存運動が活発化し、1966年の古都保存法の制定につながった。

1970年代には、高度成長期を通じて「開発か、保全か」という世論が高まり、本格的な町並み保存運動が活発化した。こうした動きを受けて、1975年に文化財保護法が改正され、文化財の定義の一つに「伝統的建造物群」が追加され、「伝統的建造物群保存地区」が創設された。

1980年代には、景観条例策定が全国的に広がりを見せ、1990年代にかけて歴史的地区環境整備街路事業（歴みち事業）等の国のモデル事業を活用した取組が活発化した。

こうした中、日本は1992年にユネスコの世界遺産条約の締結国となり、法隆寺、姫路城の世界遺産登録を契機に、歴史的建造物への国民の関心が高まった。

2000年代に入ると、**7.3.1 2**｜で見たように景観まちづくりへの関心の高まりが加速し、2004年の景観法改正にいたった。これに伴い、同年に文化財保護法も改正され、生活や生業に根ざした景観地を対象とする「文化的景観」が文化財に追加された。2007年には文化審議会において、「地域の文化財をその周辺も含めて総合的に保存・活用していくための基本構想」として「歴史文化基本構想」が提言された。こうした

流れを受けて、まちづくり行政と文化財行政の連携により歴史的風致を後世に伝えるまちづくりを推進する制度として、2008年に「歴史まちづくり法」が制定された。

2 | 歴史的まちづくりのための制度

a. 伝統的建造物群保存地区と文化的景観

伝統的建造物群は、文化財保護法により「周囲の環境と一体をなして歴史的風致を形成している伝統的な建造物群で価値の高いもの」と位置づけられている。

市町村、市町村教育委員会は、伝統的建造物とあわせて、景観上密接な関係にある樹木・庭園・水路・池・石垣等を環境物件として特定し、歴史的なまとまりをもつ地区を伝統的建造物群保存地区（伝建地区と略すことがある）として決定し、保存計画を策定して保存を図る。

保存計画には、保存の基本方針、保存物件の特定、建造物の保存計画、地区の環境整備計画（防災設備・案内板、公園施設等）、所有者への助成措置等を定めることとなっている。

国は、市町村の申し出に基づき、特に価値が高いと判断されるものを重要伝統的建造物群保存地区に選定し、地域の修理、修景、防災対策等の保存措置を支援している。

重要伝建地区の選定基準は、次の3つである。
① 伝統的建造物群が全体として意匠的に優秀なもの
② 伝統的建造物群および地割がよく旧態を保持しているもの
③ 伝統的建造物群およびその周囲の環境が地域的特色を顕著に示しているもの

2018年8月現在で、98市町村で118地区が重要伝統的建造物群保存地区に選定されている。

1975年に選定された長野県の妻籠宿、岐阜県の白川郷をはじめ、岐阜県高山市の商家の町並み、三重県亀山市の関宿、名古屋市有松の染織町等がある。

b. 文化的景観

文化的景観は、文化財保護法で「地域における人々の生活又は生業および当該地域の風土により形成された景観地で我が国民の生活又は生業の理解のため欠くことのできないもの」と定められている。具体的には、水田等の農耕に関するもの、採草・放牧に関するもの、森林の利用に関するもの、養殖いかだ等の漁撈に関するもの、水路等の水の利用に関するもの、鉱山等の採掘・製造に関するもの、道・広場等の流通・往来に関するもの、屋敷林等の居住に関するもの等がある。

都道府県・市町村は、景観法に基づく景観計画または景観地区に文化的景観を位置づけるともに、国の経費補助を活用して、保存調査の実施、保存計画の策定を行う。

文化的景観のうち特に重要なものについて、国は、都道府県または市町村の申出に基づき、重要文化的景観に選定する。

2019年10月現在、全国で49件の重要文化的景観が選定され、例として、姥捨の棚田、近江八幡の水郷、沖縄県北大東村の燐鉱山由来の集落等があげられる。

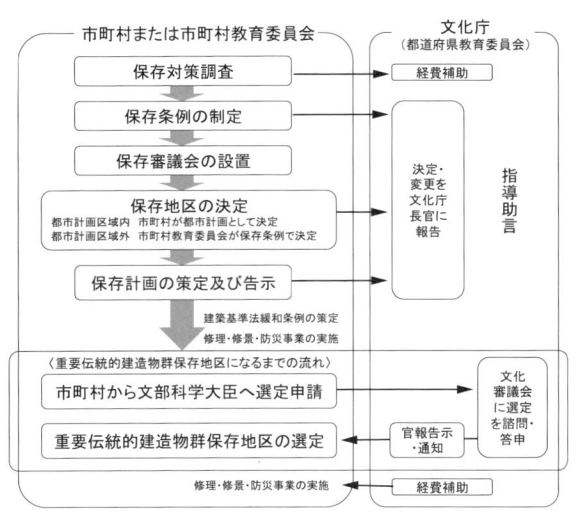

図7-20 重要伝統的建造物保存地区の選定までの流れ

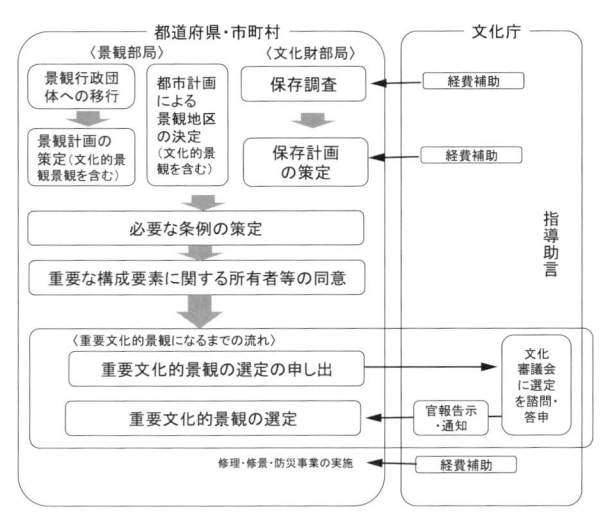

図7-21 重要文化的景観の選定までの流れ

写真7-5 姨捨の棚田(長野県千曲市)[27]

写真7-6 近江八幡の水郷(滋賀県)[28]

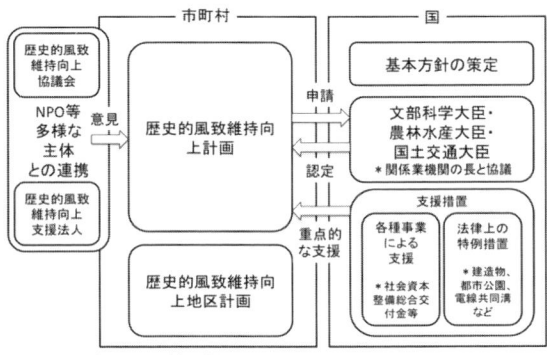

図7-22 歴史まちづくり法の仕組み

表7-11 日本における世界文化遺産の一覧 [29]

年	名称
1993	法隆寺地域の仏教建造物
1993	姫路城
1994	古都京都の文化財(京都市・宇治市・大津市)
1995	白川郷・五箇山の合掌造り集落
1996	原爆ドーム
1996	厳島神社
1998	古都奈良の文化財
1999	日光の寺社
2000	琉球王国のグスクおよび関連資産群
2004	紀伊山地の霊場と参詣道
2007	石見銀山とその文化的景観
2008	富岡製糸場と絹産業遺産群
2011	平泉(仏国土(浄土)を表す建築・庭園および考古学的遺産群)
2013	富士山(信仰の対象と芸術の源泉)
2014	富岡製糸場と絹産業遺産群
2015	明治日本の産業革命遺産 製鉄・製鋼、造船、石炭産業
2016	ル・コルビュジエの建築作品――近代建築運動への顕著な貢献
2017	「神宿る島」宗像・沖ノ島と関連遺産群
2018	長崎と天草地方の潜伏キリシタン関連遺産
2019	百舌鳥・古市古墳群――古代日本の墳墓群

表7-12 世界遺産の日本国内の暫定リストおよび推薦中の文化遺産 [29]

年	名称
1992	古都鎌倉の寺院・神社ほか
1993	彦根城
2008	国立西洋美術館本館
2010	北海道・北東北を中心とした縄文遺産群
2011	金を中心とする佐渡鉱山の遺産群
2012	平泉(仏国土(浄土)を表す建築・庭園および考古学的遺産群,拡張)

c. 歴史まちづくり法

歴史まちづくり法(地域における歴史的風致の維持及び向上に関する法律)は、歴史的な建造物やその周辺で営まれる歴史や伝統を反映した人々の生活によって保たれている良好な市街地の環境(歴史的風致)を維持・向上し、後世に伝えるための仕組みである。

市町村は歴史的風致維持向上計画を策定し、重点区域の設定、文化財の保存・活用、施設の整備・管理、建造物の指定等に関する事項を定める。市町村からの申請を受けて、国が計画を認定すると、社会資本総合交付金等の補助事業の重点的支援や法律上の特例措置が適用される。

2019年6月現在で78都市が認定を受けている。景観の項で見た愛知県犬山市をはじめ、三重県亀山市、岐阜県恵那市等も含まれている。

d. 世界遺産

1992年に、日本はユネスコの世界遺産条約(世界の文化遺産および自然遺産に関する条約)を締結し、1993年に「法隆寺地域の仏教建造物」および「姫路城」が世界文化遺産に登録された。これ以降、表7-11に示す文化

財が世界遺産に追加され、2019年の時点で19件を数えるようになった。観光客の増加等の顕著な効果が見られたことから、まちづくりの核となる取組みとして、地域からの強い関心を集めるようになっている。

世界遺産への新規の登録は、年々、難易度を上げているが、国内の暫定リストに掲載されている6件をはじめ、各地で世界遺産登録を目指す取組みが進んでいる。

表7-12からもわかるように、近年、明治以降の富国強兵政策を担った近代化産業の遺構が積極的に評価される動きが高まっている。

また、国連の他の機関にも同様の仕組みが広がり、地質学的な遺産を登録する世界ジオパーク(島原半島等)、農業システムを評価する世界農業遺産(佐渡等)を目指す地域の取組みも広がっている。

7.3.3 観光まちづくりと地域資源の多様化

景観や歴史を活用したまちづくりの主な目的の一つとして、地域の観光振興がある。近年、国際的な競争の中での外国人観光客の獲得を目指して、「観光立国」を掲げた観光振興の取組みが活発化し、2008年には国に観光庁が設置される等、支援の強化が進んでいる。

観光振興では、地域がそれぞれの固有の資源を活かしてまちづくりを行うが、最近では、風景や史跡といった従来からの観光資源に加えて、活用される地域資源が、アート、食、農業体験等に多様化している。

1 | 観光まちづくり
a. 日本の観光の状況

全世界の国際観光客は、増加傾向の中、2012年に初めて10億人を突破した。日本の外国人観光客の受入

国	千人
フランス	86,918
スペイン	81,786
★米国	75,868
中国	60,740
イタリア	58,253
メキシコ	39,298
イギリス	37,651
トルコ	37,601
ドイツ	37,452
タイ	35,381
オーストリア	29,460
日本	28,691
香港	27,885
ギリシャ	27,194
マレーシア	25,948
ロシア	24,390
カナダ	20,798
ポーランド	18,400
★ポルトガル	18,200
オランダ	17,924
マカオ	17,225
サウジアラビア	16,109
アラブ首長国連邦	15,790
ハンガリー	15,785
クロアチア	15,593
インド	15,543
ウクライナ	14,230
シンガポール	13,906
韓国	13,336
インドネシア	12,948
ベトナム	12,922
★チェコ	12,808
モロッコ	11,349
スイス	11,133
★デンマーク	10,781
台湾	10,740
南アフリカ共和国	10,285
★アイルランド	10,100
ブルガリア	8,883
オーストラリア	8,815

2017年の訪日外国旅行者数は2,869万人
＊世界で12位、アジアで3位に相当

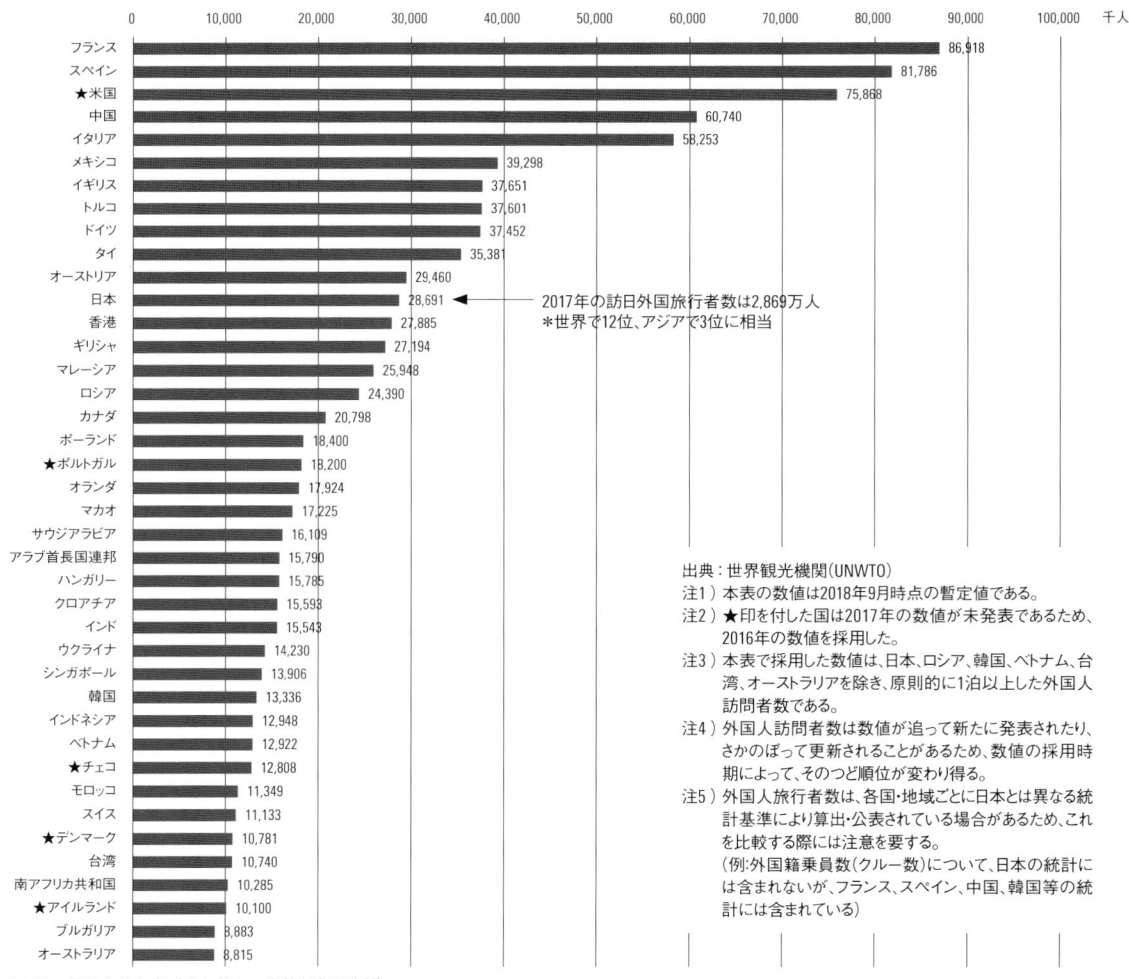

出典:世界観光機関(UNWTO)
注1)本表の数値は2018年9月時点の暫定値である。
注2)★印を付した国は2017年の数値が未発表であるため、2016年の数値を採用した。
注3)本表で採用した数値は、日本、ロシア、韓国、ベトナム、台湾、オーストラリアを除き、原則的に1泊以上した外国人訪問者数である。
注4)外国人訪問者数は数値が追って新たに発表されたり、さかのぼって更新されることがあるため、数値の採用時期によって、そのつど順位が変わり得る。
注5)外国人旅行者は、各国・地域ごとに日本とは異なる統計基準により算出・公表されている場合があるため、これを比較する際には注意を要する。
(例:外国籍乗員数(クルー数)について、日本の統計には含まれないが、フランス、スペイン、中国、韓国等の統計には含まれている)

図7-23 外国人旅行者受入れ数の国際比較(2017) [30]

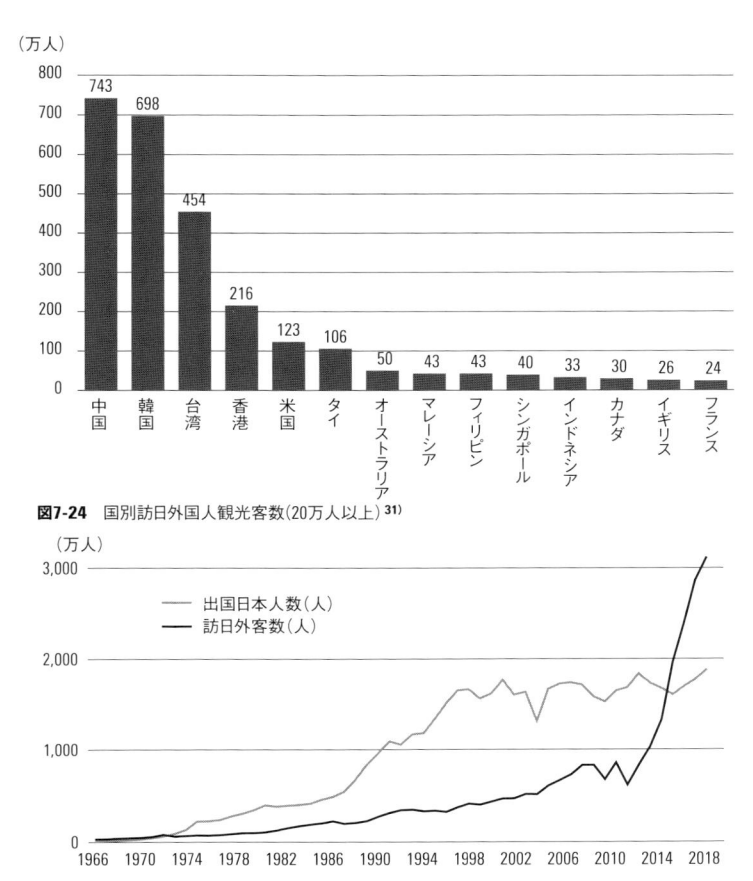

図7-24 国別訪日外国人観光客数（20万人以上）[31]

図7-25 年別訪日外客数および出国日本人数の推移 [31]

れは、世界各国のランキングにおいて2011年には39位（アジア10位）であったが、2017年には12位（アジアで3位）へと上がっている。なお、世界全体では、フランス、スペイン、米国、中国が上位にある[**図7-23**]。

2018年の訪日外国人旅行者は、3,119万人となっており、国別で見ると、中国、韓国、台湾の順になっている[**図7-24,25**]。

一方、日本人の国内旅行者は、2017年には日帰り旅行で延べ3億2,418万人、宿泊旅行で延べ3億2,333万人となっている。

b. 観光施策の変遷

戦後の国際観光政策は、外貨獲得を目指した外国人観光客誘致から始まる。東京オリンピックを翌年に控えた1963年に制定された観光基本法では、国際交通機関の整備、国際観光地および国際観光ルートの形成等に必要な施策を講ずることとされた。東京オリンピックに際しては、東海道新幹線や高速道路等、国際観光のための基礎的なインフラが整備された。

日本人による海外旅行の増加の一方で、外国人観光客の伸びは、大阪万博が開催された1970年の85万人をピークとして停滞気味となった。その後、貿易摩擦解消等を背景とした海外旅行の推進施策が重視される中で、一環して、日本人の海外旅行者数（アウト）と訪日外国人観光客数（外客、イン）の乖離は拡大していった。

1996年、ようやく外客誘致の施策に軸足が移され、10年で800万人の外客数を目指し、外客誘致法（外国人観光旅客の来訪地域の多様化の促進による国際観光の振興に関する法律）の制定等が行われた。この頃、アジアからの来訪者が外客全体の6割を超えるようになっている。一方で、地方空港からのアジア各都市への直行便の就航等により、週末を利用した「安・近・短」旅行の人気からアジアへの海外旅行者も拡大し、アウトとインの乖離は依然として拡大する一方であった。

バブル崩壊後、新たな成長産業として観光産業に期待が集まるようになり、外客1,000万人を目指した「観光立国」が施策の柱として掲げられ、「ビジット・ジャパン・キャンペーン」が展開される等、観光施策が本格化した。2006年には、観光基本法を全面改訂した観光立国推進基本法が成立し、2008年には観光庁が発足した。さらに、国際競争力の高い魅力あ

る観光地域づくりを推進するため、観光圏整備法(観光圏の整備よる観光旅客の来訪および滞在の促進に関する法律)が制定されている。

こうした取組みから、アウトとインの格差は縮小するかに見えたが、国際情勢や災害等の影響を受けて、インは安定せず、必ずしも乖離の解消までには至っていない。

c. 観光圏整備法と広域観光の推進

観光圏とは、「自然・歴史・文化等において密接な関係のある観光地を一体とした地域であり、観光地同士が連携して2泊3日以上の滞在交流型観光に対応できるよう、観光地の魅力を高めようとする区域」を指すとされている。

観光圏を形成する自治体とその区域にある観光協会、民間事業者の団体、NPO団体等が協議会を組織し、自治体が観光圏整備計画を、協議会が観光圏整備実施計画を定め、国が実施計画を認定すると、法律上の特例措置等による総合的な支援が受けられるというものである。

法律に基づき、旧基本方針に基づいた34地域が、2012年に改訂された新基本方針に基づいた13地域が実施計画の認定を受けている。

このように、観光地同士がそれぞれの強みを発揮して互いに連携する動きが広がっている。中部圏では、中部9県が連携して中国、台湾、香港等の中華圏から外国人観光客増を図るための連携プロジェクトとして、「昇龍道プロジェクト」を展開している。「昇龍道」とは、能登半島を龍の頭に中部国際空港に至る南北の軸を龍の姿に重ねて、中部・北陸の観光面での連携を表現したものである。

2 | 地域資源の多様化

観光振興をはじめ、地域の個性を発揮した活性化のためには、地域固有のさまざまな資源が活用される。名所旧跡・特産物といった従来からの資源に加えて、地域に根ざした人々の活動に支えられた新たな資源が注目されている。

a. アートのまちづくり

美術、音楽、舞踊・パフォーマンス、映画といったアートを活用したまちづくりは、公共空間へのアート作品の配置(パブリックアート)やホール・美術館等の施設の建設といった従来からの取組みに加え、さまざまな広がりを見せている。

音楽祭・フェス、映画祭等の祭典的なイベントは各地に広がり、近年は、トリエンナーレ、ビエンナーレと呼ばれる比較的大規模なアートの祭典を都市的広がりの中で開催する例も増加している。「あいちトリエンナーレ」[写真7-7、7-8]もその例の一つである。

芸術家に居住と制作の場を提供し、市民とのふれあいや地域資源の活用を通じて、アートの作品、人材、経験を地域に蓄積していくアーティスト・イン・レジデンス(芸術村等)と呼ばれる取組みも広がっている。

これらの動きと連動しつつ、衰退した商店街や低利用な市街地をアート活動により再生する取組みも活発化している。名古屋市では、長者町繊維問屋街や中川運河の再生[写真7-9]のための取組み等がある。

公共空間の活用の例としては、一定の審査によりライセンスを得たアーティストが、公園・広場等の公共的な空間で円滑にパフォーマンスを行えるように支援するヘブンアーティスト事業等の取組みも進んでいる。

b. 食のまちづくり

食のまちづくりでは、地域の資源を活かした新たな商品開発に生産者・加工業者・販売者が連携して取組む6次産業化(1次：農林水産業×2次：工業×3次：商業の掛

図7-26 昇龍道プロジェクトのイメージ [32]

写真7-7 あいちトリエンナーレ2010展示風景(草間彌生《命の足跡》と名古屋テレビ塔、オアシス21)

写真7-8 あいちトリエンナーレ2013展示風景(打開連合設計事務所《長者町ブループリント》、写真：怡土鉄夫)

写真7-9 中川運河ARToC10(芸術助成事業)の取組事例 [33]

け合わせ)の動きが活発になっている。

　特産品・名産品とは異なり、地域の人々の生活に根ざした料理に着目して、その普及をまちづくり活動の核にしようとする取組みも広がりを見せ、ご当地グルメの祭典「B-1グランプリ」という巨大なイベントに発展している。

　食のまちづくりは、生産地である農林漁村と消費地である都市をつなぐ交流の取組みでもある。食を楽しみながら、都市の生活者が農林漁村の生産者の現状を把握し、食の生産の安全性や持続可能性の確保に理解を深めることも重要である。近年、中山間地域の生産地ではシカ・イノシシ等が農地や森林を荒らす鳥獣被害が深刻化しているが、捕獲したシカ・イノシシを食品化し、ジビエ料理として普及する取組みが全国各地で進んでいる。

c. 体験型のまちづくり

観光のあり方は、名所旧跡を団体で回る方式から、現地にしかない体験を思い思いに楽しむ個人旅行(体験滞在型観光)へと変化してきている。このため、農業・郷土料理づくり・伝統芸能等の体験、エコツーリズム、まち歩き等の多様なメニューを地域のNPO団体等が用意し、プログラム化して観光客に提供するオンパク方式と呼ばれる取組みが広がっている。

d. フォーマットによる横展開

地域固有の資源を活用する取組みは、その性格上、観光客の拡大や商品の販路獲得のための資金やノウハウを獲得することが困難である。このため、特定の地域の成功例を定型化(フォーマット化)して、他の地域に展開する、いわゆる横展開が重要な役割を担っている。

　「ご当地キャラクター」を用いたPR戦略は自然発生的に全国各地に普及したが、特定の事務局が成功事例を定式化し、全国規模で普及を図っている意図的な事例として、先にあげたB-1グランプリ、オンパクのほか、Yosakoi-ソーラン型のイベント等がある。

　こうした横展開の動きは、資金やノウハウに乏しい地域の取組みの底上げに大いに貢献するが、市場の認知が高まるとともに、全国規模の流通企業と結びつき、商品やサービスの画一化につながるおそれもあることに留意しなければならない。

7.4　災害に強いまちづくり

7.4.1　災害と都市計画

都市が巨大化し、密度が大きくなるほど、災害に対する被害規模が増大する。震源域が大都市直下に拡がる震災として関東大震災、阪神・淡路大震災等や、甚大な津波被害をもたらした海溝型の東日本大震災等の悲劇的な大震災を日本は経験した。また伊勢湾台風や東海豪雨等大都市における風水害が、いかに多くの人命や財産を損なうものであるかが示されてきた。自然災害ではないが、戦災もまた大都市に致命的な被害を与えた。

日本の近代都市計画は、都市の大規模災害により多くの知見を得、その復興の過程において、さまざまな都市計画手法と制度を開発・発展させてきた。災害が都市計画を育ててきたといっても過言ではない。

都市計画は、都市に住む人々や企業が、快適に生活し、効率よく活動できるまちをつくっていくことをその目標とするが、災害に強いまちづくりもまた都市計画の主要な目標である。

災害発生から当面の復旧までの間は、あらゆる人材と施設、機材を機能的に投入した救援活動が展開されることになるが、これは「危機管理」として整理される行為である。

時間的に整理すれば、都市計画の役割は、危機管理の前後にあると考えられる。災害発生の前に、災害の予測のうえに立った、被害の生じにくいまちづくりをすること、危機管理の際に有効な施設、設備を確保しておくことが、防災都市計画の役割と考えられる。いま一つの役割は、被災後の当面の復旧後の本格的な復興まちづくりである［**図7-27**］。

危機管理の計画は、地方公共団体が防災基本計画に基づいて策定する地域防災計画である。これは、一般的に震災対策編と風水害対策編で構成され、災害時の活動体制や災害直後に実施する応急対策活動等を定めている。

地域防災計画と都市計画は連携して、災害から住民の生命・財産を守り、都市の機能を確保する。この二つの計画の重なる部分を「防災都市づくり」と位置づけ、防災都市づくり計画を策定する［**図7-28**］。

防災都市づくり計画は、自然条件、地域社会等その都市の固有の状況を踏まえ、防災上の諸課題を解決

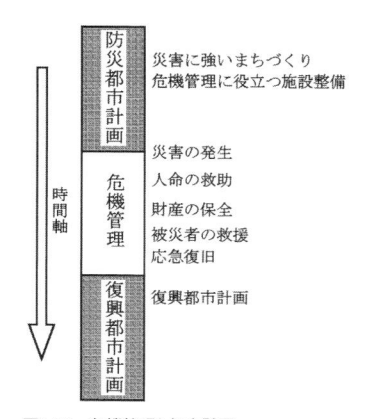

図7-27　危機管理と都市計画

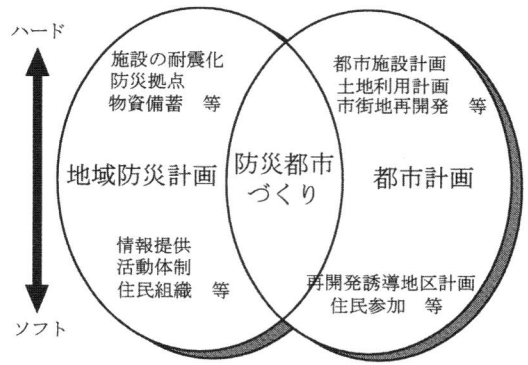

図7-28　防災都市づくりの位置づけ

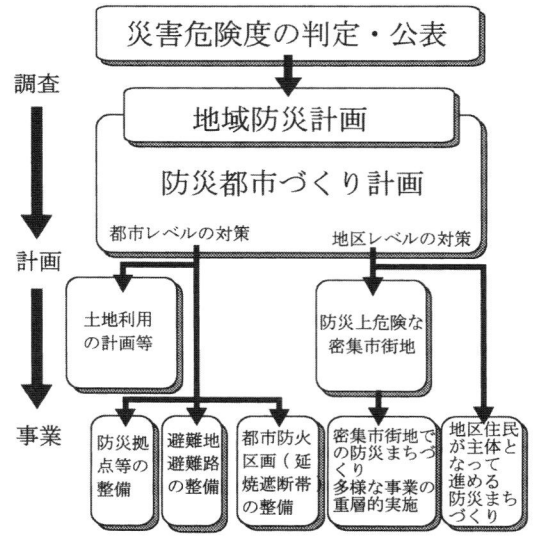

図7-29　防災都市づくりの位置づけ展開フロー [34]

するものであるが、日常的にも安全・安心・快適性等に配慮された、総合的に質の高い市街地を実現する計画でなければならない。

この計画を立案するためには、災害危険度判定等の現況評価を行い、計画課題、基本的な理念・目標を

明確にし、都市レベルの施設整備や密集市街地の改善等の地区レベルの対策を設定する[図7-29]。

防災都市づくり計画は、地域防災計画の災害予防対策の項に組み込むとともに、市町村の都市計画マスタープランに反映させることが望ましい。

7.4.2 震災に対する防災都市づくり

a. 都市施設の防災的役割
阪神・淡路大震災では、幹線道路や公園緑地等の施設が火災拡大防止や避難等に大きな役割を果たした。一方で、高速道路の倒壊やライフラインの破壊等都市施設の損傷が、被災行動や救援活動を妨害したり、被災者の生活に大きな影響を与えた。

こうした経験から、都市施設の耐震性を向上し、災害時における防災的役割を十分に発揮できるように整備しなければならない。特に水道、電気、ガス、下水道等のライフラインについては、阪神・淡路大震災において、共同溝の被害が小さかったことから、幹線道路を中心に共同溝化を推進する必要がある。共同溝化は、電柱の倒壊等による避難路の寸断を避けるためにも有効である。

b. 広域避難地・避難路の確保
公園緑地、広場、オープンスペースを活用して広域避難地を計画する。広域避難地の広さは、25ha以上とし、地域の事情により確保できないときは10ha以上とする。避難者1人当たりのスペースは2㎡とする。10ha以上の面積を確保できない場合は、避難地周辺の建物を不燃化する必要がある。

避難路については、幅員15m以上の道路とし、歩行者専用道路、自転車歩行者専用道路、緑地または緑道については10m以上とする。避難路沿道の建物は不燃化を図る。避難路はネットワークとして計画する。

c. 都市防火区画の形成
阪神・淡路大震災における大規模火災の焼け止まり要因を整理したのが図7-30である。道路・鉄道等で止まったのが4割、耐火建築物によるものが3割、空地等が2割であり、消火活動による延焼遮断は約1割であった。すなわち、広幅員道路、鉄道線路、公園等の大規模空地や学校・マンション、列状の耐火建築物群等の形状や配置が市街地大火の焼け止まりに大きく影響することが明らかになった。

こうしたことから、震災火災による被害を最小限にするため、幹線道路、公園緑地、鉄道・河川や不燃化建築物群等による「延焼遮断帯」を配置して、市街地を「都市防火区画」に区分けする[図7-31]。

東京都防災都市づくり推進計画では、この防火区画を「防災生活圏」として概ね小中学校区程度（平均72ha）の大きさで計画している。圏域内では、市街地整備による住環境整備や防災組織の育成等、ハード、ソフトの両面から防災対策が進められている。

d. 防災拠点となる施設の配置
街区公園等を活用して、住民の消火・救護活動、集結の拠点となる「防災空地」を配置する。また、地域防災計画と整合をとって、防災センター、コミュニティ防災拠点（避難所等）等、拠点となる施設を計画する。

e. 密集市街地の改善
阪神・淡路大震災における大規模火災地区の分析から、1棟当たり平均宅地面積約100㎡以下の狭小建

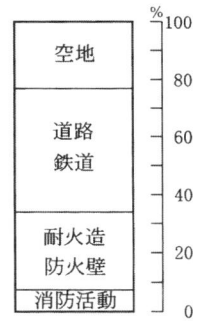

図7-30 延焼阻止要因 [34]

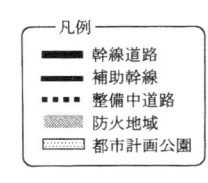

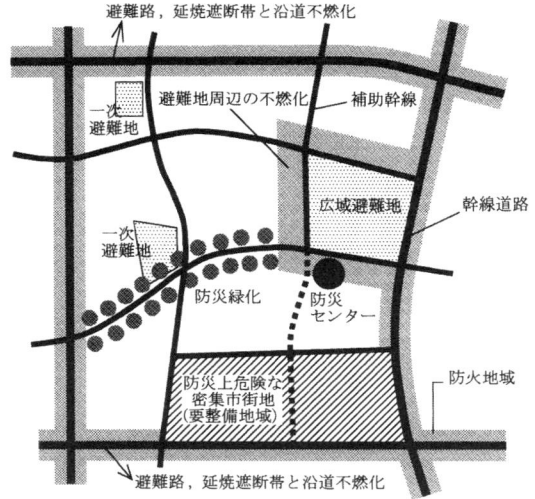

図7-31 防災都市構造の例

築物が密集している地域で大規模火災になる可能性が高いことがわかった。

防災上危険な密集市街地は、全国で25,000ha存在し、そのうちの3分の2が三大都市圏に集中している（1995年建設省調査）。内閣官房都市再生本部の都市再生プロジェクト第3次決定（2001年）において、特に大火の可能性の高い危険な市街地（東京、大阪各々約2,000ha、全国で約8,000ha）を重点地区として整備し最低限の安全性を確保することとされたが、その解消は遅れ、「住生活基本計画（全国計画）第2次」（2011年閣議決定）では、2010年時点で全国で約6,000haある地震時等に著しく危険な密集市街地の面積を、10年後に概ね解消する計画になっている。

この「最低限の安全性」にかかる整備基準としては、「不燃領域率40％以上」、「木防率*1 3分の2未満」、「延焼抵抗率35％以上」等とされている。不燃領域率は、地域内の道路や公園等の空地と燃えにくい建物が占める割合であり、概ね30％以下では市街地の大火につながり、40％以上の水準に達すると焼失率は急激に低下し、隣接区域への延焼危険性も低下する。

こうした地区においては、防災性の向上を図りながら日常的にも安全・安心で快適な市街地となるよう、総合的な整備を行う必要がある。一般的には、道路・公園緑地や地区施設等の公共空間の整備、消防水利等防災施設の強化、不燃化等の建築物対策が重要となる。

密集市街地を改善する方法で効果が高いのは、道路、公園等と建物や宅地を一体的・抜本的に整備する面整備であり、代表的な手法は土地区画整理事業がある。一方、時間をかけて施設や建物を部分的に整備するのが段階的整備で、密集住宅市街地整備促進事業が代表的事業である。これは、全体の計画をもとに、道路、公園、広場やまちづくりの拠点施設の整備、建物の不燃化や共同化の誘導等の個別事業を積み重ねて、街並みを緩やかに変えていくものである。

7.4.3　浸水対策の都市計画

1｜都市水害の原因

日本は地形が急峻で、降水量が多く、特に梅雨期、台風期等に集中する等水害の発生しやすい自然条件の下に置かれている。これに加えて、洪水時の河川水位より低い沖積平野を中心として高度な土地利用が行われ、日本の経済社会活動の主要な部分を占めている。すなわち、国土面積の約10％の河川の氾濫区域に人口の約50％、資産の約75％が集中している。このため、河川改修等の治水投資が積み重ねられてきたが、都市部における中小河川の洪水は増加しており、洪水等による被害は年々増大する傾向にある。

この要因としては、近年の地球温暖化や都市部のヒートアイランド現象の影響を受け、都市部での50mm/h以上の集中豪雨（さらに名古屋市では2000年の東海豪雨に続き、2004、2008、2011年に100mm/hの大雨が発生）の発生回数が増加[図7-33]していることに加えて、1960年代から始まる高度経済成長を契機に都市域が周辺部へ向かって急速に拡大し、その結果これまでの保水、遊水機能が低下し、都市域における雨水流出機構が大きく変化したことに原因がある。すなわち、都市化以前においては、雨水は自然流域のもつ保水、遊水機能により空地や田畑、山林等に貯留・浸透し、時間をかけて徐々に川や下水道に流出していた。しかし、都市化の進展により市街地がアスファルトやコンクリートで覆われ、雨水は逃げ場がなくなり、

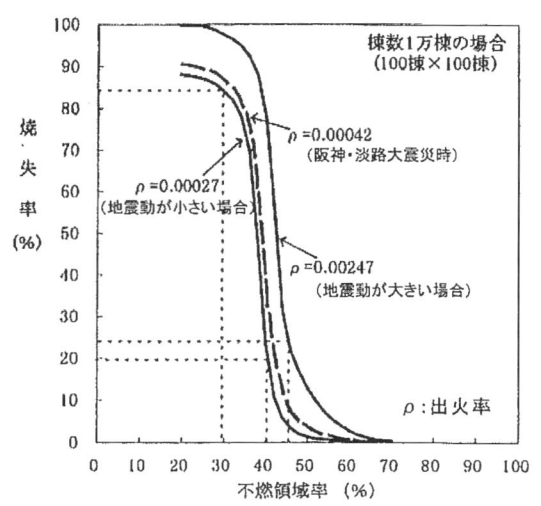

図7-32　不燃領域率と焼失率の関係[35]

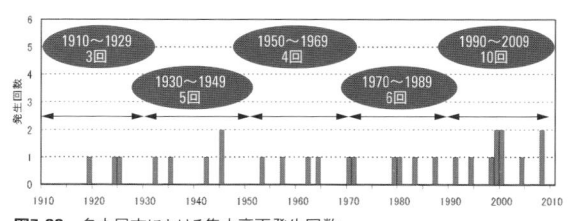

図7-33　名古屋市における集中豪雨発生回数

*1──全棟数に占める木造および防火木造の割合

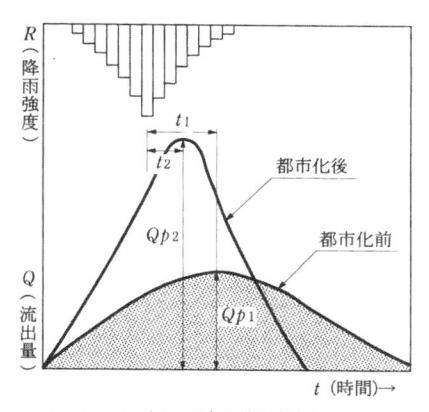

$Qp_2 > Qp_1$（ピーク流出量の増大）
$t_2 < t_1$（流達時間の短縮）
$\int Q_2 dt > \int Q_1 dt$（流出量の増大）
添字1：都市化前
添字2：都市化後

図7-34 都市化による流出機構の変化[36]

写真7-9 都市内の河川（神田川）

川や下水道へ短時間のうちに大量に流出することになった。**図7-34**に示すように雨水の早期流出による河川流出時間が減少し、洪水流出量そのものの増大に加えて、ピーク流出量が増大したのであり、これに治水施設の整備が追いつかないことが、都市水害の多発の原因となっている。

2｜都市河川の整備

これまでの都市水害対策は、河川、下水道の整備を中心とする、洪水流下能力の向上を図る方向での整備がなされてきたが、大河川に比べて都市河川の改修が遅れてきた。その理由として、河川直近まで住宅等が建て込み、河道拡幅に必要な用地取得が困難なだけでなく、工事に伴う騒音、振動といった公害問題、道路、下水道その他の都市施設との調整等多くの制約条件を抱えていることがあげられる。

また、河川の改修は、災害を軽減するための事業であり、道路や公園の整備のように都市住民に積極的便益をもたらすことがないため、その必要性が理解されにくく、河川改修への理解と協力が得られにくいことも指摘できよう。さらに、急激な都市化に対応して都市施設の整備を進めるなかで、どうしても積極的便益をもたらす都市施設の整備が先行し、河川の整備が後回しにされてきた傾向は否定できない。

こうした状況のなかで行われる河川改修はいきおい河川空間内での築堤、河床掘削等の河道改修のみにとどまらざるを得ず、この結果コンクリートの高い河川堤防の中に河川を閉じこめることになり、河川と都市空間が一体として調和することなく、水辺環境を含めて、河川のもつ本来の良好な環境を失ってしまうことになった[**写真7-9**]。

3｜洪水流出抑制
a. 洪水防御システム

河川の整備のみでは、都市を洪水や浸水から防御することはできず、総合的な洪水防御システムの確立が必要となっている。防御システムは、**図7-35**に示すように、流下促進、流出抑制および氾濫原管理の3つの柱からなる。

流下促進は、河川改修、下水道の整備、放水路の新設等、従来都市水害対策の中心となっていた事業である。

流出抑制は、流域から短時間に大量の雨水が流出するのを抑制する対策であり、遊水機能の保全、雨水の貯留、雨水の浸透、水源の保全等を行うものである。

また、氾濫原の管理は、仮に浸水が生じても被害を

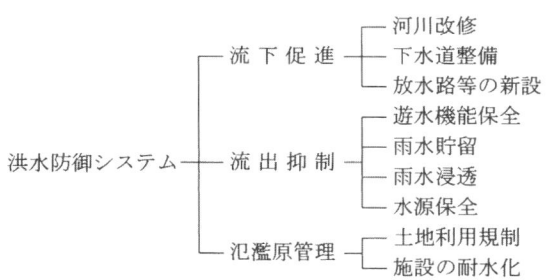

洪水防御システム
― 流下促進 ― 河川改修
　　　　　　― 下水道整備
　　　　　　― 放水路等の新設
― 流出抑制 ― 遊水機能保全
　　　　　　― 雨水貯留
　　　　　　― 雨水浸透
　　　　　　― 水源保全
― 氾濫原管理 ― 土地利用規制
　　　　　　　― 施設の耐水化

図7-35 洪水防御システム

最小限にしようとするものであり、土地利用の規制により被害物件等をできるだけ立地させないようにすることや、施設の耐水化を図る等の対策がある。施設の耐水化の事例として、ピロティ方式の建築とすることにより、浸水被害が居住空間等に及ばないようにすることが考えられる。

b. 流出抑制
これらの対策のなかで、よりよい都市環境を回復し、維持していくためには、流出抑制の促進が重要となってくる。流出抑制は、開発前に流域がもっていた保水・遊水機能を都市域に取り戻すことで、これにより、河川や下水道の負担を大幅に軽減することができ、その結果、地下水の涵養、河川流量の維持とともに地盤沈下を抑制することになる。また、河川のもつ自然環境の回復は、いわゆる水辺を求める時代の要請にも応えていくことになる。

① 雨水貯留：雨水貯留の効果は、雨水を貯留することによって、洪水流出の時間を遅らせるとともにピーク流出量を低減させることである。貯留施設には、オフサイト型とオンサイト型がある。前者は、一定の流域の雨水をまとめて大規模な施設に貯留するものであり、後者は、雨水の流出をもっと発生源(オンサイト)で抑制する小規模分散型の対策である。

オフサイト型の貯留施設は、洪水調節池であり、既設の施設利用としては、農業用のため池の保全整備があり、新設のものとしては、大規模な洪水調節池の整備がある。

オンサイト型の施設は、学校の校庭、公園、ビルの屋上や地下、住宅団地の棟間のスペース、駐車場、あるいは個々の住宅等、それぞれの敷地内に降った雨を敷地内に貯留し、面的に流出量の抑制を図ろうとするものである。

② 雨水浸透：これは雨水を浸透させて、雨水の流出量そのものを減少させようとするものであるが、同時に地下水の涵養、河川の流況改善、都市環境の保全等、自然の水循環の保全・回復にも大きな効果を発揮する。

浸透のためには、舗装せず、緑地や裸地を確保することが望ましいのであるが、舗装せざるを得ない場合は、浸透しやすい材料を使う。浸透施設は各種のものが開発されて、すでに各地で使われている。これには、浸透地下埋管、浸透雨水桝、地下浸透井、透水性舗装、透水性平板舗装、透水性インターロッキングブロック舗装、道路浸透桝、透水性植桝、透水性U型側溝等がある。

4│津波・高潮防災対策

津波により、きわめて大きな被害を受けた東日本大震災の沿岸部の被災地では、防潮堤や河川堤防の再整備のほかに、さまざまな制度や事業により復興まちづくりが行われている[図7-36]。

宅地の嵩上げや公共施設と宅地の一体的な液状化対策には、都市再生土地区画整理事業や都市防災総合推進事業が活用され、防災まちづくりの拠点や災害時の活動拠点として機能する地域防災センターや避難所・津波避難タワー等の整備には、都市防災総合推進事業や津波復興拠点整備事業等が活用されている。沿岸部の集落から高台への移転には防災集団移転促進事業が災害公営住宅整備事業と併せて活用されている。

a. 都市防災総合推進事業
避難地・避難路等の公共施設整備や防災まちづくり拠点施設の整備、避難地・避難路周辺の建築物の不燃化および住民の防災に対する意識の向上等を推進し、防災上危険な市街地における地区レベルの防災性の向上を図ることと、被災地における復興まちづくり等を総合的に推進する事業で、以下のメニューがある。災害危険度判定調査、住民等のまちづくり活動支援、地区公共施設等整備、都市防災不燃化促進、密集市街地緊急リノベーション事業、被災地における復興まちづくり総合支援事業、地震に強い都市づくり緊急整備事業。

b. 防災集団移転促進事業
災害が発生した地域または災害危険区域のうち、住民の居住に適当でないと認められる区域内にある住居の集団的移転を促進する事業で、津波の被害を受けた沿岸部では、震災で来た津波の高さ以上のところへ移り住むことから高台移転事業ともいわれており、以下の国庫補助メニューがある。①住宅団地の用地取得造成、②移転者の住宅建設・土地購入の借入金の利子相当額の補助、③住宅団地の公共施設の整備、④移転促進区域内の農地等の買取り、⑤住宅団地内の共同作業所等の整備、⑥移転者の住居の移転に対する補助[図7-37]。

c. 災害危険区域
溢水、湛水、津波、高潮等による災害の発生のおそれのある土地の区域は、市街化を図るべき区域として

7 持続可能なまちづくりの計画

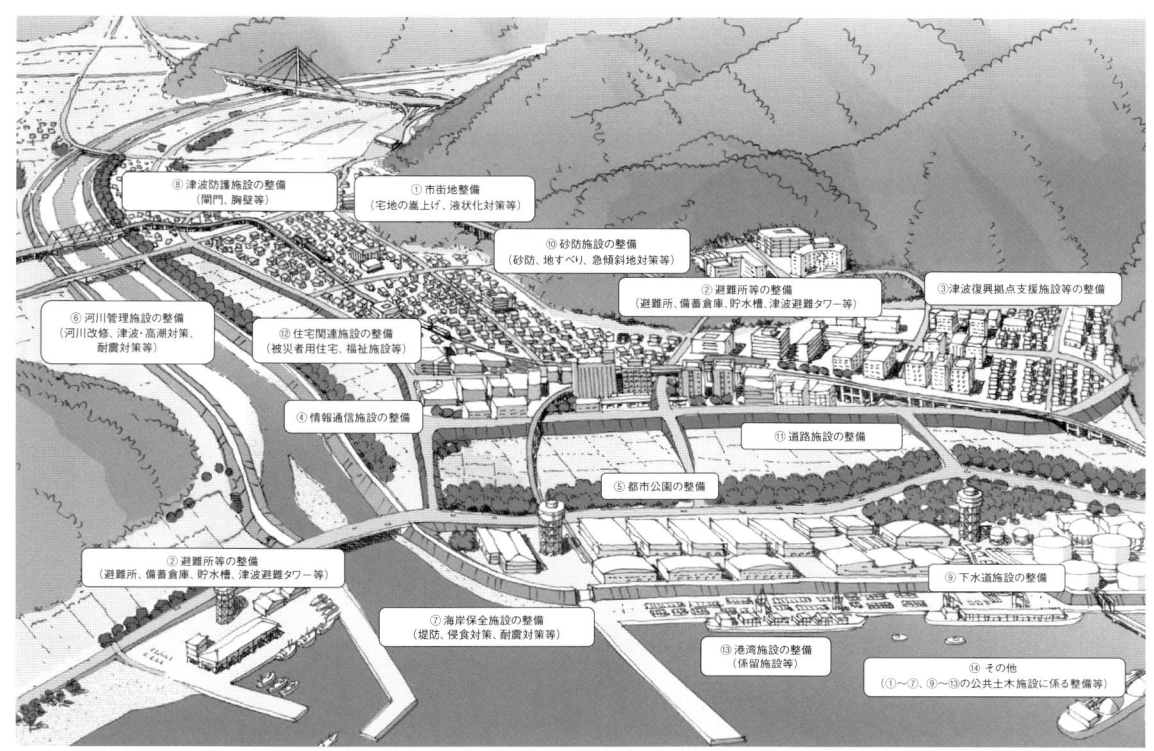

図7-36 復興まちづくりのための事業制度一覧(イメージ図)[37]

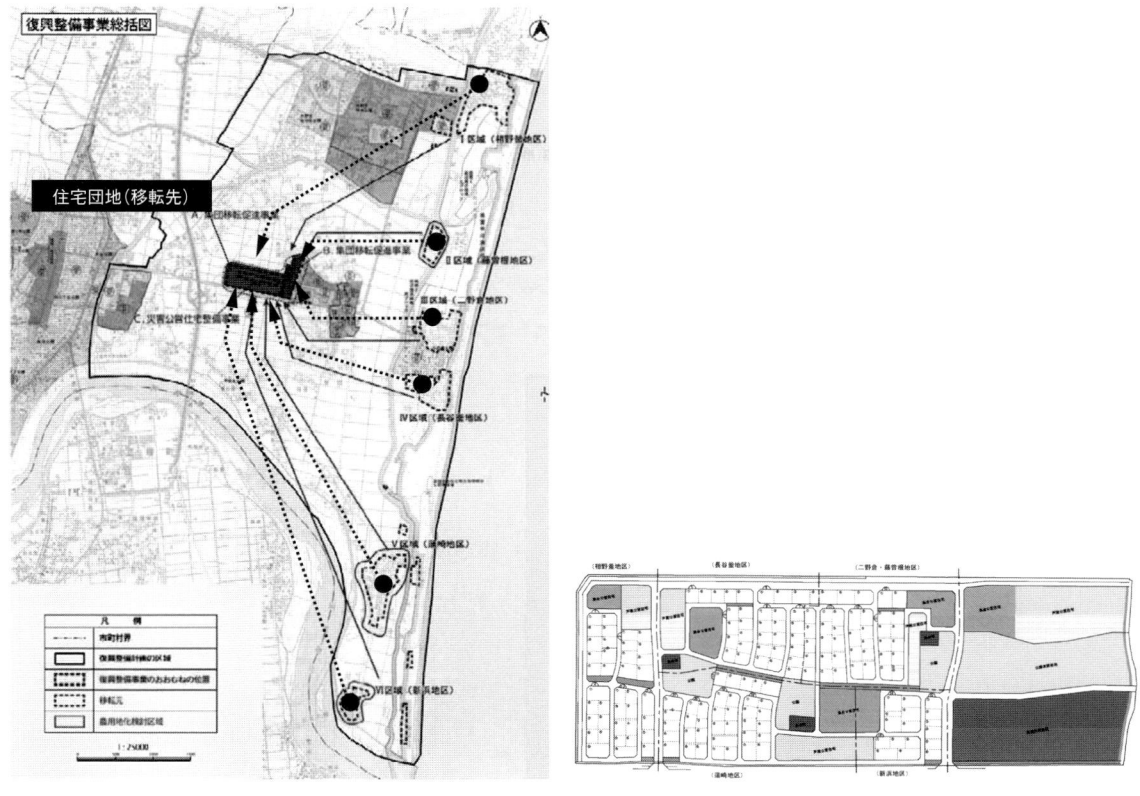

①市街地整備（宅地の嵩上げ、液状化対策等）
②避難所等の整備（避難所、備蓄倉庫、貯水槽、津波避難タワー等）
③津波復興拠点支援施設等の整備
④情報通信施設の整備
⑤都市公園の整備
⑥河川管理施設の整備（河川改修、津波・高潮対策、耐震対策等）
⑦海岸保全施設の整備（堤防、侵食対策、耐震対策等）
⑧津波防護施設の整備（閘門、胸壁等）
⑨下水道施設の整備
⑩砂防施設の整備（砂防、地すべり、急傾斜地対策等）
⑪道路施設の整備
⑫住宅関連施設の整備（被災者用住宅、福祉施設等）
⑬港湾施設の整備（係留施設等）
⑭その他（①〜⑦、⑨〜⑬の公共土木施設に係る整備等）

図7-37 宮城県岩沼市玉浦西地区防災集団移転促進事業、位置図および土地利用計画図（宅地割案）[38]
沿岸部の被災した6つの地区から、コミュニティ単位で入居した仮設住宅団地を経て、内陸部の住宅団地への集団移転を実施した。被災当初から地区単位で集団移転の検討を行い、6地区代表者会議において、玉浦西区域への集約移転を決定。移転先のまちづくりは、6地区の代表ならびに学識経験者からなる検討委員会で検討を進めた。移転促進区域約134ha、471戸移転先住宅団地約21ha、移転戸数298戸

は市街化区域に含めないこととされている(都市計画法施行令第8条)が、既成市街地には同様の規定はない(都市計画法第7条)。

　堤防や嵩上げ、防災緑地整備等の整備を行ってもなお被害が予測される場合に、地方公共団体は、建築基準法第39条により、条例で津浪、高潮等による危険の著しい区域を災害危険区域として指定し、災害防止上必要な建築制限を定めることができる。

　図7-38に示すように、伊勢湾台風による高潮の被害を受けた名古屋市では、その浸水深さに応じた区域区分で建築制限の内容を定めている。東日本大震災被災地では、災害危険区域を一律に住宅等を建築禁止としている市町村も多いが、宮城県東松島市等では浸水深さに対応した規制内容としている。

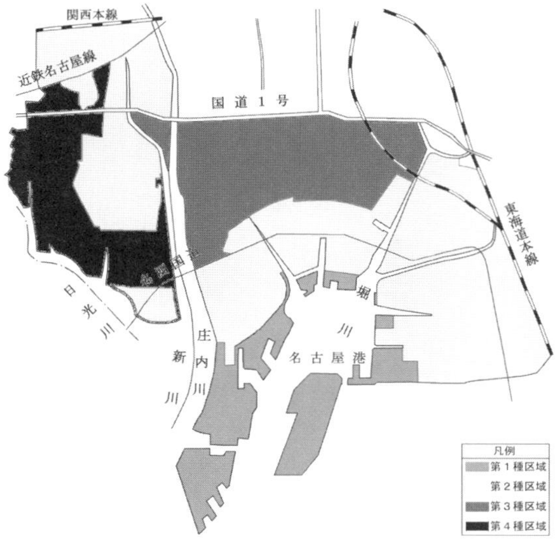

[公共建築物の制限：第2種から第4種区域(第9条)]
範囲…避難および救助・救援の拠点となる可能性がある学校(各種学校を除く)、病院、集会場、官公署および2階以上に容易に避難が難しい児童福祉施設等その他これらに類する公共建築物で延べ面積が100㎡を超えるもの
制限…(1)(2)(3)をすべて満たすこと
(1)1階の床の高さN・P(+)2m以上、(2)N・P(+)3.5m以上に1以上の居室設置、(3)木造禁止
[建築物の建築禁止：第1種区域(第6条)]
範囲…海岸線・河岸線から50m以内で市長が指定する区域
制限…居住室を有する建築物、病院および児童福祉施設等の建築禁止
(木造以外の構造で居住室等の床の高さをN・P(+)5.5m以上としたものについては建築可能)

図7-38　名古屋市臨海部防災区域建築条例の区域図[39]

第7章　出典・参考文献
注）官公庁を出典とするものは、特記ない限りウェブサイトによるものとする

1) 内閣府「平成26年版高齢社会白書」2014年
2) 三船康道ほか編著『まちづくりキーワード辞典』学芸出版社、1997年
3) 内閣府「平成25年版障害者白書」2013年
4) 総理府「平成7年版障害者白書」1995年
5) 秋山哲男「ユニバーサルデザインと交通バリアフリー法の課題」『土木計画学研究・講演集』No.31、土木学会、2005年
6) 建設省福祉政策研究会編『生活福祉空間づくり──見えてきた建設行政の未来』ぎょうせい、1995年
7) 鈴木賢一「バリアフリーからユニバーサルデザインへ──交通バリアフリー法の見直し」『調査と情報』526号、国立国会図書館、2006年
8) 国土交通省道路局「道路構造令の各規定の解説」
9) 国土交通省道路局「道路の移動円滑化整備ガイドラインにおいて規定されている主な内容」
10) 国土交通省道路局「都市公園の移動等円滑化整備ガイドライン」
11) 国土交通省中部運輸局愛知運輸支局「地域公共交通会議等運営マニュアル」2013年
12) 岐阜県瑞浪市地域公共交通会議「瑞浪市地域公共交通総合連携計画」2014年
13) 国土交通省自動車交通局旅客課「コミュニティバス等地域住民協働型輸送サービス検討小委員会報告書」2006年
14) 国土交通省都市局「CO_2排出量と都市構造」
15) 国土交通省「都市の低炭素化の促進に関する法律」2012年
16) 経済産業省「スマートグリッド・スマートコミュニティ」
17) （一社）新エネルギー導入促進協議会、ジャパン・スマートシティ・ポータル「豊田市低酸素社会システム実証プロジェクト」
18) とよたエコフルタウン
19) 内閣官房地域活性化統合本部会合「環境モデル都市・環境未来都市」より作成
20) 内閣官房地域活性化統合本部会合「環境モデル都市・環境未来都市」
21) 環境省環境影響評価情報支援ネットワーク「環境アセスメントガイド」
22) JR東海中央新幹線（東京都・名古屋市間）環境影響評価準備書（愛知県）「準備書のあらまし」
23) 環境省「水・土壌環境行政のあらまし」
24) 愛知県犬山市「景観計画」
25) 国土交通省道路局「無電柱化の推進」
26) ケヴィン・リンチ著、丹下健三、富田玲子訳『都市のイメージ』p.22、図3、岩波書店、1967年
27) 信州・長野県観光協会提供
28) （公社）びわこビジターズビューロー提供
29) 文化庁「世界遺産」より作成
30) 国土交通省観光庁
31) 日本政府観光局
32) 国土交通省中部運輸局「昇龍道プロジェクト」
33) 伏木啓＋木田歩、2013年
34) 国土交通省資料より作成
35) 建設省「都市防火対策手法の開発報告書」1982年
36) 名古屋市雨水抑制推進連絡会『水害から街を守る』名古屋市、1985年
37) 国土交通省「復興まちづくりに向けた取り組み」、2012年
38) 前掲37)および宮城県岩沼市玉浦西地区まちづくり検討委員会「報告書（画地の配置及び公共・公益施設整備方針編）2013年
39) 名古屋市臨海部防災区域建築条例「臨海部防災区域」

索引

あ
アイデンティティ　14、156
アクセス機能　75
アクロポリス　2
明日の田園都市　8
アソシエーション　125
新しい公共　126
アンウィン、レイモンド　10、12、14
アンケート　32、68、123、125

い
一団地
　　──の官公庁施設　31、63、94
　　──の住宅施設　31、63、94
　　──の津波防災拠点市街地形成施設　31、63、95
　　──復興拠点市街地形成施設　31、63、95
一般廃棄物　92
移転補償　101、103
移動等円滑化
　　──基準　139、142
　　──経路協定　140、142

う
ウェリン　9
ウェリン田園都市　9
雨水貯留　168
運動公園　64、85

え
営造物公園　84
駅前広場　65、70、78、85、105、135、139
エキュメノポリス　14
エッジ　15、157

エリアマネジメント　126
円形闘技場　3
延焼遮断帯　165
沿道地区計画　31、60、86

お
大通り　2、8
屋外広告物　28、155
オーウェン、ロバート　6、11
オープン・スペース　12、56、60、62、95、109、165
オリエント
　　──都市　1
　　──の専制都市　1
卸売市場　28、50、63、93

か
街区
　　──公園　64、84、165
改造　5、19、25、108
ガイドウェイバスシステム　73
買取り請求権　35、105
開発
　　──許可基準　53
　　──許可制度　25、34、45
　　──審査会　45
改良住宅　108
画地面積　103
囲い込み　6
河川の改修　166
火葬場　21、31、50、63、93
活性汚泥法　90
合併処理浄化槽　90
合併施行　105、110
仮換地　101、103

簡易水道事業　88
環境アセスメント　145、149
環境影響評価　145、149
環境基準　152
環境基本法　145、149、152
環境と開発に関する世界委員会　145
環境未来都市　146、148
環境モデル都市　145、148
環境問題　26、145
観光圏整備法　162
緩衝緑地　84
幹線道路　5、12、21、28、45、51、58、64、75、93、101、119、156、165
換地
　　——計画　101
　　——処分　24、101、103、106
関東大震災の復興事業　23、97

き

機関委任事務　25、120
基幹バス　72
危機管理　164
旧都市計画法　22、37、82、122
基本構想　32、123、139、142、157
狭隘道路　109
　　——の拡幅　110
教会　4、7、12、50、159
供給処理施設　31、75、88、94
協働　27、84、122、125、144
共同建替え　111
ギリシャ　1、14、160
　　——都市　2
ギルド会館　4
近畿圏整備法　25
銀座煉瓦街　20
近世都市　4
近代都市　1、6、14、20
　　——計画　1、6、14、20、164
近隣公園　64、85
近隣住区　12、16、85、94、101
　　——論　11
近隣商業地域　31、50、59、80
近隣センター　14

く

区域区分　19、25、29、32、36、43、61、63、120、122、170
区画道路　75、101
組合施行　97、100、102、104
グリッドプラン　2、4
クルドサック　12、77
クロス法　10

け

計画汚水量　90
計画給水
　　——区域　88
　　——人口　89
　　——量　89
景観
　　——協定　62、154
　　——計画　32、120、154、158
　　——地区　31、36、42、154、158
　　——法　28、32、62、120、154、157
形態規制　49、53
下水道　20、29、35、63、75、89、94、101、129、135、144、153、165
　　——法　24、28、90
ゲデス、パトリック　14
建築
　　——規制　41、45、55、132
　　——基準法　24、28、54、56、61、81、120、122、133、170
　　——協定　56、61、109
建ぺい率　14、34、50、53、56、59、64、133
減歩　23、100、112
　　——率　97、102

こ

広域公園　84
広域地方計画　26、32
広域的土地利用　41
公益法人　39、124、126
公園緑地の効果　81、84
公害対策基本法　145、152
公共下水道　29、36、39、65、90
公共交通手段　66
公共施設の整備　30、38、56、60、100、105、112、128、131、168
　　——に関連する市街地の改造に関する法律　25

工業専用地域　31、50、54
公共団体・行政庁施行　102
工業地域　41、51、54
工業村　6、10
公衆浴場　3、49
洪水
　　——防御システム　167
　　——流出抑制　167
高蔵寺ニュータウン　12、100、102、116
耕地整理　103
公聴会　32、37、82、122
交通
　　——管理計画（TSM）　68
　　——結節点　67、70
　　——公害　68、75
　　——混雑　68、72、75
　　——事故　76、78、80
　　——手段　66、78、144
　　——需要推計　70
　　——静穏化　77
　　——調査　69
　　——バリアフリー法　139
高度地区　24、31、36、42、55、58、124
高度利用地区　31、36、56、60、105
合流式　89、153
高齢化社会　137
小型地下鉄　72
国営公園　82
国際生活機能分類（ICF）　137
国土形成計画　26、32、114
　　——法　26、32
国土総合開発法　25
国土利用計画　26、28、32
　　——法　28、32
国連環境計画　145
個人施行　102、105
古代都市　1
国庫補助金　35、38
コーナーベイション・シティ　14
コミュニA　14、16
コミュニティ
　　——・センター　12
　　——・ゾーン　78
　　——道路　77、125

　　——バス　116、135、144
　　——・ビジネス　126
　　——・プラント　90
コンセッション　128、131
コンパクトシティ　16、114、119、121、146、148

さ

災害危険度判定　164、168
再開発地区計画　56、59
先買権　35
三位一体の改革　121
産業廃棄物　36、92

し

支援（事業、制度、組織）　87、116、127、131、168
市街化
　　——区域　25、28、43、49、56、84、100、114、146、156、170
　　——調整区域　25、29、32、34、36、41、55、61、120
市街地開発
　　——計画　45
　　——事業　25、28、38、120、150
　　——事業等予定区域　29
市街地建築物法　22、24
市街地再開発
　　——事業　29、31、35、44、56、99、105、111、120、122、126
市街地スプロール　43
事業後の権利者　106
事業主体　34、102、131
事業所税　38
市場化テスト　128
施設緑地　83
自然環境保全法　28、145
持続可能な開発　145
自治会　126
　　——基本条例　121、124
　　——事務　19、25、120、124
市町村
　　——都市計画審議会　37
　　——マスタープラン（市町村の建設に関する基本構想）　29、32、119、122、125
指定管理者　128

自動車
　　——専用道路　36、60、64、75
　　——ターミナル　63、67、71、79
　　——駐車場　65、80、93
市民参加条例　124
住環境整備　109、165
　　——モデル事業　109
住居地域　51、53、85
住区基幹公園　84
住区内道路　12
住生活基本計画　32、166
従前の権利者　106
住宅街区　31、35、44
住宅地区
　　——改良事業　108
　　——改良法　25、108
住宅地
　　——高度利用地区計画　60
　　——の保全　108
住宅マスタープラン　32
修復　26、108、110
住民
　　——参加　19、25、32、37、105、120、122、132
　　——主体のまちづくり　122、125
集約型都市構造　114、119、121、146
集落地区計画　31、45、49、60、86
受益者負担
　　——金　38
　　——制度　22
手段別交通量　71
首都圏整備法　25、28
主要幹線道路　75
準工業地域　24、31、50、55
準住居地域　31、50、63
準防火地域　31、36、56、58
障害者基本法　137
小規模な開発　45
商業地域　31、50、54、78、80、85、93、111
上水道　10、88、91
条例　6、10、20、39、45、54、57、61、80、86、119、138、145、150、170
植民都市　2
新交通システム　66、70、72
震災復興
　　——都市計画　23
　　——特区　136
新産業都市建設促進法　25
紳士協定　62
新住宅市街地開発　29、31、35、38、150
　　——法　25、28
浸水対策　166
神殿　2
新都市計画法　19、25

す

水質汚濁　89、152
水道
　　——事業　35、38、88
　　——施設　88、101、129、169
　　——用水供給事業　88
スクリーニング　151
スコーピング　151
ストラクチャー　15、156
スーパーブロック　12
スマートシティ／スマートコミュニティ　147
スラム　6、8、10、108

せ

生活福祉空間づくり大綱　138
精算金　101
生産緑地　28、45、82、87
　　——地区　31、36、87
世界遺産　157、159
設計基準　10、76、101、105
説明会　32、37、122、125、151
戦災復興
　　——事業　19、24
　　——都市計画　24
全体構想　33、123、125
線引き　25、42、45、56、120、146
専用水道　88
千里ニュータウン　12、116

そ

騒音・振動　85、151、167
総合計画（市町村の建設に関する基本構想）　26、32、144

総合公園　64、85
総合交通
　　――計画　68
　　――体系　81
総合設計制度　61
総合都市交通体系調査　69
促進区域　25、28、35、168
存在効果　81、84
ゾーン30　77

た

第1次地方分権改革　120
第一種市街地再開発事業　31、105
第一種住居地域　31、49、63
第一種中高層住居専用地域　31、50、63
第一種低層住居専用地域　31、50、58、63
大気汚染　85、152
大規模小売店舗立地法　115、116
第2次地方分権改革　121
第二種市街地再開発事業　31、105
第二種住居地域　31、50、58、63
第二種中高層住居専用地域　31、50、59、63
第二種低層住居専用地域　31、50、63
高さ制限　53
タクシー　71、78、141、144
宅地
　　――開発税　38
　　――供給　57
　　――の利用増進　100
断面交通量調査　71

ち

地域公共交通
　　――会議　144
　　――の活性化及び再生に関する法　144
地域再生　135
地域主権改革　121
　　――一括法　120
地域制公園　84
地域制緑地　83
地域地区　22、24、28、33、36、49、55、62、86、88、94、119、134、155
地域防災計画　164

地縁組織　126
地球環境問題　26、68、92、114、121、146
地球サミット　145
地区計画　19、25、28、33、36、42、45、54、56、83、86、120、122
　　――制度　56、62、86、109、119、122、154
地区公園　64、84
地区整備計画　45、49、56
地区の土地利用　41
地上権　106
地方債　38、140
地方分権
　　――一括法　19、25、120、124、139
　　――改革　120
　　――推進法　120
チムガード　2
中央集権　119
中間支援組織　127
中高層住居専用地域　51
駐車場法　24、28、80
中心市街地　26、69、74、98、112、126
　　――活性化計画　116
　　――活性化法　115、116、121、126、136
中世
　　――自治都市　4
　　――都市　4
中部圏開発整備法　25
中量軌道システム　72
超過収用　22
超高齢社会　114、122、137、142、148
町内会　126

つ

通達　37、121

て

低公害車　153
ディストリクト　15、157
低層住居専用地域　51
低炭素まちづくり計画　146
底地権　106
デザイン・ガイドライン　11
デマンド交通　144

テラス・ハウス　8
田園住居地域　51、53
田園都市　6、8、14
　　──運動　8、11、14
　　──論　7、14、16
典型七公害　152
伝統的建造物群保存地区　31、154、157

と

桃花台ニュータウン　117
東京市区改正
　　──条例　19、82
　　──土地建物処分規則　20
道路
　　──運送法　144
　　──の機能　75、101
　　──の計画　75
　　──の種類　75
　　──の段階構成　76
　　──の幅員　11、59、76、101
　　──法　24、28、74
ドキシアディス、C.A.　14
特殊公園　64、84
特定街区　31、36、62
特定環境保全公共下水道　90
特定公共下水道　90
特定土地区画整理事業　49
特定非営利活動促進法（NPO法）　38、124、126
特別都市計画法　19、23
特別都市建設法　24
特別の換地　103
特別用途
　　──制限地域　55
　　──地区　29、31、42、55、120、124
都市OD調査　69
都市基幹公園　84
都市計画
　　──運用指針　121
　　──施設　30、33、39、63、134
　　──事業　21、25、28、33、38、44、64、66
　　──事業制限　35
　　──税　35、38、48
　　──制限　22、24、30、33、38、64

　　──駐車場　80
　　──提案制度　19、38、57、120
都市計画区域　22、25、29、32、36、41、45、49、55、61、63、74、81、84、87、90、120、146、154
　　──の整備、開発および保全の方針　29、32
　　──マスタープラン　29、32、36、120
都市計画法改正　32、37、41、45、49、82、119、123
都市景観　15、79、84、109、121、154
都市下水路　65、90
都市公園　82、139、147、169
　　──法　24、28、82
都市高速鉄道　38、63、71、79
都市交通
　　──計画　66、68、71
　　──手段　66
　　──マスタープラン　69
　　──問題　68
都市再開発　29、79、99
　　──法　25、28、56
　　──方針等　28、36
都市再生
　　──緊急整備地域　131
　　──整備計画　116、120、131、134
　　──特別措置法　19、25、28、116、120、131
　　──法　131
都市施設　63
　　──の整備　19、24、29、32、35、43、167
都市水害　166
都市の基盤整備　75
都市防火区画　165
都市防災
　　──総合推進事業　168
都市モノレール　73
都市緑地　28、32、48、62、82、85、96
都心モール　77
土地基金　38
土地区画整理　19、22、31、35、39、64、101、104、135
　　──事業　23、29、31、34、38、44、45、49、57、97、102、110、113、116、120、122、126、150、166、169
　　──審議会　101、103
　　──法　23、28、100、103
と畜場　31、50、63、93
土地
　　──収用権　35、105

──の買取り制度　35
　　──の利用権利者
土地利用
　　──基本計画　26、28、32
　　──計画　19、25、28、33、41、49、68、88、94、109、169
　　──の規制　41、168
　　──の誘導　41
特許事業　38
特区　136
都道府県都市計画審議会　37
届出駐車場　80
トラフィック機能　75
トリップ　69、76
トレンズ法　10

に
ニュータウン計画　12
ニューラナーク　6、7

の
農業集落排水事業　90
農住組合団地　49
農住計画　49
農振白地　45
農地の宅地並み課税　48
農用地区域　43、45
ノード（交差点）　8
ノーマライゼーション　137、139

は
廃棄物処理施設　36、92、130
配分交通量　71
パークアンドライド　70、73、153
バス　14、148、157
　　──ターミナル　64、79、139
　　──レーン　72、74
　　──ロケーションシステム　74
パーソントリップ調査　69、70
バック・トゥ・バック　6
　　──住宅　6、10
ハートビル法　138

バビロン　1
パブリックコメント　27、37、123、125
ハムステッド・ガーデン・サバーブ　10、14
パリ　5、72、85、114、156
バリアフリー　74、138、147、156
　　──整備基準　142、143
　　──法　139、141
ハーロウ・ニュータウン　12
ハワード、エベネザー　8、14
阪神・淡路大震災　60、99、110、126、165

ひ
日影規制　53、54
美観地区　154、155
被災市街地復興推進地域　28
人にやさしい街（まち）づくり　139
避難地　165、168
避難路　75、85、165
日比谷官庁集中計画　19、20
表定速度　73
広場（アゴラ、フォーラム）　2

ふ
フィーダー路線　71、72
フィレンツェ　4、5
風致公園　85
風致地区　31、34、88、120、154
福祉のまちづくり　138、139
附置義務駐車場　80
フック・ニュータウン計画　12
物資流動調査　69
不動産の証券化　127、128
不燃化　20、94、165、168
ブリュネ　2、3
不良住宅地区
　　──改良事業　108
　　──改良法　108
文化的景観　157
文教地区　55
分布交通量　71
分流式　89

へ

ベックマン、ウィルヘルム 20
ペデストリアン・デッキ 77
ペリー、クラレンス・アーサー（C. A.） 11

ほ

防火地域 31、36、56
包括民間委託 129
防災
　——空地 165
　——街区整備地区計画 31、60、86
　——街区造成法 25
　——生活圏 165
　——都市計画 164
　——都市づくり 164、165
放射道路 76
法定協議会 144
法定受託事務 121
墓園 63、85
歩車道の分離 12
補助幹線道路 75、76
墓地の郊外移転 97
ポート・サンライト・ガーデンズ 7
ボンエルフ 77
ボーン・ビル 7

ま

マスタープラン 19、31、36、41、57、69、82、114、119、122、125、144、165
まちづくり
　——会社 117、126、134
　——協議会 37、123、126
　——交付金 134
　——三法 115、120
　——条例 62、121、124、126、139
　——ファンド 126、132
町並み／街並み／街なみ 6、11、31、56、57、60、109、154、158
町並み保存（歴史的） 108、154、157

み

密集市街地 28、56、60、97、108、165
　——整備法 59
密集事業 110、111
密集住宅市街地 109
　——整備促進事業 109、166
密集住宅地 108
緑の基本計画 32、82
緑のマスタープラン 82
ミニ開発 45、56
民活法 127
民間組合施行 102
民間都市開発推進機構 127、131

む

無電柱化 156

も

木造賃貸住宅地区総合改善事業制度
モータリゼーション 71、73、80、98、113、142、154
モビリティ・マネジメント（MM） 68
モノレール 72
モール 77、153

ゆ

遊休土地転換利用促進
　——地域 30
　——地区 29
ユートピア 6、7
ユニバーサルデザイン 125、137、140

よ

容積率 49、53、64、116、120、133、146
用途地域 22、41、49、53、62、92、116、146
4段階推計法 71

ら

ライフライン 165
ラドバーン 14、77
　——計画 12、77
ランドマーク 15、157

り

立地適正化計画　56、116
リニアモーター　73
流域下水道　36、38、65、90
流下促進　167
流出係数　92
流出抑制　167、168
流通業務団地　29、31、63、94、150
リュベック　4
利用効果　81、84
緑地協定　62、83、87
緑地保全地区　31、82、86
緑道　59、85、165
リンチ、ケヴィン　14、156

る

ル・コルビュジエ　14

れ

歴史公園　85
歴史的風土特別保存地区　31、83
歴史まちづくり法　158、159
レッチワース　9、14

ろ

路線バス　66、71、142、144
ロータリー　5、79
ローマ　1
　──植民都市　2
路面電車　66、71、74

わ

ワークショップ　32、37、111、123、125、127
ワン・センター・システム　12

A-Z

BRT（Bus Rapid Transit）　74
LRT（Light Rail Transit）　72、74、147
MM　→モビリティ・マネジメント
NPO　38、57、82、87、120、129、134、144、147、162
OD
　──調査　69
　──表　71
PFI（Private Finance Initiative）　127、129
PPP（Public Private Partnership）　128
PTPS（Public Transportation Priority Systems）　74
SPC　127、129
TDM　68、70、153
TMO（Town Management Organization）　126
VFM（Value for money）　130

著者略歴

磯部友彦
いそべ・ともひこ

- 1980年　名古屋大学大学院 工学研究科(土木工学専攻)博士前期課程 修了
- 1980年　名古屋大学 工学部 助手
- 1989年　工学博士(名古屋大学)
- 1990年　群馬大学 工学部 助手
- 1991年　群馬大学 工学部 助教授
- 1993年　中部大学 工学部 助教授(土木工学科)
- 2004年　中部大学 工学部 教授(都市建設工学科)、現在に至る。春日井・瀬戸・恵那・瑞浪・鈴鹿各市の都市計画審議会会長、春日井・小牧・犬山・江南・岩倉・北名古屋・多治見各市の地域公共交通会議会長、日本福祉のまちづくり学会副会長、日本都市計画学会中部支部顧問、日本都市学会理事。

著書に『地域交通の計画 政策と工学』鹿島出版会、『中部国際空港のユニバーサルデザイン プロセスからデザイン検証まで』鹿島出版会(いずれも共著)など。

松山 明
まつやま・あきら

- 1984年　豊橋技術科学大学大学院 工学研究科(建設工学専攻)修士課程 修了
- 1984年　(社)地域問題研究所 非常勤嘱託
- 1985年　名古屋市に採用。建築局技師、建設省派遣行政研修員、神戸市震災復興派遣職員、(財)都市みらい推進機構開発調査部課長、(財)名古屋都市センター調査課研究主査、住宅都市局住宅整備課主査などを歴任
- 2009年　中部大学 工学部 准教授(建築学科)、現在に至る。
- 2019年　工学博士(中部大学)

著書に『幻の都市計画』樹林舎、『新修名古屋市史 資料編 現代』名古屋市(いずれも共著)など。

服部 敦
はっとり・あつし

- 1991年　東京大学 工学部 都市工学科 卒業
- 1991年　建設省入省、国土交通省において都市・住宅・建築行政に従事
- 2002年　内閣官房・内閣府参事官補佐。構造改革特区・地域再生の法制化等に従事
- 2007年　中部大学 中部高等学術研究所 教授(国土交通省を退職)
- 2008年　工学博士(東京大学)
- 2011年　中部大学 工学部 教授(都市建設工学科)、現在に至る。春日井市市政アドバイザー、北大東村政策参与など各地で都市デザイン・まちづくりのアドバイス・コンサルティングを担当。

著書に『地域再生システム論』東京大学出版会、『特区・地域再生のつくり方』ぎょうせい(いずれも共著)、『うふあがりじま入門』ボーダーインク、『ニュータウンの計画資産と未来のまちづくり』ぐんBOOKSなど。

岡本 肇
おかもと・はじめ

- 2000年　東京理科大学大学院 理工学研究科(建築学専攻) 修士課程修了
- 2008年　名古屋大学大学院 環境学研究科(都市環境学専攻) 博士課程(後期課程)修了、博士(環境学)
- 2008年　中部大学 中部高等学術研究所 研究員
- 2011年　中部大学 中部高等学術研究所 講師
- 2018年　中部大学 工学部 准教授(都市建設工学科)、現在に至る。

著書に『中部地方の市民参加型まちづくり行政のプラットフォームを求めて』日本都市計画学会中部支部、『日本の都市環境デザイン2 北陸・中部・関西編』建築資料研究社(いずれも共著)など。

都市計画総論
とし けいかくそうろん

2014年9月15日　第1刷発行
2020年2月25日　第4刷発行

共著者
磯部友彦・松山 明・服部 敦・岡本 肇

発行者
坪内文生

発行所
鹿島出版会
〒104-0028 東京都中央区八重洲2-5-14
電話03-6202-5200　振替00160-2-180883

印刷・製本
壮光舎印刷

デザイン
高木達樹(しまうまデザイン)

©Tomohiko ISOBE, Akira MATSUYAMA, Atsushi HATTORI, Hajime OKAMOTO 2014, Printed in Japan
ISBN 978-4-306-07308-1 C3052

落丁・乱丁本はお取り替えいたします。
本書の無断複製(コピー)は著作権法上での例外を除き禁じられています。また、代行業者等に依頼してスキャンやデジタル化することは、たとえ個人や家庭内の利用を目的とする場合でも著作権法違反です。

本書の内容に関するご意見・ご感想は下記までお寄せ下さい。
URL: http://www.kajima-publishing.co.jp/
e-mail: info@kajima-publishing.co.jp